U0323816

雷电业务与防雷服务技术规程

主 编 阳宏声 陈伟中
副主编 杨召绪 韦卓运

气象出版社
China Meteorological Press

内容简介

本规程依据国家有关防雷的法律、法规、规章，国家现行的防雷技术规范和技术标准，物价部门的收费政策，同时吸纳了近二十年来全国及广西雷电业务和防雷服务工作的成功经验，并考虑了防雷服务工作的实际需要，对防雷的法律法规、相关政策做了介绍，并对组织管理、检测仪器、检测方法、防雷装置分类、防雷装置基本要求、雷电灾害风险评估、设计技术评价、施工监督、竣工验收检测、定期安全检测、雷电监测预警、雷灾调查、防雷工程设计与施工、岗位职责、服务收费、各种表格（报告）等作了规定。本规程力求通俗易懂，操作性强、实用性强，对于从事雷电业务和防雷服务工作的人员具有一定的参考价值。

图书在版编目（CIP）数据

雷电业务与防雷服务技术规程/阳宏声，陈伟中主编.
—北京：气象出版社，2015.6
ISBN 978-7-5029-6151-0

Ⅰ.①雷… Ⅱ.①阳… ②陈… Ⅲ.①防雷-技术规范
Ⅳ.①P427.32-65

中国版本图书馆 CIP 数据核字（2015）第 136716 号

Leidian Yewu Yu Fanglei Fuwu Jishu Guicheng
雷电业务与防雷服务技术规程
阳宏声　　陈伟中　　主编

出版发行：气象出版社
地　　　址：北京市海淀区中关村南大街 46 号　　　　邮政编码：100081
总 编 室：010-68407112　　　　　　　　　　　　　发 行 部：010-68409198
网　　　址：http://www.qxcbs.com　　　　　　　　E-mail：qxcbs@cma.gov.cn
责任编辑：颜娇珑　吴晓鹏　　　　　　　　　　　　终　　审：黄润恒
封面设计：博雅思企划　　　　　　　　　　　　　　责任技编：赵相宁
印　　　刷：北京中新伟业印刷有限公司
开　　　本：787 mm×1092 mm　1/16　　　　　　　印　　张：22.25
字　　　数：552 千字
版　　　次：2015 年 6 月第 1 版　　　　　　　　　　印　　次：2015 年 6 月第 1 次印刷
定　　　价：68.00 元

《雷电业务与防雷服务技术规程》编委会

主　　任：刘家清

副主任：钟国平

成　　员：姚　琴　廖柏林　潘宇广　陈伟中　杨召绪　阳宏声

《雷电业务与防雷服务技术规程》编写组

主　　编：阳宏声　陈伟中

副主编：杨召绪　韦卓运

编　　写：(按姓氏笔画为序)

丁立兵　邓宁文　李姜宏　劳　炜　何　宽　吴　浙

周扬天　林为东　罗　伟　罗晓军　郭　媛　徐建宁

康　强　植耀玲　廖严峰

何庆团、苏平、陈锐、杨经科、胡定参加了修改审定工作。

序　言

雷电灾害被联合国有关部门列为"最严重的十种自然灾害之一",被中国电工委员会称为"电子时代的一大公害"。全球每年因雷击造成的人员伤亡、财产损失不计其数,导致火灾、爆炸、建筑物、信息系统、电力设施以及家用电器损毁等事故时有发生。广西是全国雷暴日数最多的省区之一,同时也是雷电灾害最严重的省区之一。随着经济社会的发展,雷电灾害呈现出多样化,特别是各种高技术电子设备广泛使用,雷电的危害将会更加突出。防雷工作是一项公共安全事业,也是一项公共服务事业,关乎人民生命财产安全,关乎经济社会安全发展。气象部门作为防雷工作的主管机构,承担全区防雷公共服务和社会管理工作。经过近二十年的实践,全区防雷管理体系和业务服务体系初步建立,雷灾造成的损失逐年减少,创造了较好的防雷减灾社会效益和经济效益。

为了规范防雷管理和防雷服务工作,广西气象部门于二○○四年组织编写了《广西壮族自治区防雷业务技术规范》(第一版),对规范广西防雷管理与服务发挥了重要的作用。但随着全面深化改革和防雷技术的不断发展,国家、地方和行业出台了新的改革措施和新的技术规范标准,各级气象部门及防雷机构在防雷服务过程中,也有许多新的行为需要进一步规范。为此,我们组织技术人员对《广西壮族自治区防雷业务技术规范》进行了重大修订,并更名为《雷电业务与防雷服务技术规程》。

按照依法行政、依法服务的原则,本规程修订编写的主要依据是国家有关防雷的法律、法规、规章,国家现行的防雷技术规范和技术标准,物价部门的收费政策,同时吸纳了近二十年来全国及广西雷电业务和防雷服务工作的成功经验,并考虑了防雷服务工作的实际需要,经多方征求意见,反复讨论、修改和审查,先后数易其稿,完成了本规程的修订编写。

本规程由广西壮族自治区防雷中心承担编写。本规程对防雷的法律法规、相关政策、组织管理、检测仪器、检测方法、防雷装置分类、防雷装置基本要求、雷电灾害风险评估、设计技术评价、施工监督、竣工验收检测、定期安全检测、雷电监测预警、雷灾调查、防雷工程设计与施工、岗位职责、服务收费、各种表格(报告)等作了规定。本规程适用于雷电灾害风险评估、防雷装置设计技术评价、防雷装置施工监督、防雷装置竣工验收检测、防雷装置定期检测、防雷工程设计与施工、雷电监测预警和雷灾调查工作。随着国家政策法规、技术标准和规范的不断完善或者调整，以及防雷服务工作的不断发展，今后，本规程还将进一步补充和修订。

希望通过本规程的贯彻执行，能够进一步满足社会和公众对防雷工作的需求；进一步提高防雷减灾科学技术水平；进一步规范雷电业务和防雷服务行为，为广大人民群众创造一个安全的生活和工作环境。

广西壮族自治区气象局党组书记、局长

2015 年 1 月 10 日

目　录

第一章 防雷服务总则

第一节 防雷法律法规规章

一、法律

《中华人民共和国气象法》

第三十一条 各级气象主管机构应当加强对雷电灾害防御工作的组织管理,并会同有关部门指导对可能遭受雷击的建筑物、构筑物和其他设施安装的雷电灾害防护装置的检测工作。

安装的雷电灾害防护装置应当符合国务院气象主管机构规定的使用要求。

二、行政法规

1.《气象灾害防御条例》

第二十三条 各类建(构)筑物、场所和设施安装雷电防护装置应当符合国家有关防雷标准的规定。

对新建、改建、扩建建(构)筑物设计文件进行审查,应当就雷电防护装置的设计征求气象主管机构的意见;对新建、改建、扩建建(构)筑物进行竣工验收,应当同时验收雷电防护装置并有气象主管机构参加。雷电易发区内的矿区、旅游景点或者投入使用的建(构)筑物、设施需要单独安装雷电防护装置的,雷电防护装置的设计审核和竣工验收由县级以上地方气象主管机构负责。

2.《国务院对确需保留的行政审批项目设定行政许可的决定》(国务院 412 号令)

附件:国务院决定对确需保留的行政审批项目设定行政许可的目录(摘录)

序号	项目名称	实施机关
377	防雷装置检测、防雷工程专业设计、施工单位资质认定	中国气象局 省、自治区、直辖市气象主管机构
378	防雷装置设计审核和竣工验收	县以上地方气象主管机构

三、地方性法规

1.《广西壮族自治区气象灾害防御条例》

第二十一条 根据国家和自治区规定必须安装防雷装置的场所或者设施,应当按照国家防雷技术规范和技术标准安装防雷装置。

县以上气象主管机构应当指导农村地区做好雷电灾害防御工作,引导农民建造符合防雷要求的建筑设施。

第二十二条 县以上气象主管机构对防雷装置进行设计审核和竣工验收。

防雷装置的检测报告,由依法取得相应资质并经省以上质量技术监督机构计量认证的专业防雷机构出具。

国家、自治区对有关部门和单位的防雷工作有特别规定的,有关部门和单位应当按照各自职责做好雷电灾害防御工作,并接受气象主管机构的监督管理。

第二十三条 负责防雷装置设计审核和竣工验收的气象主管机构,应当自接到申请之日起 10 日内,作出核准决定。10 日内不能作出核准决定的,经本机构负责人批准,可以延长 5 日,并应当将延长期限的理由告知申请单位。

防雷装置验收合格的,负责验收的气象主管机构应当出具合格证书;验收不合格的,负责验收的气象主管机构作出不予核准决定,并书面告知理由。

2.《广西壮族自治区气象条例》

第二十二条 县级以上人民政府应当加强对雷电灾害防御工作的领导,组织有关部门采取有效措施,提高雷电灾害的预警和防御能力。

县级以上气象主管机构应当加强对雷电灾害防御工作的组织管理和协调指导,对各类防雷装置实行设计审核、竣工验收,会同有关部门指导各类防雷装置的检测工作。

第二十三条 从事防雷装置专业设计、施工业务的单位资质,由省级以上气象主管机构认定。

四、部门规章

1.《防雷减灾管理办法》(中国气象局第 24 号令)。

2.《防雷装置设计审核和竣工验收规定》(中国气象局第 21 号令)。

3.《防雷工程专业资质管理办法》(中国气象局第 25 号令)。

详见本规程附录八。

五、地方政府规章

1.《广西壮族自治区防御雷电灾害管理办法》。

2.《广西壮族自治区实施〈气象灾害防御条例〉办法》。

详见本规程附录八。

六、法律、法规、规章的适用

1. 法律的效力高于行政法规、地方性法规、规章。

2. 行政法规的效力高于地方性法规、规章。

3. 地方性法规的效力高于本级和下级地方政府规章。

4. 部门规章之间、部门规章与地方政府规章的效力相同,在各自的权限范围内施行。

5. 同一机关制定法律、行政法规、地方性法规、规章,特别规定与一般规定不一致的,适用特别规定;新的规定与旧的规定不一致的,适用新的规定。

第二节　防雷技术规范和标准

一、主要技术规范和标准

1. 建筑物

GB 8408－2008《游乐设施安全规范》

GB 14050－2008《系统接地的型式及安全技术要求》

GB/T 21714.1－2008《雷电防护　第 1 部分:总则》

GB/T 21714.2－2008《雷电防护　第 2 部分:风险管理》

GB/T 21714.3－2008《雷电防护　第 3 部分:建筑物的物理损坏和生命危险》

GB/T 21714.4－2008《雷电防护　第 4 部分:建筑物内电气和电子系统》

GB 50016－2014《建筑设计防火规范》

GB 50057－2010《建筑物防雷设计规范》

GB 50073－2013《洁净厂房设计规范》

GB 50127－2007《架空索道工程技术规范》

GB 50165－92《古建筑木结构维护与加固技术规范》

GB 50592－2013《农村民居雷电防护工程技术规范》

CJJ 149－2010《城市户外广告设施技术规范》

JGJ 16－2008《民用建筑电气设计规范》

JGJ 58－2008《电影院建筑设计规范》

JGJ 102－2013《玻璃幕墙工程技术规范》

JGJ 214－2010《铝合金门窗工程技术规范》

JT 556－2004《港口防雷与接地技术要求》

2. 爆炸危险场所

GB 3836.14－2000《爆炸性气体环境用电气设备　第 14 部分:危险场所分类》

GB 12158－2006《防止静电事故通用导则》

GB 12476.3－2007《可燃性粉尘环境用电气设备　第 3 部分:存在或可能存在可燃性粉尘的场所分类》

GB 13348－2009《液体石油产品静电安全规程》

GB 15599－2009《石油与石油设施雷电安全规范》

GB 50028－2006《城镇燃气设计规范》

GB 50030－2013《氧气站设计规范》

GB 50031—91《乙炔站设计规范》

GB 50058—2014《爆炸危险环境电力装置设计规范》

GB 50074—2014《石油库设计规范》

GB 50089—2007《民用爆破器材工程设计安全规范》

GB 50154—2009《地下及覆土火药炸药仓库设计安全规范》

GB 50156—2012《汽车加油加气站设计与施工规范》

GB 50160—2008《石油化工企业设计防火规范》

GB 50161—2009《烟花爆竹工程设计安全规范》

GB 50177—2005《氢气站设计规范》

GB 50183—2004《石油天然气工程设计防火规范》

GB 50195—2013《发生炉煤气站设计规范》

GB 50251—2003《输气管道工程设计规范》

GB 50253—2003《输油管道工程设计规范》

GB 50650—2011《石油化工装置防雷设计规范》

HG/T 20675—1990《化工企业静电接地设计规程》

SY/T 0060—2010《油气田防静电接地设计规范》

3. 信息系统

GB/T 2887—2011《计算机场地通用规范》

GB/T 3482—2008《电子设备雷击试验方法》

GB/T 9361—2011《计算机场地安全要求》

GB/T 19856.1—2005《雷电防护 通信线路 第1部分:光缆》

GB/T 19856.2—2005《雷电防护 通信线路 第2部分:金属导线》

GB 50174—2008《电子信息系统机房设计规范》

GB 50198—2011《民用闭路监视电视系统工程技术规范》

GB 50200—1994《有线电视系统工程技术规范》

GB/T 50311—2007《综合布线系统工程设计规范》

GB 50313—2013《消防通信指挥系统设计规范》

GB/T 50314—2006《智能建筑设计标准》

GB 50343—2012《建筑物电子信息系统防雷技术规范》

GB 50348—2004《安全防范工程技术规范》

GB 50611—2010《电子工程防静电设计规范》

GB 50689—2011《通信局(站)防雷与接地工程设计规范》

GJB 5080—2004《军用通信设施雷电防护设计与使用要求》

DL/T 381—2010《电子设备防雷技术导则》

DL/T 544—2012《电力通信运行管理规程》

DL/T 547—2010《电力系统光纤通信运行管理规程》

DL/T 548—2012《电力系统通信站过电压防护规程》

SH/T 3164—2012《石油化工仪表系统防雷工程设计规范》

YD 5003—2010《通信建筑工程设计规范》

4. 电气系统

GB 16895.3－2004《建筑物电气装置 第5-54部分:电气设备的选择和安装 接地配置、保护导体和保护联结导体》

GB 16895.5－2012《建筑物电气装置 第4部分:安全防护 过电流保护》

GB/T 16895.10－2010《低压电气装置 第4-44部分:安全防护 电压骚扰和电磁骚扰防护》

GB/T 16895.17－2002《建筑物电气装置 第5部分:电气设备的选择和安装 第548节:信息技术装置的接地配置和等电位联结》

GBZ 25427－2010《风力发电机组 雷电防护》

GB 50054－2011《低压配电设计规范》

GB/T 50064－2014《交流电气装置的过电压保护和绝缘配合设计规范》

GB 50065－2011《交流电气装置的接地设计规范》

GB 50194－93《建筑工程施工现场供用电安全规范》

CJJ 45－2006《城市道路照明设计标准》

JGJ 46－2005《施工现场临时用电安全技术规范》

5. 交通

GB 50157－2013《地铁设计规范》

GB 50578－2010《城市轨道交通信号工程施工质量验收规范》

TB 10006－2005《铁路运输通信设计规范》

TB 10007－2006《铁路信号设计规范》

TB 10008－2006《铁路电力设计规范》

TB 10026－2000《铁路光(电)缆传输工程设计规范》

TB 10060－99《铁路数字微波通信工程设计规范》

TB 10621－2014《高速铁路设计规范》

6. 电涌保护器(SPD)

GB/T 2900.12－2008《电工术语 避雷器、低压电涌保护器及元件》

GB/T 9043－2008《通信设备过电压保护用气体放电管通用技术条件》

GB/T 10194－1997《电子设备用压敏电阻器 第2部分:分规范-浪涌抑制型压敏电阻器》

GB 18802.1－2011《低压电涌保护器(SPD) 第1部分:性能要求和试验方法》

GB/T 18802.12－2014《低压配电系统的电涌保护器(SPD) 第12部分:选择和使用导则》

GB/T 18802.21－2004《低压电涌保护器 第21部分:电信和信号网络的电涌保护器(SPD)性能要求和试验方法》

GB/T 18802.22－2008《低压电涌保护器 第22部分:电信和信号网络的电涌保护器(SPD)选择和使用导则》

GA 173－2002《计算机信息系统防雷保安器》

TB/T 2311－2008《铁路信号设备用浪涌保护器》

YD/T 1235.1－2002《通信局(站)低压配电系统用电涌保护器技术要求》

7. 气象行业

QX 2—2000《新一代天气雷达站防雷技术规范》

QX 3—2000《气象信息系统雷击电磁脉冲防护规范》

QX 4—2000《气象台(站)防雷技术规范》

QX 30—2004《自动气象站场室防雷技术规范》

QX/T 85—2007《雷电灾害风险评估技术规范》

QX/T 103—2009《雷电灾害调查技术规范》

QX/T 105—2009《防雷装置施工质量监督与验收规范》

QX/T 106—2009《防雷装置设计技术评价规范》

QX/T 109—2009《城镇燃气防雷技术规范》

8. 检测验收

GB/T 12190—2006《电磁屏蔽室屏蔽效能的测量方法》

GB/T 17949.1—2000《接地系统的土壤电阻率、接地阻抗和地面电位测量导则-第 1 部分:常规测量》

GB/T 21431—2008《建筑物防雷装置检测技术规范》

GB 50093—2013《自动化仪表工程施工及质量验收规范》

GB 50149—2010《电气装置安装工程母线装置施工及验收规范》

GB 50169—2006《电气装置安装工程接地装置施工及验收规范》

GB 50257—96《电气装置安装工程爆炸和火灾危险环境电气装置施工及验收规范》

GB 50300—2013《建筑工程施工质量验收统一标准》

GB 50303—2011《建筑电气工程施工质量验收规范》

GB 50339—2013《智能建筑工程质量验收规范》

GB 50462—2008《电子信息系统机房施工及验收规范》

GB 50601—2010《建筑物防雷工程施工与质量验收规范》

GB 50944—2013《防静电工程施工与质量验收规范》

CJJ 89—2012《城市道路照明工程施工及验收规程》

DB45/T 446—2007《防雷装置检测技术规范》

DL/T 475—2006《接地装置特性参数测量导则》

JGJ/T 139—2001《玻璃幕墙工程质量检验标准》

QX/T 110—2009《爆炸和火灾危险环境防雷装置检测技术规范》

YD/T 1429—2006《通信局(站)在用防雷系统的技术要求和检测方法》

二、标准的适用

1. 标准的优先顺序如下:

(1)国家强制性标准、国家推荐性标准;

(2)行业强制性标准、行业推荐性标准;

(3)地方强制性标准、地方推荐性标准。

2. 强制性标准,必须执行;强制性条文,必须严格执行。

3. 经客户书面同意,可以使用国际标准或企业标准。企业标准应当比国家标准、行业标准、地方标准严格。

第三节　雷电业务和防雷服务基本内容

一、雷电监测

1. 对雷电形成、发展、消散过程的观察、测量。雷电过程会产生声、光、电等现象,对这些现象进行观测即可获得雷电特征。直接观测手段有三种。一是利用声学,通过耳闻或声波测量。二是利用光学,通过目睹、拍照,可以测定闪电光的亮度、光谱成分,确定回击放电参数。三是利用电磁场,可用闪电定位系统、大气电场仪、电流测量装置等仪器测量雷电:一般起电部分采用场磨仪为原理的大气电场仪;闪电过程采用闪电定位系统,初始击穿、先导、云闪测量VHF(甚高频)信号,地闪回击过程测量VLF(甚低频)信号。间接观测手段有卫星云图、天气雷达回波。

2. 雷电监测数据进行统计分析,用于制作雷电空间分布、时间分布、雷电参数等监测产品,以及雷电预警产品。

二、雷电预警

1. 通过对气象要素、天气图、数值预报、卫星云图、多普勒天气雷达回波、闪电定位资料、大气电场强度等进行综合分析、判断,从而对雷电发生的概率、落区、移动路径、发展趋势等做出预警预报。

2. 雷电预警由气象部门所属的专业机构负责,通过现代化的通信手段,向公众、特定用户和目标人群发布雷电预警预报,提醒做好雷电灾害防御工作。

三、雷电灾害风险评估

1. 根据项目所在地雷电活动时空分布特征及其灾害特征,结合现场情况进行分析,对雷电可能导致的人员伤亡、财产损失程度与危害范围等方面进行综合风险计算,从而为项目选址、功能分区布局、防雷类别(等级)与防雷措施确定、雷灾事故应急方案等提出建设性意见的一种评估方法。

2. 按照《防雷减灾管理办法》(中国气象局第24号令)第二十七条和相关政策文件规定的范围开展雷电灾害风险评估。

3. 通过现场勘测、资料收集,对防雷对象所在地的地理、地质、气象、环境等条件做充分调查勘测,结合详细的设计图纸(包括土建分册、设备分册、初步设计分册等)取得可靠数据后,把现场勘查采集到的数据,经过科学的计算和处理、参数计算、结果分析、雷电防护策略的设定,提供翔实的评估结果,有针对性的采取相应的雷电防护措施,实现设计科学、经济合理。

4. 根据防雷装置的状态,雷电灾害风险评估分为预评估、设计评估、现状评估三种。

四、防雷装置设计技术评价

1. 对防雷装置设计文件是否符合国家有关标准和国务院气象主管机构规定进行的评价活动。

2. 按照《广西壮族自治区防御雷电灾害管理办法》第十一条、第十二条、第十三条和相关法规、规章、规定的范围,专业防雷机构对防雷装置设计文件开展技术评价。

3. 对防雷装置设计文件(设计说明、设计图)从设计依据、防雷类别、接闪器、引下线、接地装置、防闪电感应、防闪电电涌侵入、高电位反击、防侧击雷、防雷击电磁脉冲、等电位连接、电涌保护器等方面是否符合相关防雷国家标准和技术规范开展技术评价,出具技术评价报告。

五、防雷装置施工监督和竣工验收检测

1. 对防雷装置在安装过程、完工后是否符合国家有关标准和国务院气象主管机构规定的使用要求进行的检测。

2. 按照《广西壮族自治区防御雷电灾害管理办法》第十四条、第十五条和相关法规、规章、规定的范围,专业防雷机构对建设中的防雷装置进行质量跟踪检测,督促整改不符合设计要求的施工,并做好记录。

3. 防雷装置竣工后,对各类防雷装置进行竣工验收检测,对验收不合格的防雷装置提出整改意见,督促建设单位或者施工单位整改,出具验收检测报告。

六、防雷装置定期安全检测

1. 按照建筑物防雷装置的设计标准确定防雷装置满足标准要求而进行的检查、测量及信息综合分析处理全过程。

2. 按照《广西壮族自治区防御雷电灾害管理办法》第七条和相关法规、规章、规定的范围,专业防雷机构对各类投入使用的防雷装置进行定期安全检测。

3. 对使用中的防雷装置从防雷类别、接闪器、引下线、接地装置、防闪电感应、防闪电电涌侵入、高电位反击、防侧击雷、防雷击电磁脉冲、等电位连接、电涌保护器等方面进行检测,对获得的数据是否符合相关防雷国家标准和技术规范开展评价,出具检测报告。

4. 建筑物防雷设计规范规定的一类、二类、三类防雷建(构)筑物、电力设施和输配电系统、通信设施、广播电视系统、信息系统等的防雷装置每年检测一次。石油、化工、易燃易爆物资的生产和贮存场所的防雷装置每半年检测一次。

七、雷电灾害技术调查

1. 在雷电灾害发生后,对事故现场情况、背景情况的勘察、取证、鉴定、评估以及做出技术结论的全过程。

2. 防雷专业机构接受气象主管机构的委托,进行雷电灾害技术调查。

八、SPD测试

1. SPD测试是指通过外观检查和仪器测量,对SPD的性能参数进行检测,以确定它是否符合有关标准要求,包括型式试验、常规试验、验收试验和定期检测。

型式试验:一种新的SPD设计开发完成时所进行的试验,通常用来确定典型性能,并用来证明它符合有关标准。

常规试验:按要求对每个SPD或其部件和材料进行的试验,以保证产品符合设计规范。

验收试验:经供需双方协议,对订购的SPD或其典型试品所做的试验。

定期检测:对在用的SPD进行定期安全检测时所做的试验。

2. 从事防雷产品测试的防雷专业机构,需要通过实验室资质认定。

九、防雷工程设计施工

1. 防雷工程设计施工是指通过勘察设计和安装防雷装置形成雷电灾害防御工程。

2. 防雷工程专业设计或者施工应在本单位相应资质等级范围内进行。

3. 防雷工程设计文件应经过当地气象主管机构设计审核,完工后应经过当地气象主管机构竣工验收。

第四节　防雷服务收费标准与程序

一、收费标准

防雷技术服务收费属服务性收费,双方自愿协商,收费必须开具发票,按章纳税。2009年1月广西壮族自治区物价局出台了《关于重新规范我区防雷检测收费及有关问题的通知》(桂价费〔2008〕424号),该文件规定的收费标准为全区最高收费标准,具体收费应根据当地物价主管部门核定的标准执行。防雷专业机构必须严格执行物价部门核准的收费项目、收费标准和服务内容。防雷专业机构在开展业务时,应与委托单位签订服务协议(合同),明确服务内容、收费项目和收费标准及相关事项,提供质价相符的服务,严禁只收费不服务或多收费少服务。对于超出物价部门核准范围,但又必须开展的防雷技术服务项目,应当按照公平合理自愿的原则,由双方协商收费。

二、收费优惠程序

办理防雷技术服务收费优惠,应遵循下列原则和程序:

1. 要求收费优惠的单位应向防雷专业机构提交书面申请报告,说明申请事项、政策依据和优惠理由。

2．防雷专业机构应根据具体情况，必要时可与申请单位沟通协调，与要求收费优惠的单位召开优惠理由陈述资讯会。

3．防雷专业机构应对申请事项、政策依据和优惠理由进行审查核实。

4．符合物价部门收费文件优惠条件的，或国家和当地政府以及自治区气象局有优惠规定的，或申请单位优惠理由充分的，可以给予优惠。

5．建立"防雷收费优惠专题会议"机制，由防雷专业机构领导、纪检、主办人员、财务人员参加，定期或不定期专题审议防雷收费优惠事项，制作会议纪要，与申请报告、相关凭证存档备查。

6．任何单位或者个人不得随意优惠防雷技术服务收费，办理收费优惠手续必须在20个工作日内完成。

7．各级防雷专业机构应结合实际工作，出台本单位防雷收费优惠实施办法，并接受气象主管机构的监督管理。

第五节 防雷资质、计量认证和人员资格

一、防雷资质

防雷专业机构实行资质认定制度，从事防雷装置检测、防雷工程设计和施工的防雷专业机构，应当具备相应的技术能力和技术条件，依法取得相应的资质方可从业，并接受气象主管机构的管理。

二、计量认证

从事防雷装置检测的防雷专业机构，除取得相应的资质外，还必须取得质量技术监督部门颁发的计量认证合格证书。

从事 SPD 测试的防雷专业机构，需要通过实验室资质认定。

三、人员资格

从事防雷技术服务的人员必须符合国家和气象主管机构的相关规定。

第二章　管理规定和岗位职责

第一节　管理规定

一、雷电业务与防雷服务总则

（一）雷电业务和防雷服务包括防雷装置设计技术评价、防雷装置竣工验收检测、雷电灾害风险评估、防雷装置定期安全检测、防雷工程设计和施工、雷电灾害调查鉴定、雷电监测预警等。

（二）雷电业务与防雷服务单位及从业人员应当严格遵守和执行国家、自治区有关法律、法规，以及气象部门规章，严格遵守国家、行业技术规范和技术标准。

（三）雷电业务和防雷服务单位应当建立质量管理体系，成立质量委员会、技术委员会，加强服务管理。质量委员会负责人一般由单位领导成员担任，技术委员会负责人应具备相关专业工程师及以上技术职称。

（四）雷电业务和防雷服务遵循"公正、科学、准确、高效"的质量方针，确保出具的技术报告准确，客户满意。

二、防雷服务质量控制

（一）质量委员会和技术委员会应当各司其职，承担业务质量体系管理、技术审查把关等职责，并采取有效的监控措施，对服务的过程进行质量控制，确保服务结果的质量。

（二）雷电业务与防雷服务单位应当定期开展质量评审检查，组织或参加同行业实验室（单位）的比对试验和能力验证，及时采取纠正措施、预防措施，不断提升技术水平。

（三）实行防雷服务质量抽查制度，由质量监督员定期对服务态度、安全措施、现场操作、技术报告进行检查、做好记录，向质量委员会汇报处理。

（四）防雷技术服务流程一般分为现场操作、编制报告、审核签发三个环节。

1. 防雷技术服务的现场操作由持有相应项目资格证的技术人员完成，一般两人或以上。重要场所的防雷技术服务，必须有工程师以上职称的技术人员参加。

2. 现场操作时，一般应有委托单位（对象）的安全或者管理人员在场。主要操作人员负责记录原始记录，校核人员对检测技术人员资格、依据文件、使用设备、数据处理、检测结果等进行审查和验证。

3. 原始记录上必须有记录人员、校核人员、其他参与技术人员的签字。校核人员应当从事本专业工作2年以上。

4. 防雷技术服务原始资料整理、检测报告编制在室内进行。

5. 技术报告应由参与现场操作的技术人员起草填写,校核人员进行校核,授权签字人或技术负责人审批、签发,经行政和财务部门确认进账后加盖公章。

(五)项目技术报告需要专家评审或气象主管机构审批的,按有关法律、法规、规章,以及与服务对象(单位)的合同约定执行。

(六)防雷技术服务流程一般在十五个工作日内完成,或根据合同约定在规定时间内完成。

三、防雷服务质量申述、投诉和争议处理

(一)申诉、投诉和争议表述

1. 申诉:指委托单位(对象)对防雷技术服务单位作出的,与防雷技术服务有关服务结果、结论、决定等不满意的正式书面声明。申诉应在收到结果、结论、决定后15个工作日内提出。

2. 投诉:指委托单位(对象)对防雷技术服务单位或工作人员资格有异议,对服务质量、服务态度不满意,认为存在违反合同行为、不廉洁自律行为等,提出对防雷技术服务不满意的正式声明。投诉应在事件发生后15个工作日内提出。

3. 争议:指委托单位(对象)对防雷技术服务单位在防雷技术服务程序或有关技术问题方面有不同意见的书面表述。争议应在事件发生后15个工作日内提出。

(二)申诉、投诉和争议处理原则

1. 投诉可以通过电话、传真、电子邮件、函件或来访等方式提出,申诉和争议应以书面形式提出。

2. 以事实为依据,以国家相关法律法规和有关技术标准规范为准则。

3. 参加申诉、投诉和争议处理的工作人员均应保持客观公正,实行直接利害关系回避制度,对有关信息负有保密责任。

(三)申诉、投诉和争议处理

1. 行政办公部门负责受理申诉、投诉和争议。

2. 质量委员会负责组织协调处理各类申诉、投诉和争议。负责判定申诉、投诉和争议问题的性质,交由相关部门提出处理意见,或者成立调查小组调查处理。负责对投诉、申诉和争议处理的有效性进行验证。负责向提出申述、投诉和争议的委托单位(对象)回复或报告处理结果。

3. 技术委员会负责对涉及技术问题的申诉、争议进行处理。负责确认实施防雷技术服务方法、程序、结果等的真实性、准确性、科学性。

4. 投诉、申诉和争议的处理期限一般在10天以内,情况特殊或特别复杂的可以适当延长时间,但最长不应超过30天。

5. 提出申述、投诉和争议的委托单位(对象)对处理结果仍不满意的,可以向防雷技术服务主管部门提出书面异议。

四、防雷服务质量事故等级和处置

（一）质量事故范围

1. 委托单位提供的技术资料、委托单（服务合同）等丢失；

2. 原始记录、检测报告、评审报告、财务凭证等丢失；

3. 由于操作人员不按工作要求作业，致使仪器设备非正常损坏；

4. 由于人员、设备、环境等条件不符合检测要求，或者检测方法错误、数据错误、计算方法错误等造成检测结论错误；

5. 由于突发事件或人力不可抗拒的因素，造成检测工作的中断或检测结果的错误；

6. 发生公共财产损失、工作人员人身伤亡事故等安全责任性事故；

7. 其他质量事故。

（二）质量事故等级

根据直接经济损失的大小、导致工作中断时间的长短和负面影响程度，划分为一般质量事故、较大质量事故和重大质量事故三个等级。

（三）质量事故处置

1. 质量事故发生后，当事人应立即采取应急措施，防止事故扩大，按需要保护好现场，同时向部门负责人报告。

2. 一般质量事故由部门负责人确认后报质量负责人，作出相应的处理，并报单位备案。

3. 较大质量事故由部门负责人确认后报质量负责人，质量负责人会同技术负责人作出相应处理，并报单位备案。

4. 重大事故由部门负责人确认后报单位负责人处理，或由单位负责人授权质量负责人、技术负责人处理。人员伤亡事故应报上级主管部门备案。

5. 其他部门和人员应按单位要求协同参加质量事故处置。

6. 出现质量事故的当事人、部门负责人等，按情节严重程度给予相应处分、责令赔偿等处理，直至追究法律责任。

五、防雷服务廉洁从业规定

（一）防雷服务从业人员应当自觉遵守国家法律法规和单位规章制度，遵守职业道德，主动维护单位的合法权益和良好声誉。

（二）防雷服务基本的职业道德规范，应当包括：爱岗敬业，忠于职守；廉洁自律，诚实守信；客观公正，坚持标准；强化服务，提升技能；办事公道，奉献社会。

（三）禁止违反单位规定，利用职权、职务和岗位上的便利谋取不正当的利益，损害单位利益，影响单位形象。不得有下列行为：

1. 接受或索取管理和服务对象、与工作有关系的单位或个人提供的任何利益或利益输送；

2. 违反职业操守、防雷技术规范及各项业务技术规定，伪造检测、评估等业务数据，谋取私利；

3. 利用单位的资源、业务渠道、业务信息、知识产权等为本人或他人从事不正当的牟利活动或利益输送；

4.利用职务上的便利违规从事私人得利的中介活动；

5.在外单位任职、兼职或收取报酬等与单位利益冲突的行为,在与同类业务或有业务关系的单位投资分红等损害单位利益的经营活动；

6.利用职务和岗位上的便利,侵吞、窃取、骗取或以其他手段非法侵占单位财物；

7.在单位公务接待、科研、会议、差旅等公务活动中弄虚作假、假公济私；

8.瞒报、谎报、缓报、漏报突发事件、重大事故、业务成果和其他重要情况；

9.故意违反单位考勤制度,无故旷工和擅自离岗的；

10.其他损害单位利益、影响单位形象的行为。

(四)防雷服务单位应当保守客户秘密,不得用于获取其他利益。

(五)防雷服务单位应当建立健全监督机制,以保证各项规章制度的贯彻落实。

1.严格遵守和落实防雷管理和服务廉政风险防控规定；

2.实施防雷管理和服务信息公开,畅通服务投诉渠道；

3.实行防雷服务满意度调查回访制度；

4.实行防雷服务质量和业务能力定期抽查监督制度；

5.各部门负责人与单位签订廉政建设责任状,全体职工签订廉洁从业承诺书；

6.加强职工年度考核和领导干部"一岗双责"考核；

7.定期开展员工廉洁从业教育；

8.落实其他惩戒、预防和教育等纪检监察规定等。

(六)对违反防雷服务廉洁从业规定的,责令当事人退还不正当的经济利益,并视情节轻重作出但不限于以下处理决定：

1.批评教育；

2.扣罚绩效工资；

3.行政处分；

4.解除劳动合同。

给单位造成经济损失的,追究其经济赔偿责任直至通过法律途径追究其责任。

六、防雷服务人员安全作业规定

1.防雷服务人员上岗前必须经专业培训,并取得防雷从业资格,以及涉电、高空等相关作业资格。

2.防雷服务机构应定期开展安全生产技术培训和警示教育。

3.设立现场安全负责人,负责安全勘察,做好安全情况记录,提出安全防范措施并组织实施等。

4.防雷服务人员应当配备使用安全帽、劳保鞋、安全绳等安全装备。

5.现场应有委托单位(对象)熟悉环境状况的人员指引,在确保人员、设备及被检防雷装置安全的情况下,方可进行工作。严格遵守委托单位(对象)安全生产的相关规章制度。

6.对带电设备进行检测时注意防止触电,对设备外壳要确认不带电时才能检测。在配电系统进行不停电检测或检测电涌保护器时,不得使用锉刀、锯、钳子等无绝缘的手柄工具。雷雨天气不得检测。

7. 高空(楼顶)作业前,必须检查楼顶天面环境、附近电线情况,检查天面隔热层、透光层、天面朽损情况。从高处放线检测时,必须避开高、低压架空电线。严禁在楼顶倒退行走。不得酒后作业。使用梯子登高作业时应至少两人同时作业,梯子上方只允许一人作业,另一人在下方进行监护和协助。

8. 对存放易燃易爆物品的场所进行检测时,应听从服务对象(单位)的安排,严禁携带火种。必须穿防静电服,关闭手机,不得穿带有金属底的鞋,不得使用非防爆型对讲机,不得敲打被检测部件。

9. 防雷服务用车应实行专人管理,定期检查车况、维护保养,杜绝无证驾驶、违章驾驶、疲劳驾驶、酒后驾驶等。

10. 如发生安全事故,应立即进行现场处置并按规定报告。做好保护现场、配合事故调查、事故分析等工作。

七、技术资料管理和保密规定

(一)防雷技术资料包括防雷法律法规规章,技术标准、技术规范,技术手册、技术规程,防雷资质证书,质量体系文件,防雷技术服务记录、报告,仪器设备说明书、检定证书,技术报告登记表等。

(二)长期保存的技术资料有:

1. 国家、自治区、部门有关防雷技术服务的法律、法规、规章、政策、文件等;

2. 国家、行业、地方技术标准、技术规范,有关技术规程、大纲、手册、细则、制度、操作方法、科研成果等;

3. 防雷检测资质,雷电灾害风险评估资格证,防雷工程资质;

4. 仪器设备明细表和台帐,仪器设备说明书,计量合格证,仪器仪表设备的验收、维修、使用、降级和报废记录等。

5. 委托单位(对象)的设计图纸、方案,技术评价意见,设计变更、反馈意见及处理结果,施工监督和竣工验收原始记录、竣工验收报告。

6. 雷电灾害风险评估报告,雷电灾害调查技术报告。

7. 上级部门审批意见、专家评审报告等。

(三)定期保存的技术资料有:

1. 防雷装置定期安全检测报告和原始记录;保存期限至少3年。

2. 防雷质量管理体系文件、管理记录,保存期限至少3年。

3. 物品入库、发放及处理登记本,其保存期限至少3年。

(四)技术委员会负责单位技术资料的管理和保密工作。

(五)各种技术资料应分类建立档案保存,由技术负责人及其有关部门专人负责收集、整理、保管。超过保存期的资料、原始记录、检测报告,由技术负责人提出申请报告,经单位负责人批准,登记后销毁。

(六)凡单位认定属于秘密级的技术资料,防雷从业人员和保管人员不得宣传、泄露,不得将保密的技术资料带到公共场所。未经单位审批同意,不得查阅、借阅、复印技术记录和报告。

获得的外部技术资料秘密不得对外泄露。

八、仪器设备管理规定

（一）职责

1.技术委员会负责组织对拟购仪器设备的论证、订购、验收，对在用仪器设备进行监督管理。

2.技术委员会负责组织仪器设备的购置申请、选型、校准、检定、使用、标识和维护。

3.行政办公部门负责申请购置仪器设备的资金和仪器设备验收后建立固定资产台帐。防雷服务各部门负责本部门仪器设备的日常使用和保管。

（二）仪器设备的日常管理

1.仪器设备按防雷检测计量认证要求进行日常管理。

2.仪器要分型号和台件顺序存放在仪器室（柜）内。各种仪器的说明书、合格证、检定证都要按台件建立档案保存，并复印一份随设备外出检测时查阅。

3.新购仪器设备必须经检定合格后方可使用。仪器设备严格按规定进行周期计量检定，使用频繁的设备应进行期间核查。所有在用仪器设备用"三色标识"表明其检定/校准状态，标识上注明仪器设备编号、检定/校准日期、有效期、检定/校准单位。

4.所用仪器设备均规定专人保管保养，建立仪器设备台帐，定期维护并认真填写设备维护记录，确保仪器设备功能正常。

5.经检定需维修、降级或报废的仪器设备，由使用（保管）人填写申请表并经技术负责人验证，报单位负责人审批，然后按规定进行维修、降级使用或停止使用。

（三）仪器设备的使用

1.使用仪器设备必须严格遵守操作规程。严禁超量程、超范围和带病工作。

2.使用中如有异常情况，应立即停止作业并检查，查明原因，报技术委员会及时处理，待恢复正常并经检验后，方可继续使用。检测人员在操作仪器设备前后应检查其状态和环境条件，并做记录。

3.检测人员必须自觉爱护仪器设备，保持仪器设备整洁、安全和正常使用。仪器设备应每季度或定期进行保养，并应做好记录。

九、防雷服务人员考核制度

（一）考核原则

1.强化岗位目标责任制；

2.以平时考核为基础的全面考核，注重考核工作绩效；

3.坚持公开、公平、公正、客观；

4.重视考核结果在聘任、晋升、绩效分配中的使用。

（二）考核形式

人员考核分年度考核和聘期期满考核。年度考核主要考核任职一年来的情况；聘期期满考核主要考核聘期内的全面情况。

（三）考核方法

评估防雷服务人员考核期内的德、能、勤、绩、廉综合表现，以及履行聘约和岗位职责的情况。考核要严格程序、标准，采用定性与定量相结合、民主评议和组织考查相结合的办法，保证考核结果的公正准确。

（四）考核程序

1.个人总结：被考核人员按照考核的内容，进行自我总结，写出书面总结报告和自我评价。

2.民主评议：以部门为单位交流个人总结，然后进行民主评议，并由部门负责人提出书面评议意见。或由单位组织民主评议。

3.组织考核：按照干部人事管理权限，单位负责人主持召开领导班子会议或者考核小组会议，对受聘人员履行岗位职责情况和履行聘约情况进行评审，确定鉴定意见。

（五）考核结果使用

1.年度考核、聘期期满考核结果分为优秀、合格、基本合格、不合格4个等次。

2.年度考核合格，可按有关规定晋升工资档次和发放相应岗位津贴；聘期期满考核合格，具有续聘资格，并享受聘期内相应岗位津贴。

3.年度考核、聘期期满考核结果作为专业技术职务聘任和晋升、岗位津贴补贴发放、合同聘用等的重要依据。

4.考核结果保存到个人工作档案。

十、档案及仪器设备环境管理

1.仪器设备、资料档案应有专用房间或专柜保管，室内要保持清洁，专柜要定时清理。

2.应采取防火、防盗、防光、防尘、防潮、防霉、防污染、防虫、防鼠等措施，确保资料的安全。

3.严禁烟火，严禁存放易燃易爆物品以及食品杂物等，确保室内清洁。

4.档案室内档案应按要求存放，做到排列有序，方便查找，借阅技术资料须进行登记。档案架应与墙体之间保持一定距离（柜架与墙体一般不少于10厘米），以利于通风降湿。

5.档案室温湿度应定时测记，随时掌握变化情况，适时控制和调节（温度适宜在14～24℃，湿度在45％～60％）。

6.定期对库存档案进行全面检查，掌握保管情况，发现问题及时采取措施。

7.仪器设备室、资料档案室应专人管理，未经批准严禁非管理人员入内。档案管理人员出入库房，应随手锁门，下班前关牢门窗，断绝电源。

第二节　防雷服务岗位职责

一、质量负责人岗位职责

1.受单位负责人的委托，全面负责防雷服务质量管理的各项工作，定期向单位负责人报告防雷服务质量情况。

2.贯彻落实国家、自治区、主管部门和行业等有关防雷质量管理的法律、法规、规章和政策。

3.建立健全防雷质量管理体系,落实质量保证措施并持续改进。

4.负责内部审核、监督检查质量管理体系的有效运行、各岗位人员履行职责情况。

5.负责人员培训、考核以及防雷服务人员的工作质量和服务水平。

6.组织质量申诉、投诉和争议的调查、处理、报告和反馈。

7.组织开展质量事故的应急处置和总结改进。

8.在技术负责人外出时代行其责。

二、技术负责人岗位职责

1.受单位负责人的委托,全面负责防雷服务的技术管理各项工作。

2.贯彻落实国家、自治区和行业等有关防雷质量管理的法律、法规、规章和政策。

3.负责单位防雷服务技术方法、技术结论的总把关,负责重要技术文件、方案、报告、总结的技术审批。

4.组织开展防雷技术研究,积极指导和引导技术创新,实施新项目、新设备、新方法、新技术的推广应用,提高防雷服务的科技含量。

5.负责防雷服务标准、规范和规程的宣贯、培训,确保其有效性。

6.负责防雷服务单位检测工作、检测能力验证,分析检测的各项结果,提出控制检测质量的意见和建议。

7.监督检查并及时解决防雷服务过程中存在的技术问题。

8.负责组织仪器设备的论证、订购、验收,对在用仪器设备的管理。

9.负责技术档案的保管、保密工作,保证技术资料的真实、准确、完整。

10.在质量负责人外出时代行其责。

三、总工程师岗位职责

1.受质量委员会和技术委员会的委托,全面负责实施单位的技术工作。

2.负责国内外检测规范的收集和各种技术资料的征订,组织贯彻国家有关技术规范,组织技术人员学习、领会防雷有关规范、标准。

3.全面掌握单位服务范围内防雷技术的发展方向,制定单位的技术发展规划,负责召集有关技术人员审定有关技术规定。

4.负责有关的技术研究、技术开发、技术改进方案。

5.对防雷技术进行把关。

6.负责仪器设备的选型。

7.主持人员技术培训。

四、授权签字人岗位职责

1. 根据单位授权的签字权限,在技术委员会的领导下,履行技术报告授权签字职责。

2. 授权签字人必须经过计量认证考核,具备工程师以上技术职称。

3. 熟悉防雷计量认证的内容和规则,有效控制检测报告的质量水平。

4. 熟悉掌握检测服务项目的范围、防雷有关技术标准、检测设备、检测方法、检测程序和检测报告的内容。

5. 对有关检测记录、检测结果进行评定,审查检测员、校核人的工作质量。

6. 对技术报告签字确认,对签发的技术报告结论负责,对技术报告准确性和完整性负责。

7. 完成单位安排的其他技术任务。

五、校核人岗位职责

1. 根据单位授权权限,在所在部门的领导下,履行检测记录、技术报告校核职责。

2. 熟悉防雷计量认证的内容和规则,熟悉掌握检测服务项目的范围、防雷有关技术标准、检测设备、检测方法、检测程序和检测报告的内容。

3. 对仪器设备记录、检测原始记录、现场勘查记录、初次审核意见的内容、数据处理及表达方式进行校核;对检测人员编制的技术报告的数据处理、检测结果、结论的正确性进行校核。

4. 校对时发现文件不完整或存在技术问题,有权退回检测人员重新修改后再校对,必要时进行复测。

5. 校核人对所校核的技术文件质量负责。

6. 完成单位和部门安排的其他技术任务。

六、内审员岗位职责

1. 在质量委员会的领导下,根据内部审核组的分工安排,负责实施单位的防雷计量认证内部审核工作。

2. 遵守内审员行为准则,熟悉防雷质量管理体系,内部审核程序和有关文件。

3. 完成分工范围内现场审核任务,收集客观证据,记录观察结果,编制不符合报告,参加内部审核组会议报告审核结果,参与对质量管理体系有效性的评价,参与验证纠正或预防措施的有效性等。

4. 完成单位和内部审核组安排的其他任务。

七、质量监督员岗位职责

1. 在质量委员会的领导下,负责实施防雷服务的质量监督工作。

2. 遵守质量监督行为准则,熟悉防雷计量认证的内容和规程,熟悉掌握检测服务项目的范围、防雷有关技术标准、检测设备、检测方法、检测程序和检测报告的内容。

3.采取现场检查、抽查技术报告等方式,定期对日常防雷服务检测过程的各个环节实施有效监督。

4.当发现防雷服务工作不符合防雷质量管理体系的要求时,有权暂停检测工作,制止不符合标准规范的操作,对不符合工作提出纠正要求,责成当事责任人改正。填写《质量监督抽查表》,向质量委员会负责人报告。

5.完成单位安排的其他任务。

八、检测人员岗位职责

1.负责实施委托单位(对象)防雷装置的检测技术服务工作。

2.熟悉掌握检测服务项目的范围、防雷有关技术标准、检测设备、检测方法、检测程序和检测报告的内容。

3.负责保持检测环境和设施达到要求,负责对所用仪器设备的保管、定期实施维护保养和标识。

4.按防雷技术规范和工作规程,按时完成现场检测操作、填写原始记录、编制技术报告等工作。

5.对所签字的原始记录、技术文件的公正性、准确性、真实性和科学性负责,有权拒绝不符合规定要求的外界干扰,严格遵守保密规定。

6.完成单位安排的其他任务。

九、防雷装置设计技术评价人员岗位职责

1.负责对委托单位(对象)防雷装置设计进行技术评价工作。

2.熟悉掌握服务项目的范围、防雷有关技术标准、评价方法、评价程序和评价意见的内容。

3.按防雷技术规范和工作规程,按时完成防雷装置设计方案(图纸)受理、技术评价、出具评价意见等工作。

4.对所签字的技术文件的公正性、准确性、真实性和科学性负责,有权拒绝不符合规定要求的外界干扰,严格遵守保密规定。

5.完成单位安排的其他任务。

十、雷电灾害风险评估人员岗位职责

1.负责实施委托单位(对象)建设工程项目雷电灾害风险评估工作。

2.熟悉掌握服务项目的范围、防雷有关技术标准、评估方法、评估程序和评估报告的内容。

3.按防雷技术规范和工作规程,按时完成建设工程项目现场勘查、相关数据提取、风险分析计算、出具评估报告等工作。

4.对所签字的技术文件的公正性、准确性、真实性和科学性等质量指标负责,有权拒绝不符合规定要求的外界干扰,严格遵守保密规定。

5.完成单位安排的其他任务。

十一、雷电监测人员岗位职责

1.负责实施服务范围内雷电监测预警工作。

2.熟悉掌握服务项目的范围、防雷有关技术标准,雷电监测设备、方法、程序和监测预警产品的内容,熟悉雷电监测网络维护方法。

3.负责制作雷电监测预警产品,负责雷电监测预警公共服务和向委托单位(对象)提供专项服务;负责雷电监测网建设、维护等工作。

4.对所签字的技术文件的准确性、真实性和科学性负责。

5.完成单位安排的其他任务。

十二、资料档案管理员岗位职责

1.在技术委员会的领导下,负责防雷服务资料档案管理工作。

2.负责资料档案保管。负责管理体系文件、技术文件、人员和仪器档案等的建立、分类、归档、登记、造册、统计、分类控制;负责资料的发放、回收、借阅、销毁;负责资料档案室的管理,保持良好的卫生环境,做好防盗、防火、防潮、防光、防霉变、防污染、防虫等安全措施。

3.负责资料档案保密管理。对密级文件、资料均应按规定进行登记、管理。未经允许不得随意外借、复印及向其他人泄露档案内容。

4.完成单位安排的其他任务。

十三、仪器管理员岗位职责

1.在质量委员会的领导下,负责防雷服务仪器设备的管理工作。

2.负责仪器室的日常管理,建立仪器设备台帐,新购置仪器的入库,定期组织开展仪器设备保养、维护并填写记录,建立仪器设备出入库、使用、借用记录档案。

3.负责新购、在用仪器设备的周期检定、期间核查,在仪器设备贴上"三色标识"表明其检定及校准状态。

4.完成单位安排的其他任务。

十四、防雷工程设计员岗位职责

1.负责实施委托单位(对象)防雷工程项目设计工作。

2.熟悉掌握服务项目的范围、防雷有关技术标准、设计方案、设计图纸的内容。

3.负责现场勘查、编制设计方案、设计图纸。

4.根据防雷装置技术评价意见和设计审核意见修改设计文件。

5.必要时,根据现场实际情况修改设计文件。

6.完成单位安排的其他任务。

十五、防雷工程施工员岗位职责

1. 负责实施委托单位(对象)防雷工程项目施工工作。

2. 熟悉掌握服务项目的范围、防雷有关技术标准、设计方案、设计图纸、施工管理、施工工艺的内容。

3. 负责施工组织、管理、工程质量,负责施工人员、材料的调度和管理。

4. 负责填写施工日志、提供隐蔽工程施工记录及证明材料(照片、录像)。

5. 必要时,根据现场实际情况提出修改设计文件建议。

6. 负责防雷工程项目验收工作。

7. 负责整理防雷工程项目验收资料并移交档案管理员。

8. 完成单位安排的其他任务。

第三章　防雷服务主要仪器设备

第一节　仪器设备基本要求

一、仪器设备基本要求

1. 测量接地电阻、土壤电阻率的常用仪表

(1)仪器种类

①三极式接地电阻测试仪:测量接地电阻

②四极式接地电阻测试仪:测量接地电阻、土壤电阻率

③双钳形多功能接地电阻测试仪

④钳式接地电阻测试仪:适合测量引下线的导通

(2)仪器性能要求

①测量范围:(0～19.99)kΩ

②最小分度值:0.01,0.1,1,10(Ω)

③准确度等级:3.0级

2. 测量大型接地装置特性参数的常用仪表

(1)变频大型地网接地特性测试系统:由功率变频信号源、耦合变压器、高精度多功能选频万用表、导通测量仪、罗氏线圈等组成。用于电气完整性、接地阻抗、场区地表电位梯度、接触电位差、跨步电位差及转移电位的测试。

(2)仪器性能要求

①测试电流:(1～3/5/10/20)A,(40～60)Hz,(步长1Hz)

②测试电压:(0～300/600/1000)V,(40～60)Hz,(步长1Hz)

③阻抗测量范围:(0～1000)Ω,不确定度:±(1%＋0.02)Ω,分辨率:0.001Ω

3. 电涌保护器(SPD)性能测试的常用仪表

(1)防雷元件测试仪、SPD巡检仪:测试压敏电压、点火电压、漏电流,用于模块或元件

仪器性能要求:

①直流参考电压:(0～1800)V,不确定度:≤±2%±1d

②泄漏电流:(0～199.9)μA,不确定度:≤±3%±3d,分辨率:≤0.1μA

(2)雷电电涌测试仪:测试压敏电压、点火电压、漏电流、残压,用于组件或元件

仪器性能要求:

①参考电压：(3～6)kV(1.25/50μs)，不确定度：≤±3%

②参考电流：(1～3)kA(8/20μs)，不确定度：≤±10%

4. 测量电流、电压、电阻的常用仪表

①万用表：测量电流、电压、电阻、频率

②钳形电流表：测量电流

③钳形漏电流表：测量漏电流

5. 测量等电位连接过渡电阻的常用仪表

(1)仪器种类

①微欧计

②等电位测试仪

(2)仪器性能要求

①测量范围：(0～19.9)mΩ，(20～200)mΩ；分辨率：0.01mΩ，0.1mΩ

②测量电流：≥0.2(DC)A

③测量电压：≥2(DC)V

④不确定度：≤±0.1%±2d

6. 测量绝缘电阻的常用仪表

兆欧表。

仪器性能要求：

①额定电压：100、250、500、1000(V)

②量限：200、500、2000、5000(MΩ)

③准确度等级：1.0级

7. 静电测量的常用仪表

(1)静电电压测试仪：测量静电电压

仪器性能要求：

①测量范围：0～30000V

②不确定度：≤±10%+1d

(2)表面阻抗测试仪：测量防静电材料的表面电阻或体积电阻

仪器性能要求：

①测量范围：$(0～10^{12})Ω$

②不确定度：≤±20%或±1/2d

8. 电力质量测量的常用仪表

多功能电力质量综合检测仪：测量接地电阻，接触电压，相序，测试导体通断，漏电流，A、AC类RCD(通用型或接收型)的参数(触发时间、触发电流)，电力质量参数(电压、电流、频率、有功功率、无功功率、表现功率、功率因子、电压电流谐波等)。

9. 测量温度、湿度的常用仪表

(1)温湿度计

(2)仪器性能要求

①测量范围：(0～100)%RH，(−20～+40)℃

②不确定度：≤5%RH，≤±1℃

10. 测量钢筋直径、厚度、宽度的常用仪表

(1)仪器种类

①游标卡尺

②千分尺

③超声波测厚仪

④混凝土钢筋测试仪

(2)仪器性能要求

①分度值:0.02 mm

②混凝土厚度测量范围:(0～150/200) mm

③钢筋直径测量范围:ϕ(6～32/50) mm

11. 测量长度的常用仪表

(1)仪器种类

①钢卷尺

②纤维卷尺

③激光测距仪

(2)仪器性能要求

测量范围:(0～5/30/50) m

12. 测量建筑物高度的常用仪表

①经纬仪

②测高仪

13. 测量无线电干扰场强的常用仪表

①干扰场强测试仪

②频谱分析仪

③电磁波测试仪

④其他设备

14. 测量屏蔽效果的常用仪表

①干扰场强测试仪

②交直流高斯计

③频谱分析仪

④电磁波测试仪

⑤其他设备

15. 测量剩余磁场的常用仪表

剩磁测试仪。

仪器性能要求:

①测量范围:(0～20/200) mT

②分度值:0.01 mT

16. 测量噪声的常用仪表

声级计。

二、必备仪器

各单位根据各自的资质等级、检测范围和参数,配备合适的仪器设备。下列为必备的仪器设备:

1. 接地电阻测试仪(可测量土壤电阻率)
2. 游标卡尺
3. 30/50 m 钢卷尺或纤维卷尺,5 m 钢卷尺
4. 防雷元件测试仪或 SPD 巡检仪
5. 等电位测试仪或微欧计
6. 表面阻抗测试仪
7. 兆欧表
8. 测高仪或经纬仪
9. 混凝土钢筋测试仪
10. 剩磁测试仪
11. 万用表
12. 试电笔
13. 对讲设备(防爆型)

三、选配仪器

1. 钳式电流测试仪
2. 激光测距仪
3. 温湿度计
4. 超声波测厚仪
5. 静电电位测量仪
6. 变频大型地网接地特性测试系统
7. 电力质量综合检测仪
8. 干扰场强测试仪、电磁波测试仪、频谱分析仪、交直流高斯计
9. GPS 定位仪
10. 标准电阻箱

第二节 仪器设备检定

一、仪器设备周期检定

1. 防雷检测中所需要的仪器,包括接地电阻测试仪、防雷元件测试仪、万用表、兆欧表、静

电电位测量仪、表面阻抗测试仪、多功能电力质量综合检测仪、温湿度计、游标卡尺、纤维卷尺、钢卷尺、经纬仪、测厚仪等,必须经过计量检定机构周期检定和(或)校准。严禁使用不经检定或超过检定周期的仪器、量具。

2. 凡属自校仪器量具必须按期校正方可使用。

3. 不能检定和(或)校准、自校的仪器应进行比对。

二、仪器设备期间核查

对于频繁使用或使用环境恶劣的设备,如接地电阻测试仪,在两次周期检定的中间,需要进行期间核查。

第三节 仪器设备管理

一、仪器设备标识管理

1. 仪器设备经检定合格后,由技术负责人检查确认其性能符合检测工作要求方可使用,检定合格证的复印件应随机携带。

2. 检测仪器实行"三色"标志管理:合格证(绿色)、准用证(黄色)、停用证(红色),"三色"标志应粘贴在仪器上。

(1)合格证(绿色)的适用对象:

1)计量检定(包括自检)合格者;

2)设备不必检定,经检查其功能正常者;

3)设备无法检定,经比对或鉴定适用者。

(2)准用证(黄色)的适用对象:

1)多功能检测设备,某些功能已丧失,但检测工作所用功能正常,且经检定或校准合格者;

2)设备某一量程精度不合格,检测工作所用量程合格者;

3)降级使用者。

(3)停用证(红色)的适用对象:

1)仪器设备损坏者;

2)仪器设备经计量检定不合格者;

3)仪器设备性能无法确定者;

4)仪器设备超过检定周期者;

5)仪器设备长期不使用者。

二、仪器设备使用与保养

1. 仪器设备根据使用说明书或作业指导书操作。

2. 用于检测并出具数据的仪器设备由经考核合格持有上岗证的检测员使用。无证人员实习操作时,应在有证人员在场指导下使用。

3. 使用前后应检查仪器工作状态是否正常,是否在检定有效期内。

4. 仪器设备保管人应对设备进行日常保养、清洁,检查电池的电压和漏液情况、检查连接线的通断。对不常用的设备每季度至少进行一次保养、清洁、润滑等,检查电池的电压和漏液情况、检查连接线的通断,开机或通电检查仪器设备是否正常。

三、仪器设备维护

1. 发现仪器设备过载、损坏,必须立即停止使用,贴上停用标志。

2. 经过修复后的仪器设备,必须经检定合格后方可使用。

3. 仪器设备经修理以及计量检定和自校准后,只有部分性能指标合格的,按规定办理降级使用手续。

4. 仪器设备经计量检定和自校达不到预定的质量要求且无修复价值的,按规定办理报废手续。

5. 两年不使用的仪器设备,按规定办理停用手续。

第四章　防雷服务主要参数测量和数据处理方法

第一节　接地电阻和土壤电阻率测量方法

一、接地电阻测量

(一)测量接地电阻的原理

1. 接地电阻的组成

防雷检测一个重要内容就是测量接地电阻,接地装置的电阻由下面四部分组成:

(1)接地体与接闪器间的连线电阻;

(2)接地体本身的电阻;

(3)接地体与土壤的接触电阻;

(4)当电流由接地体流入土壤后,土壤呈现的电阻。

第 3 与第 4 部分之和称散流电阻,它们占接地电阻的绝大部分。

2. 接地体电位梯度

当电流从接地体流向土壤向各方面扩散时,离接地体越近,则电流密度越大,电位梯度越大;当电流流至无穷远时,电流密度为零,电位梯度也为零,即电位为零。但是在工程上只要离接地体适当远的地方(一般为 20 m),电流密度已足够小,电位梯度已接近零,可以认为这些地方的电位为零了。在同样大的电流密度时,土壤电阻率越高,电位梯度越大,它们之间近似成正比例关系。

由此可知接地体接地电阻与土壤电阻率近似成正比。此外电流在土壤扩散的情况,与接地体的形状和尺寸有密切关系,因此接地装置电阻的大小也是与接地体的形状和尺寸有关。

3. 接地体周围地面的电位分布

当电流流入大地后,在接地体周围的土壤中有电压降。由于接地体周围在不同方向上扩散电流的密度不一样,所以其周围电位分布也不一样。以简单的管状接地体为例,它周围电位分布如图 4-1-1 所示。

由图 4-1-1 可以看出,在接地体 A 和 B 附近电压降大(电位梯度大),离 A,B 越远,电压降越平缓(电位梯度小),当远离 A,B 到一定程度(例如远至 C,D 两点之间),电压降趋近于零。即在 CD 区内工程上可以认为是没有电压降的,称其为零电位区。

如图 4-1-1，A，B 之间的总电压降

$$U_{AB} = U_{AC} + U_{DB} = I(R_A + R_B) \quad （式 4\text{-}1\text{-}1）$$

式中　U_{AB}——接地体 A，B 之间的电压，V；

$\quad\quad U_{AC}$——A，C 两点之间的电压，V；

$\quad\quad U_{DB}$——D，B 两点之间的电压，V；

$\quad\quad I$——接地体 A，B 的电流，A；

$\quad\quad R_A$、R_B——接地体 A、B 的电阻，Ω。

因此获得接地体 A（或 B）的电阻 R_A（或 R_B）时，只要测得 I 和 U_{AC}（或 U_{DB}）就可以按式 4-1-2 计算出来。

$$R_A = U_{AC}/I \quad （或 R_B = U_{DB}/I） \quad （式 4\text{-}1\text{-}2）$$

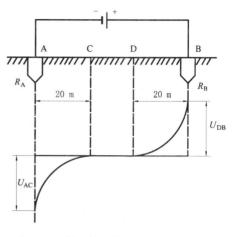

图 4-1-1　管形接地体周围的电位分布

由图 4-1-1 注意到，当电流回路的两个接地体 A，B 之间的距离足够大，使 C，D 之间土壤中的电流密度小到在土壤中的电位梯度近似为零时，两地极之间才会出现零电位区。即在这区间内电压降可以认为是零，又叫零电阻区。反之如果 A，B 距离小到一定程度，则不会出现零电位区间。这对正确测量接地电阻具有很重要的意义。

接地体周的电位分布除了与接地体的形状有关外，还与埋设的方法和深度有关。当接地体埋得越深，在对应的地面上电流密度越小，接地体上边的地面的电位愈低，且曲线愈平缓，即电位梯度愈小，零电位区距离地极就愈远。明确这一点，对正确测量接地电阻也很重要。

（二）测量地极的安排

测量地极应如图 4-1-2 那样安排，A 为需要测试的接地极（或接地系统），B 为辅助接地体，作用是使测试电流从 A 流经大地经由 B 回到电源而成为闭合回路，通常把 B 作为电流辅助地极。K 是作为测量零电位区与 A 地极之间的电压用的辅助地极，通常叫作电压辅助地极。为了正确地测出 A 地极的电位，K 地极必须插在零电位区 CD 内。如果三个地极安排不符合上述要求，会使测量结果不准确，甚至完全不能反映出实际情况。

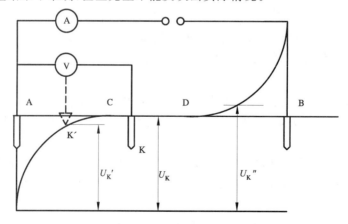

图 4-1-2　被测接地体、电流极、电压极的正常安排方式

例如把 A 与 B 的距离放近一些，分别用 A′和 B′表示，使它们的距离缩短到 A′B′＝AC＋DB，这时两个地极形成两个半球形分布的电势场，两个地极间的零电位区正好在两半球的切

点。这时两地极间的电阻仍然与 AB＞AC＋DB 时的数值相同。若两地极间的距离再缩短，以致 A′B′＜AC＋DB，则两地极间就没有实际电位梯度为零的区域，即没有一段电压降为零的区域，也就是没有零电阻区域。虽然这时也同样会出现一个电位梯度等于零的零电位点，但是这一点的意义与上述零电位区有原则上的区别。这时可以理解为两个接地装置的电阻均被短路了一部分，因而接地电阻减小了。这样就不能准确地反映出在运行中接地电阻的实际数值。这点在实际测试中不可忽视。

当电压辅助地极放在零电位区 CD 中时，测得的结果 $R_g=U_K/I$ 才是正确的接地电阻值。如果辅助电压极放在靠近 A 的 K′ 点，则量得的电压 $U_K′＜U_K$。可见测得的电阻值 $R_g′=U_K′/I＜U_K/I=R_g$。也就是说，测得的电阻值偏小。同理如果将电压辅助极放在靠近电流辅助极 B 的 K″处，则测量出来的电阻值将偏大。如 AB 距离太小，零电位区实际上只成为零电位点时，如果 K 辅助极正好插在中间零电位点所测到的电阻仍正确。

（三）接地电阻测量方法

接地装置的工频接地电阻值测量常用三极法和使用接地电阻表（仪）法，其测得的值为工频接地电阻值。

1. 三极法

三极法的三极是指图 4-1-3 上的被测接地装置 G，测量用的电压极 P 和电流极 C。图中测量用的电流极 C 和电压极 P 离被测接地装置 G 边缘的距离为 $d_{GC}=(4\sim5)D$ 和 $d_{GP}=(0.5\sim0.6)d_{GC}$，D 为被测接地装置的最大对角线长度，点 P 可以认为是处在实际的零电位区内。为了较准确地找到实际零电位区，可把电压极沿测量用电流极与被测接地装置之间连接线方向移动三次，每次移动的距离约为 d_{GC} 的 5%，测量电压极 P 与接地装置 G 之间的电压。如果电压表的三次指示值之间的相对误差不超过 5%，则可以把中间位置作为测量用电压极的位置。

把电压表和电流表的指示值 U_G 和 I 代入式 $R_G=U_G/I$ 中去，得到被测接地装置的工频接地电阻 R_G。

当被测接地装置的面积较大而土壤电阻率不均匀时，为了得到较可信的测试结果，宜将电流极离被测接地装置的距离增大，同时电压极离被测接地装置的距离也相应地增大。

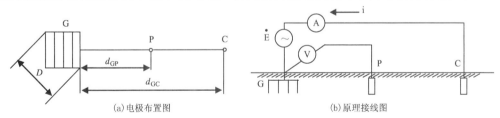

(a)电极布置图　　　　　　　　(b)原理接线图

图 4-1-3　三极法的原理接线图

G—被测接地装置；P—测量用的电压极；C—测量用的电流极；

$\dot{E}$—测量用的工频电源；A—交流电流表；V—交流电压表；

D—被测接地装置的最大对角线长度。

在测量工频接地电阻时，如 d_{GC} 取 $(4\sim5)D$ 有困难，在接地装置周围的土壤电阻率较均匀的前提下，d_{GC} 可以取 2D，而 d_{GP} 取 D；当接地装置周围的土壤电阻率不均匀时，d_{GC} 可以取 3D，d_{GP} 值取 1.7D。

对于 110 kV 及以上的变电站和面积大于 5000 m² 的接地网，测试电流宜选用 3～20 A，

$40\sim60$ Hz 的异频电流,采用工频测试电流时不宜小于 50 A。

2. 接地电阻表(仪)法

使用接地电阻表(仪)进行接地电阻值测量时,宜按选用仪器的要求进行操作。

(1)仪器连接:

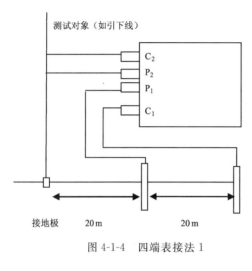

图 4-1-4 四端表接法 1

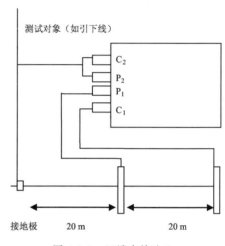

图 4-1-5 四端表接法 2

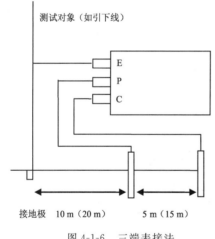

图 4-1-6 三端表接法

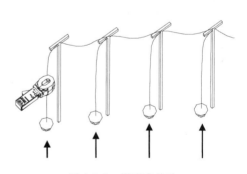

图 4-1-7 钳形表接法

图 4-1-4 和图 4-1-5 为四端表接法,测试点距离较近时用图 4-1-4 接法(可消除测试线电阻误差),测试点距离较远时用图 4-1-5 接法;图 4-1-6 为三端表接法;图 4-1-7 为钳形表接法(适合测量外敷引下线)。

接地体、电压极 P、电流极 C 顺序布置,三点成直线并与接地体成垂直方向,地棒插入潮湿地中。如果是干燥石沙地质可在地棒周围浇一些水以保证良好导电。如遇混凝土硬地面地棒插不入,可将地棒平放地面上,用湿水性强的多层布料盖在棒上浇上水让布湿透。

电压极、电流极距离宜以仪器实际配线长度为准。

(2)接地电阻测量

按接地电阻表(仪)使用要求进行操作,根据被测接地电阻值选用合适的电阻量程开关。

(四)注意事项

1. 检测工作前后检查一次所用的仪器,测前如仪器不正常应停止检测,检测后发现仪器不正常应改用好的仪器重新检测。

2. 需要根据接地装置的不同特点、仪器的适应范围选择合适的接地电阻测试仪及测试方法。

3. 测量所得的接地电阻值为工频接地电阻值,当需要冲击接地电阻值时,应按 GB 50057—2010 附录 C 的规定进行换算。当工频接地电阻测试值满足要求时可不换算,不满足要求时,应换算成冲击接地电阻值。

4. 根据当地土质湿润情况乘上订正系数。

5. 由于钳形表测量的是回路电阻,必须钳在引下线上,不能钳在接闪带上。钳形表适合测量外敷引下线,不适合测量利用结构柱钢筋作引下线的防雷装置,但可作为引下线导通性的检查判断。

6. 由于接地电阻不是很稳定,测试时应尽量排除影响准确度的各种因素,应该注意下列要求:

(1)要有三个可靠的接地点(接地体)其距离各在 20 m 以上(或按仪器要求)。

(2)要注意仪表本身的精度,电流稳定度等的要求,注意排除杂散电流的影响,必要时,测试线改用屏蔽线。

(3)接线要接触良好,绝缘可靠。

(4)要保证测量地层有一定深度。

(5)测量应进行若干次。

7. 对环型地网,任一方向测试的接地电阻合格即可认为该地网的接地电阻合格。

8. 测量电力线路杆塔接地电阻时,电流极棒埋设位置一般取接地装置最长射线长度 L 的 4 倍,电压棒埋设位置取 L 的 2.5 倍。

(五)接地电阻值

各类接地体接地电阻值要求见表 4-1-1。

表 4-1-1 各类接地体接地电阻值

接地类型	接地电阻(Ω)			备注
防雷地(冲击接地电阻)	一类	二类	三类	GB 50057—2010
	≤10	≤10	≤30	
防闪电感应接地	≤10		≤30	
架空线换接处接地	≤30			
电气设备接地	≤4			GB/T 50065—2011
TN 系统 PE 线重复接地	≤10			
TT 系统 PE 线重复接地	≤4			
SPD 接地	≤10			
通信局(站)接地	≤10			GB 50689—2011
石化装置	≤10			GB 50650—2011
管道接地	≤20 或 ≤30			

续表

接地类型	接地电阻(Ω)	备注
金属罐接地	≤10	GB 50160—2008
防静电接地	≤100	
弱电设备接地	≤4	GB 50311—2007
共用接地	≤1 或 ≤4	JGJ 16—2008
共用接地	按50Hz电气装置的接地电阻确定,不应大于按人身安全所确定的接地电阻值	GB 50057—2010

注:1. 本表未列出的其他接地装置的接地电阻根据其相关规范标准要求取值。

2. 有设计要求或特殊要求的应按其设计要求或特殊要求取值。

二、土壤电阻率测量

土壤电阻率的数值与土壤的类型(如黑土、黏土或沙土等),土质的紧密程度、湿度、温度,以及土壤中含有的可溶性电解质(如酸、碱、盐等)有关。由于成分的多样性,不同土壤的土壤电阻率的数值往往差别很大。影响土壤电阻率最主要的因素是湿度。

土壤电阻率可以通过查表或利用接地电阻测试仪测量得到。

(一)接地电阻测试仪测量法

接地电阻测试仪测量土壤电阻率的方法有:土壤试样法、三点法(深度变化法)、两点法(西坡土壤电阻率测定法)、四点法等,本节主要介绍四点法。

1. 测量仪器

选用土壤电阻率测试仪或四极接地电阻测试仪。

2. 测量方法(四点法)

(1)等距法或温纳(Wenner)法

将小电极埋入被测土壤呈一字排列的四个小洞

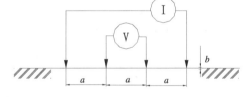

图 4-1-8 电极均匀布置

中,埋入深度均为 b,直线间隔均为 a。测试电流 I 流入外侧两电极,而内侧两电极间的电位差为 V,如图 4-1-8 所示。设 a 为两邻近电极间距,则以 a、b 的单位表示的电阻率 ρ 为:

$$\rho = 4\pi a R / (1 + \frac{2a}{\sqrt{a^2 + 4b^2}} - \frac{a}{\sqrt{a^2 + b^2}})$$ (式 4-1-3)

式中 ρ——土壤电阻率;

R——所测电阻;

a——电极间距;

b——电极深度。

当测试电极入地深度 b 不超过 $0.1a$,可假定 $b=0$。则计算公式可简化为:

$$\rho = 2\pi a R$$ (式 4-1-4)

（2）非等距法或施伦贝格—巴莫(Schlumberger—Palmer)法

主要用于当电极间距增大到 40 m 以上，采用非等距法，其布置方式见图 4-1-9。此时电位极布置在相应的电流极附近，如此可升高所测的电位差值。

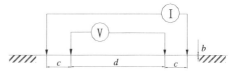

图 4-1-9　电极非均匀布置

这种布置，当电极的埋地深度 b 与其距离 d 和 c 相比较甚小时，则所测得电阻率可按下式计算：

$$\rho = \pi c(c+d)R/d \qquad （式 4-1-5）$$

式中　ρ ——土壤电阻率；

　　　R ——所测电阻；

　　　c ——电流极与电位极间距；

　　　d ——电位极距。

3. 测量数据处理

（1）为了了解土壤的分层情况，在用等距法测量时，可改变几种不同的 a 值进行测量，如 $a=2,4,5,10,15,20,25,30$ m 等。

（2）根据需要采用非等距法测量，测量电极间距可选择 $40,50,60$ m。按式 4-1-5 计算相应的土壤电阻率。根据实测值绘制土壤电阻率 ρ 与电极间距的二维曲线图。采用兰开斯特—琼斯(The Lancaste—Jones)法判断在出现曲率转折点时，即是下一层土壤，其深度为所对应电极间距的 2/3 处。

（3）土壤电阻率应在干燥季节或天气晴朗多日后进行测量，因此土壤电阻率应是所测的土壤电阻率数据中最大的值，为此应按下列公式进行季节修正：

$$\rho = \psi \rho_0 \qquad （式 4-1-6）$$

式中　ρ_0 ——所测土壤电阻率；

　　　ψ ——季节修正系数，见表 4-1-2。

表 4-1-2　根据土壤性质决定的季节修正系数表

土壤性质	深度(m)	ψ_1	ψ_2	ψ_3
黏土	0.5~0.8	3	2	1.5
	0.8~3	2	1.5	1.4
陶土	0~2	2.4	1.36	1.2
沙砾盖以陶土	0~2	1.8	1.2	1.1
园地	0~3		1.32	1.2
黄沙	0~2	2.4	1.56	1.2
杂以黄沙的沙砾	0~2	1.5	1.3	1.2
泥炭	0~2	1.4	1.1	1.0
石灰石	0~2	2.5	1.51	1.2

注：ψ_1——在测量前数天下过较长时间的雨时选用；

　　ψ_2——在测量时土壤具有中等含水量时选用；

　　ψ_3——在测量时，可能为全年最高电阻，即土壤干燥或测量前降雨不大时选用。

4.注意事项

（1）试验电极应选用钢接地棒，不应使用螺纹杆。在多岩石的土壤地带，宜将接地棒按与铅垂方向成一定角度斜行打入，倾斜的接地棒应躲开石头的顶部。

（2）测试线应选用挠性引线，以适用多次卷绕。在确定引线的长度时，要考虑到现场的温度。引线的绝缘应不因低温而冻硬或皲裂。引线的阻抗应较低。

（3）对于一般的土壤，因需把钢接地棒打入较深的土壤，宜选用2～4 kg重量的手锤。

（4）为避免地下埋设的金属物对测量造成的干扰，在了解地下金属物位置的情况下，可将接地棒排列方向与地下金属物（管道）走向呈垂直状态。

（5）不宜在雨后土壤较湿时进行测量。

（二）查表法

常见土壤的土壤电阻率可参考表4-1-3，并进行季节修正。

表 4-1-3　土壤和水的电阻率参考值　　　　　（单位：Ω·m）

类别	名称	电阻率近似值
土	陶黏土	10
	泥炭、泥灰岩、沼泽地	20
	黑土、园田土、陶土、白土	50
	黏土	60
	砂质黏土	100
	黄土	200
	含砂黏土、砂土	300
	多石土壤	400
	表层土夹石、下层砾石	600（15%湿度）
砂	砂、沙砾	1000
岩石	砾石、碎石	5000
	多岩山地	5000
	花岗岩	200000
混凝土	在水中	40～55
	在湿土中	100～200
	在干土中	500～1300
	在干燥的大气中	12000～18000
矿	金属矿石	0.01～1
水	海水	1～5
	湖水、池水	30
	泥水、泥炭中的水	15～20
	泉水	40～50
	地下水	20～70
	溪水	50～100
	河水	30～280

第二节　电涌保护器(SPD)参数检测测量方法

一、压敏电压或直流击穿电压测量

1. 压敏电压(U_{1mA})适用于以金属氧化物压敏电阻(MOV)为限压元件且无其他并联元件的 SPD。主要测量在 MOV 通过 1 mA 直流电流时,其两端的电压值。

直流击穿电压(V_{sdc})适用于以放电管或放电间隙为限压元件且无其他并联元件的 SPD。

2. 使用防雷元件测试仪或 SPD 巡检仪进行测试。将 SPD 的可插拔模块取下测试,按测试仪器说明书连接进行测试。如 SPD 为一件多组并联,应用图 4-2-1 所示方法测试,SPD 上有其他并联元件时,测试时不对其接通。对内部带有滤波或限流元件的 SPD,不进行测试。

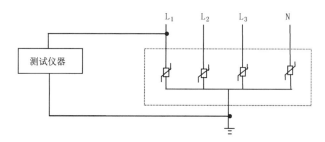

图 4-2-1　多组 SPD 逐一测试示意图

3. 将测试仪器的输出电压值按仪器使用说明及试品的标称值选定,并逐渐提高,直至测到通过 1 mA 直流时的压敏电压。

4. 合格判定:当 U_{1mA} 值不低于交流电路中 U_0 值的 1.86 倍时,在直流电路中为直流电压的 1.33 至 1.6 倍时,在脉冲电路中为脉冲初始峰值电压的 1.4 至 2.0 倍时,可判定为合格。也可与生产厂提供的允许公差范围表对比判定。

二、泄漏电流测量

1. 使用防雷元件测试仪或 SPD 巡检仪对可插拔式限压型 SPD 的泄漏电流 I_{1e} 值进行静态试验。规定在 $0.75U_{1mA}$ 下测试。如果此值偏大,说明 SPD 性能劣化,应及时更换。

2. 首先取下可插拔式 SPD 的模块,多组 SPD 应按图 4-2-1 所示连接逐一进行测试。按仪器使用说明书的方法进行测试。

3. 合格判定:当实测值大于生产厂标称的最大值的 10 % 时,判定为不合格,如生产厂未标定出 I_{1e} 值时,一般不应大于 30 μA。SPD 漏电流在线检测方法在研究中(其值有阻性电流和容性电流,一般在毫安级范围内)。

4. 漏电流的测量方法

(1)用防雷元件测试仪或 SPD 巡检仪对模块或元件的漏电流进行测量;

（2）用雷电电涌测试仪对组件或元件的漏电流进行测量；

（3）使用高精度钳型漏电流表对 SPD 的接地线的漏电流进行测量。

三、绝缘电阻测量

对 SPD 各接线端子与外壳之间的绝缘电阻进行测量，用 500 V 电压加 1 分钟或读数稳定后读取，合格判定标准为不小于 50 MΩ。

四、残压测量

残压测量可用雷电电涌测试仪（如 LST－6KV/3KA）测量。

1. 将测量仪可靠接地。

2. 将 SPD 从线路上断开，火线接至电涌高压输出正接线柱，零线或保护地接负接线柱，拧紧。

3. 按下电源开关，电源开关的绿色指示灯亮，充电电压表显示"0.000"。

4. 按下高压电源开关，红色指示灯亮，反复按清零按钮，使残压表显示为"0.000"左右。

5. 顺时针缓慢转动高压调节旋钮，调节所需的充电电压值。

6. 掀开放电开关的保护罩，按一下放电开关，完成一次冲击试验，残压表上显示本次测得的残压值数秒钟；若按下保持键，显示的残压值可被保持便于记录数据；松开保持键，电压逐渐减小；按清零键，显示电压被清除，残压表又显示"0.000"，为下一次冲击做好准备。

如果要观察测试时的输出波形，可以利用本仪器输出接口，与数字存贮示波器连接，进行 SPD 残压测量。

第三节　其他参数测量方法

一、长度测量

1. 材型规格用游标卡尺测量。

2. 长、宽、高度用卷尺或激光测距仪测量，高度也可用测高仪、经纬仪测量。

二、电压、电流、电阻测量

按万用表使用方法进行测量。

三、绝缘电阻测量

为了避免电器设备漏电或短路事故的发生，需要测量各种电器设备的绝缘电阻。

（一）检测项目

低压配电线路的电气绝缘电阻测量主要是对配电箱进行测量，包括总配电箱、单元配电箱、楼层配电箱、住户配电箱。测试的项目是相线与相线之间，相线与地线之间，相线与零线之间的绝缘电阻。另外根据实际情况也可按回路进行测量，如照明回路，空调回路等。

对于电气设备的绝缘电阻，主要测量绕组与绕组之间，绕组与地线之间，机壳与内部引线之间的绝缘电阻。

（二）测量注意事项

用来测量绝缘电阻的仪表是绝缘电阻表，即兆欧表。兆欧表在工作时，自身产生高电压，而测量对象又是电气设备，所以必须正确使用，否则就会造成人身或设备事故。使用前，应做好以下准备：（1）测量前必须将被测设备电源切断并对地短路放电；（2）对可能感应出高压电的设备，必须消除这种可能性后才能进行测量；（3）被测物表面要清洁，减少接触电阻，确保结果的正确性；（4）测量前检查兆欧表是否处于正常工作状态，即短路时应指在"0"位置，开路时应指在"∞"位置；（5）兆欧表使用时应放在平稳、牢固的地方，且远离大的外电流导体和外磁场。做好上述准备工作后才可以进行测量，在测量时确保兆欧表接线正确。

在测量绝缘电阻时，还需注意以下几个方面：

1. 必须将回路电源切除，并断开负载。

2. 由于绝缘性电容使所测电路充电而产生高压，因此在测试过程中不能将测试线断开。

3. 选择合适的输出电压，使其尽量接近被测物的临界电压，这样可充分地暴露绝缘缺陷。

4. 绝缘电阻与温度的关系很密切，规程规定的绝缘电阻值一般均为常温下（20℃）的数值，因此在测试时应尽量在与绝缘温度相近的温度下进行测量和比较，避免因换算而引起的误差。

5. 湿度对绝缘材料的电性质影响非常大，因此绝缘电阻的测量一般要求在干燥的晴天进行，以克服湿度的影响。

6. 在可能有剩余电荷的设备上做绝缘电阻测量前要进行充分接地放电。

7. 在测量绕组的绝缘电阻时，非被测绕组需接地，不得空置悬浮。

（三）绝缘电阻测量方法

1. 测绝缘电阻时，被测试品不应带电，并确认试品安全接地，在测试前应使试品两测试端间短路放电。

2. 其接线柱共有三个："L"即线端，"E"即地端，"G"即屏蔽端（也叫保护环）。一般被测绝缘电阻都接在"L""E"端之间。其中：

（1）"L"端接被测设备导体；

（2）"E"端接接地的设备外壳；

（3）当被测绝缘体表面漏电严重时，必须将被测物的屏蔽环或不须测量的部分与"G"端相连接。在进行高阻测量时，为了消除表面泄漏电流的影响，还应使 G 端接至被测试品的测试端与地之间绝缘物外表的屏蔽层（屏蔽环）上。

四、过渡电阻测量

金属管道法兰盘、阀门过渡电阻的测量，等电位连接过渡电阻的测量，均使用微欧计或等电位连接测试仪。

（一）连接方法

1. 二线法

二线接法与线阻补偿分别见图 4-3-1 和图 4-3-2。二线法要先测量所用测试线的线阻，再从测量结果中扣除线阻。

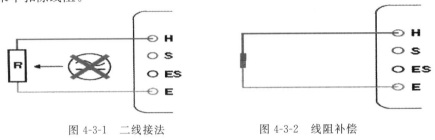

图 4-3-1　二线接法　　　　　　图 4-3-2　线阻补偿

2. 四线法

四线接法见图 4-3-3。

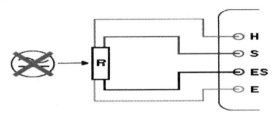

图 4-3-3　四线接法

（二）过渡电阻测量

按仪器使用说明进行测量，过渡电阻值要求见表 4-3-1、表 4-3-2。

表 4-3-1　等电位连接过渡电阻值要求

对应测量范围值	检测要求	备注
$R \leqslant 0.03\ \Omega$	爆炸危险场所弯头、阀门、法兰盘连接处的过渡电阻	GB 50601—2010
$R \leqslant 0.2\ \Omega$	等电位连接的直流电阻	
$R \leqslant 0.24\ \Omega$	额定值为 16 A 的断路器线路中，同时触及的外露可导电部分和装置外可导电部分之间的电阻	
$R \leqslant 3.0\ \Omega$	等电位连接带与连接范围内的金属物体末端之间的直流过渡电阻	
$R > 3.0\ \Omega$	等电位连接无效，尽快检查	

表 4-3-2　接地装置的电气完整性测试过渡电阻值要求

R 对应测量范围值	检测要求	备注
$< 50\ \mathrm{m\Omega}$	重要设备连接良好	DL/T 475—2006
$50 \sim 200\ \mathrm{m\Omega}$	重要设备连接尚可	
$200 \sim 1000\ \mathrm{m\Omega}$	重要设备连接不佳，适时检查	
$> 1000\ \mathrm{m\Omega}$	重要设备未连接，尽快检查	
$> 500\ \mathrm{m\Omega}$	独立接闪杆	

五、漏电流测量

漏电流使用钳形漏电流表检测,检测方法如下。

(一)交流电流测量

1. 打开电源开关,选择合适的电流量程。

2. 一般测量:按压扳机打开钳口,使其仅钳住一根导线。

3. 平衡后的漏电流测量:按压扳机打开钳口,使其钳住全部导线。

4. 接地线的漏电流测量:按压扳机打开钳口,使其仅钳住接地线。

5. 使用频率选择按键:频率选择按键是用来选择 50/60 Hz 和"WIDE"两个频率范围的。按下频率选择按键,测量 50 Hz 或 60 Hz 的基波电流;弹起频率选择按键,可测量高频电流和叠加在基波电流上的谐波电流。

(二)交流电压测量

警告:不要对超过 500 V 的高压电路进行电压测量。

1. 电源开关置于"V"位置。

2. 将红测试线插入"V"接口,黑测试线插入"COM"接口。将测试线与所测电路连接(可能的话,黑测试线与地即低压侧相连),显示屏将会显示所测电压值。

(三)SPD 漏电流的初步检测

按压扳机打开钳口,使其仅钳住 SPD 接地线。如 SPD 漏电流达到 mA 级,可用 SPD 巡检仪或防雷元件测试仪对 SPD 漏电流做进一步检查。

六、电力质量测试

1. 测试内容如下:

(1)接地电阻,相序,接触电压,导体通断,漏电流;

(2)A,AC 类 RCD(通用型或接收型)的参数:触发时间、触发电流;

(3)电力质量参数:电压、电流、频率、有功功率、无功功率、表现功率、功率因子、电压电流谐波。

2. 按电力质量综合测试仪的使用方法进行测量。

七、静电测量

(一)测试方法

1. 对核心系统区地面按房间进行测试,测点分布如图 4-3-4 所示。图中 A,B,C,D 表示房间地面四个角位置;1,2,3,4,5 表示所选取进行测试的测点位置。

2. 测试时手持干燥布料(选用纯棉或防静电面料),用手掌适当施加压力,以 120 次/分左右的频率在地面单向摩擦 20 次后,按静电电压表使用方法立即接近测试部位读取测试数据。

3. 每个测点反复测试 5 次,取其平均值为该点的实测数值。

(二)静电电位测量(ACL—300B 型精密静电测试仪的操作)

1. 当红色的电池/量程选择开关处于 LO 或 HI 位置时,仪表处于接通状态。静电测量范

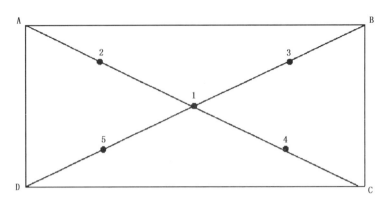

图 4-3-4 测点分布图

围如表 4-3-3。

表 4-3-3 ACL—300B 测试仪静电测量范围

红开关位置	距被测表面的距离（mm）	量程范围（V）
LO	13	0～500
LO	102	0～3000
HI	13	0～5000
HI	102	0～30000

使用低（LO）档测量时，读数可直接从表上读出；高（HI）档时则需要将表上示数乘以 10。如被测静电大小未知，应先用低（LO）档测量。

2. 测量钳应先触摸接地的金属物体，如水管、金属导管、接地的机壳或工作椅等，使自身携带的静电释放。

3. 将检测表避开带静电物体，按下黑色的回零（ZERO）按钮两次，然后放开，开关将回到"读数（READ）"位置，也可将仪表对准已知接地表面，按下 ZERO 按钮两次，使表回零。

4. 将感应电极对着被测物体，移至相距 102 毫米或 13 毫米，注意读数的正确比例。（注：间距是指从感应电极面或从红色开关前面盒子表面的凹槽开始到被测表面的距离。）

5. 下次测量，重复前述步骤 1～4。

6. 不用仪表时，应把红色开关拨至中间位置，关掉电源。

（三）防静电材料表面阻抗测量（ACL385 型表面阻抗测试仪的操作）

1. 测量表面阻抗：将表放在被测表面上，按住红色的"TEST"按钮，持续发亮的发光二极管（LED）即指示出测量的防静电材料表面阻抗（或体积电阻）的量级。

2. 测量对地电阻：将接地线插入接地"Ground"插座，将鳄鱼夹接到地线上，按住红色的"TEST"按钮，持续发亮的发光二极管（LED）即指示出测量的防静电材料对地电阻的量级。

（四）防静电接地检查

1. 检查各防静电接地干线、支线的材料、截面积，连接部件应坚固，保证导电性能良好。

2. 防静电的接地装置与防闪电感应、电气设备的接地装置共用同一接地装置，其接地电阻应符合防闪电感应和电气设备接地电阻规定。

3. 仅作为防静电接地装置，测量每一处接地体，接地电阻值应≤100Ω。

八、屏蔽测量

(一)电磁场干扰测试

1.无线电干扰环境场强测试

可选用如下测试设备:干扰场强测量仪,其他用于此项目测试的设备。

在计算机机房内任一点进行测试,取测试数据的最大值。

2.磁场干扰场强测试

可选用如下测试设备:交直流高斯计,其他用于此项目测试的设备。

在计算机机房内任一点进行测试,取测试数据的最大值。

(二)雷电流发生器法

试验原理见图 4-3-5 所示,雷击电流发生器原理见图 4-3-6 所示。

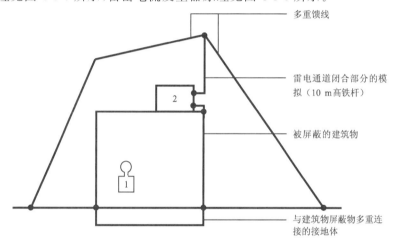

多重馈线

雷电通道闭合部分的模拟(10 m高铁杆)

被屏蔽的建筑物

与建筑物屏蔽物多重连接的接地体

图 4-3-5　雷电流发生器法测试原理图

1—磁场测试仪　2—雷击电流发生器

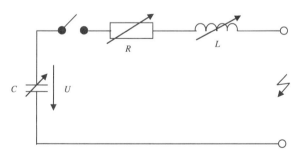

图 4-3-6　雷电流发生器原理图

U—典型值为 10 kV　C—典型值为 10 nF

在雷电流发生器法试验中可以用低电平试验来进行,在这些低电平试验中模拟雷电流的波形应与原始雷电流相同。

IEC 标准规定,雷击可能出现短时首次雷击电流 i_f(10/350 μs)和后续雷击电流 i_s(0.25/

$100~\mu s$)。首次雷击产生磁场 H_f，后续雷击产生磁场 H_s，见图 4-3-7 和图 4-3-8。

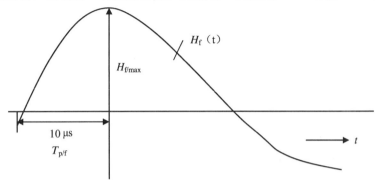

图 4-3-7　首次雷击磁场强度($10/350~\mu s$)上升期的模拟

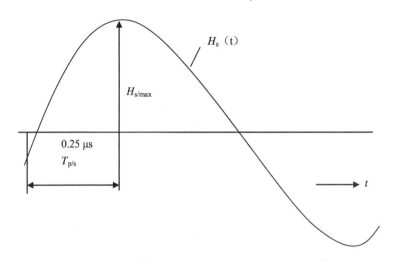

图 4-3-8　后续雷击磁场强度($0.25/100~\mu s$)上升期的模拟

磁感应效应主要是由磁场强度升至其最大值的上升时间规定的，首次雷击磁场强度 H_f 可用最大值 $H_{f/max}$(25 kHz)的阻尼振荡场和升至其最大值的上升时间 $T_{p/f}$(10 μs，波头时间)来表征。同样后续雷击磁场强度 H_s 可用 $H_{s/max}$(1 MHz)和 $T_{p/s}$(0.25 μs)来表征。

当发生器产生电流 $i_{o/max}$ 为 100 kA，建筑物屏蔽网格为 2 m 时，实测出不同尺寸建筑物的磁场强度如表 4-3-4 所示。

（三）小环法

GB12190 规定了高性能屏蔽室相对屏蔽效能的测试和计算方法，主要适用于 1.5～15.0 m 之间的长方形屏蔽室，采用常规设备在非理想条件的现场测试。

为模拟雷电流频率，在测试中应选用的常规测试频率范围为 9 kHz～16 MHz，模拟干扰源置于屏蔽室外，其屏蔽效能计算公式为式 4-3-1。测试用天线为环形天线，环的直径为 300 mm，按下列步骤进行测试：

1. 测试之前，屏蔽室内正常工作时需要的设备留在室内。

2. 在测试中，所有的射频电缆、电源等均应按正常位置放置。

3. 发射环和接受环均距离屏蔽室墙壁内外各 0.3 m，两环应共面并与壁面、天花板或其他测试面垂直。

4.发射环位置不变,接受环可上下移动,取最大值。

表 4-3-4　不同尺寸建筑物内磁场强度测量实例

建筑物类型	建筑物长、宽、高 ($L \times W \times H$)(m)	$H_{1/\max}$(中心区) (A/m)	$H_{1/\max}(d_w = d_{s/1}$ 处) (A/m)
1	$10 \times 10 \times 10$	179	447
2	$50 \times 50 \times 10$	36	447
3	$10 \times 10 \times 50$	80	200

注:$H_{1/\max}$——LPZ1 区内最大磁场强度;

d_w——闪电直击在格栅形大空间屏蔽上的情况下,被考虑的点距 LPZ1 区屏蔽壁的最短距离;

$d_{s/1}$——闪电直击在格栅形大空间屏蔽以外附近的情况下,LPZ1 区内距屏蔽层的安全距离。

（四）其他测量方法

1.以当地中波广播频点对应的波头作为信号源,将信号接收机分别置于建筑物内和建筑物外,分别测试出信号强度 E_0 和 E_1。用下式计算出建筑物的屏蔽效能:

$$S_E = 20\lg(E_0/E_1) \qquad\qquad (式 4-3-1)$$

测试时,接收机应采用标准环形天线。当天线在室外时,环形天线设置高度应为 $0.6\sim 0.8$ m,与大的金属物,如铁栏杆、汽车等距 1 m 以外。当天线在室内时,其高度应与室外布置同高,并放置在距外墙或门窗 $3\sim 5$ m 远处。

用本方法可测室内场强(A_2)和室外场强(A_1),屏蔽效能为其代数差($A_1 - A_2$)。

2.可使用专门的仪器设备(如 EMP-2 或 EMP-2HC 等脉冲发生器)进行与备用大环法相似的测试,其区别于备用大环法的内容有:

(1)脉冲发生器置于被测墙外约 3 m 处。发生器产生模拟雷电流波头的条件,如 10 μs、0.25 μs 及 2.6 μs、0.5 μs。发生器的发生电压可达 $5\sim 8$ kV,电流 $4\sim 19$ kA;

(2)从被测建筑物墙内 0.5 m 起,每隔 1 m 直至距内墙 $5\sim 6$ m 处每个测点进行信号电势的测量。如被测房间较深,在 $5\sim 6$ m 处之后可每隔 2 m(或 3 m、4 m)测信号电势一次,直至距被测墙体对面墙的 0.5 m 处;

(3)平移脉冲发生器,在对应室内测量的各点处测量无屏蔽状况的信号电势。

各点的屏蔽效能为:

$$E = 20\lg(e_0/e_1) \qquad\qquad (式 4-3-2)$$

式中　e_0——无屏蔽处信号电势;

　　　e_1——有屏蔽处信号电势。

建筑物的屏蔽效能应是各点的平均值。

九、温度、湿度测量

将温湿度计挂在离地面 0.8 m 的墙上或置于桌子上,20 分钟后读出温度、湿度。选取 5 个不同位置进行测量(见图 4-3-4),将所得数据进行平均。对于面积小于 50m^2 的机房,可以只选 2 个不同位置进行测量,将所得数据进行平均。

十、剩磁测量

1. 测量钢筋、铁器等铁磁体的剩磁。铜、铝没有剩磁,多数不锈钢的剩磁较弱。
2. 对剩磁仪进行校对。按下"校对"按钮,显示的数值应与测试头上的数值相符。
3. 选择剩磁仪的合适量程,一般可选择 20 mT 档位。
4. 测量的部件(或试样)主要有接闪器、引下线、接地线、支持卡、固定件、设备外壳、机房接地线、汇接排。测量点主要是铁钉、铁丝、铁管和钢筋的两端(不要测量钢筋的中段),铁板的角部,角钢、杂散铁件的棱角及尖端等部位。一般自然环境里钢筋的剩磁<0.4 mT。可按表4-3-5判断是否遭受雷击。

表 4-3-5　雷击的剩磁数值

测量部位	遭雷击的剩磁值(mT)
接闪杆尖端	0.6～1.0
铁钉、铁丝、铁管和钢筋两端	1.5～10
雷电流垂直通过 1 m×2 m 铁板四角	2.0～3.0
流过 20 kA 雷电流的接闪带的支持卡	2.0～3.0

十一、经纬仪、测高仪使用方法

1. 利用经纬仪(测高仪)测量被测物角度。
2. 用卷尺量出被测物距测量点的水平距离及仪器的高度。
3. 按三角函数原理求出被测物高度。

第四节　雷电监测方法

一、雷电监测定位

1. 雷电发生时会辐射频谱范围极广的电磁场,云闪主要辐射 VHF(甚高频),云地闪主要辐射 LF(低频)和 VLF(超低频)。
2. 雷电监测定位仪是通过探测闪电回击辐射的电磁场特性来反演闪电回击放电参数的一种自动化探测设备,从而确定闪电的空间位置和放电参数。
　　雷电探测仪安装有 3 个天线,可以从东西、南北及上下方向接收雷电释放的电磁波。单个雷电探测仪的探测距离可达 200 km,可以探测雷电的强度、陡度、时间、方位。
3. 将多台雷电探测仪安装在不同的地点,组成雷电监测定位系统,探测数据传输到中心站,通过一定的雷电定位算法,可以获得雷电参数。探测 VLF/LF 地波的系统,算法有:磁方向闪电定位系统(DF),振幅法,到达时间差法(TOA),将 DF 和 TOA 两种方法结合起来的时差测向混合法(IMPACT)。探测 VHF 的系统,算法有:干涉法,到达时间差法。

最准确的算法是时差测向混合法,可以计算出雷电发生的时间、经纬度、地点、高度、强度、陡度。至少要有 3 台雷电探测仪数据才能精确的对雷电定位。

4. 雷电监测定位系统只能监测已经发生的雷电。二维雷电监测定位系统只能探测云地闪,可以定位雷电发生的时间、地点。三维雷电监测定位系统还可以探测云闪,定位雷电发生的高度。

二、大气电场测量

1. 雷云在产生、发展、消亡的过程中,雷云下方的大气电场强度会发生变化,监测大气电场强度的变化可以预测雷暴的发生。

2. 地面大气电场仪是直接安装在地面上,对雷云电荷量(或称大气静电场场强)进行监测的设备。大气电场仪测量大气电场的仪器有场磨仪、电光晶体电场传感器、电容等。探测距离为 15～20 km。通过大气电场仪组网,可以对一定区域的电场强度分布作宏观测量。

3. 在晴朗的天气里,电场强度范围是＋500～－500 V/m。雷暴接近的时候,电场强度随着云内电荷的增加而逐渐增加,电场强度达到＋(－)2 kV/m。而当雷暴产生时,大气电场强度能增大到 15 kV/m 以上。由于这个变化过程较为缓慢,大概需要 10～30 分钟的时间,所以,地面大气电场仪监测周围地区雷暴的发展活动状况,预测雷暴发生的可能性,可以提前 30 分钟左右发出闪电预警。如果进一步将多个大气电场仪站点联网,就可以较准确地对大范围区域进行雷电预警。

三、雷电流测量

1. 通过测量精密分流电阻的电压降,推算出闪电电流的大小。

2. 利用感应线圈上的电压 $V = M(di/dt)$,测出 V,再对时间积分,可求得闪电电流。

3. 采用存贮数字示波器自动记录闪电电流的波形。

四、其他方法

1. 天气雷达。通过监测雷雨云的雷达回波强度,可以间接的监测雷电是否有可能发生。

2. 卫星云图。卫星云图可以用于判断产生雷电天气的大范围天气形势。

第五节　数据处理

一、数据处理原则

1. 各项检测读数、计算结果均应保留一位小数,数字式仪表的读数可以保留两位小数,大型接地装置特性参数的读数保留三位小数,防雷装置材料截面积保留整数。

2. 在接闪器的保护范围、引下线数量和间距计算中,保护范围、引下线间距保留一位小数,引下线数量保留整数。按三角形公式计算的接闪器到被保护物距离及引下线数量计算结果小数末位应进位,如 13.63 m,保留一位小数,结果应为 13.7 m 而不是 13.6 m。接闪器保护范围的计算结果其小数末位应舍去,如 15.66 m,保留一位小数,结果应为 15.6 m 而不是 15.7 m。

3. 检测数据的有效位数应与检测系统的准确位数相适应,小数位采取"四舍六入,逢五为偶"法确定。不足部分以"0"补齐,以便检测数据的有效位数相等。

4. 下大雨过后应天晴一日土壤干燥后才能进行检测,如遇雨后土壤潮湿时检测,接地电阻值应用季节系数进行订正。

5. 地形复杂及被测点受地理位置限制时,可采用多方位测量,最后取平均值。对环形接地装置,可以取最小值。

6. 凡是规范中要求接地电阻值为冲击接地电阻值的,可按 GB50057—2010 附录 C 的方法进行换算。

二、数据修约

1. 有效数字:从左边起第一个不是零的数字起到最末一位数字止的所有数字。

2. 数据修约按 GB/T 8170—2008 第 3.2 条的规定进行,对于多余的数字应按"四舍六入,逢五为偶"的原则进行修约。

(1)舍弃的数字段中,首位数字大于 5,则保留的数字末位进一;例如:1.47 得 1.5。

(2)舍弃的数字段中,首位数字小于 5,则保留的数字末位不进一;例如:1.44 得 1.4。

(3)舍弃的数字段中,首位数字等于 5,而 5 右边的其他舍弃位不都是 0 时,则保留的数字段末位进一;例如:1.4501 得 1.5。

(4)舍弃的数字段中,首位数字等于 5,5 右边的其他舍弃位都是 0 时,则将保留的数字段末位变成偶数;即当保留数字的末位是奇数时进一变偶,偶数时保持不变。例如:1.4500 得 1.4,1.3500 得 1.4。

3. 数据运算规则

(1)加减法:不超过 10 个数时,结果的小数位与小数点位数最少的相同。

如:$20.411 + 25.4 + 80.80 = 126.611 \approx 126.6$

(2)乘除运算:结果与有效数字最少的相同。

如:$0.0120 \times 1.36812 = 0.0164174 \approx 0.0164$

(3)乘方、开方运算:结果与有效数字最少的相同。

如:$\sqrt{102.3} \approx 10.114346 \approx 10.11$

$(0.123)^2 \approx 0.015129 \approx 0.0151$

(4)在计算算术平均值时,若有四个以上的数相平均,则平均值的有效位数可增加一位。

三、计量单位

1. 法定计量单位,是指国家以法令的形式,明确规定并且允许在全国范围内统一实行的计量单位。

2. 我国的法定计量单位由国际单位制计量单位和国家选定的其他计量单位组成,包括:

(1)国际单位制的基本单位;

(2)国际单位制的辅助单位;

(3)国际单位制中具有专门名称的导出单位;

(4)国家选定的非国际单位制单位;

(5)由以上单位构成的组合形式的单位;

(6)由词头和以上单位所构成的十进倍数和分数单位。

3. 国际单位制的基本单位(SI):

(1)长度:米,m;

(2)质量:千克(公斤),kg;

(3)时间:秒,s;

(4)电流:安[培],A;

(5)热力学温度:开[尔文],K;

(6)物质的量:摩[尔],mol;

(7)发光强度:坎[德拉],cd。

4. 单位符号一律正体,一般用正体小写字母;若单位名称来源于人名,第一个字母大写正体;在一个量值中只使用一个单位,单位符号写在全部数值后,并与数值留 1/4 个汉字空隙;单位符号不得附加角标或其他标记符号。

5. 平面角单位度、分、秒的符号,在组合单位中应采用(°)、(′)、(″)形式。

第五章　防雷分类

第一节　防雷分类原则和方法

一、防雷分类原则

（一）根据建筑物的重要性、使用性质、发生雷电事故的可能性和后果，按《建筑物防雷设计规范》（GB50057－2010）第 3 章的规定和方法，将防雷分为三类。

（二）爆炸和火灾危险场所根据危险分区、危险等级、危险分类进行防雷分类。

1.烟花爆竹场所危险等级和防雷分类，按照《烟花爆竹工程设计安全规范》（GB50161－2009）划分。

2.民用爆破器材工厂危险等级和防雷分类，按照《民用爆破器材工程设计安全规范》（GB50089－2007）和《地下及覆土火药炸药仓库设计安全规范》（GB50154－2009）划分。

3.石化企业（含煤气企业）建筑物、封闭式构筑物按本节第二条进行防雷分类，敞开式构筑物、户外金属装置按第二类防雷分类划分。

二、建筑物防雷分类方法

（一）第一类防雷建筑物

1.凡制造、使用或贮存火炸药及其制品的危险建筑物，因电火花而引起爆炸、爆轰，会造成巨大破坏和人身伤亡者。

火炸药及其制品：指包括火药（含发射药和推进剂）、炸药、弹药、引信和火工品等。爆轰：爆炸物中一小部分受到引发或激励后爆炸物整体瞬时爆炸。

2.具有 0 区或 20 区爆炸危险场所的建筑物。

3.具有 1 区或 21 区爆炸危险场所的建筑物，因电火花而引起爆炸，会造成巨大破坏和人身伤亡者。

（二）第二类防雷建筑物

1.国家级建筑物：重点文物保护的建筑物、会堂、办公建筑物、大型展览和博览建筑物、大型火车站和飞机场、国宾馆、档案馆、计算中心、特级和甲级大型体育馆。

2.大型城市的重要给水泵房等特别重要的建筑物、国际通信枢纽。

3.制造、使用或贮存火炸药及其制品的危险建筑物，且电火花不易引起爆炸或不致造成巨大破坏和人身伤亡者;具有 1 区或 21 区爆炸危险场所的建筑物,且电火花不易引起爆炸或不致造成巨大破坏和人身伤亡者;具有 2 区或 22 区爆炸危险场所的建筑物;有爆炸危险的露天钢质封闭气罐。

4. 建筑物年预计雷击次数 $N > 0.05$ 次/a 的部、省级办公建筑物和其他重要或人员密集的公共建筑物以及火灾危险场所(如省委省政府办公楼、车站、影剧院、体育场馆、商场、展(博)览馆、学校、医院等)。

5. 建筑物年预计雷击次数 $N > 0.25$ 次/a 的住宅、办公楼等一般性民用建筑物或一般性工业建筑物。

(三)第三类防雷建筑物

1. 省级重点文物保护的建筑物及省级档案馆。

2. $0.01 \leqslant N \leqslant 0.05$ 次/a 的部、省级办公建筑物和其他重要或人员密集的公共建筑物,以及火灾危险场所。

3. $0.05 \leqslant N \leqslant 0.25$ 次/a 的住宅、办公楼等一般性民用建筑物或一般性工业建筑物。($N < 0.01$ 次/年的一般建筑物,根据使用性质的不同考虑是否安装防直击雷装置)

4. 在平均年雷暴日 $T_d > 15$ d/a 的地区,高度在 15 m 及以上的烟囱、水塔等孤立的高耸建筑物;在平均年雷暴日 $T_d \leqslant 15$ d/a 的地区,高度在 20 m 及以上的烟囱、水塔等孤立的高耸建筑物。

三、混合建筑物防雷分类方法

当一座防雷建筑物中兼有第一、二、三类防雷建筑物时,其防雷分类和防雷措施宜符合下列规定:

1. 当第一类防雷建筑物部分的面积占建筑物总面积的 30% 及以上时,该建筑物宜确定为第一类防雷建筑物。

2. 当第一类防雷建筑物部分的面积占建筑物总面积的 30% 以下,且第二类防雷建筑物部分的面积占建筑物总面积的 30% 及以上时;或当这两部分防雷建筑物的面积均小于建筑物总面积的 30%,但其面积之和又大于 30% 时,该建筑物宜确定为第二类防雷建筑物。但对第一类防雷建筑物部分的防雷电感应和防闪电电涌侵入,应采取第一类防雷建筑物的保护措施。

3. 当第一、二类防雷建筑物部分的面积之和小于建筑物总面积的 30%,且不可能遭直接雷击时,该建筑物可确定为第三类防雷建筑物;但对第一、二类防雷建筑物部分的防雷电感应和防闪电电涌侵入,应采取各自类别的保护措施;当可能遭直接雷击时,宜按各自类别采取防雷措施。

4. 当一座建筑物中仅有一部分为第一、二、三类防雷建筑物时,其防雷措施宜符合下列规定:

(1)当防雷建筑物部分可能遭直接雷击时,宜按各自类别采取防雷措施。

(2)当防雷建筑物部分不可能遭直接雷击时,可不采取防直击雷措施,可仅按各自类别采取防闪电感应和防闪电电涌侵入的措施。

(3)当防雷建筑物部分的面积占建筑物总面积的 50% 以上时,该建筑物按该分类方法上述第 1~3 点的规定采取防雷措施。

四、露天堆场分类方法

粮、棉及易燃物大量集中的露天堆场,当其年预计雷击次数大于或等于 0.05 时,应采用独立接闪杆或架空接闪线防直击雷。独立接闪杆和架空接闪线保护范围的滚球半径可取 100 m。

在计算雷击次数时,建筑物的高度可按可能堆放的高度计算,其长度和宽度可按可能堆放面积的长度和宽度计算。

第二节　爆炸危险场所的等级划分和防雷分类

一、爆炸危险区域等级划分

(一)爆炸性气体环境区域划分

1. 爆炸性气体环境:在大气条件下,气体或蒸气可燃物质与空气的混合物,被点燃后,能够保持燃烧自行传播的环境。

2. 爆炸性气体环境区域划分:

0 区:连续出现或长期出现或频繁出现爆炸性气体混合物的场所;

1 区:在正常运行时可能偶然出现爆炸性气体混合物的场所;

2 区:在正常运行时不可能出现爆炸性气体混合物的场所,或即使出现也仅是短时存在的爆炸性气体混合物的场所。

3. 通风良好的场所可以降低危险等级,通风不良的场所要增加危险等级。

(二)爆炸性粉尘环境区域划分

1. 爆炸性粉尘环境:在大气条件下,粉尘、纤维或飞絮等可燃物质与空气的混合物,被点燃后能够保持燃烧自行传播的环境。

2. 粉尘分为下列四种:

爆炸性粉尘:这种粉尘即使在空气中氧气很少的环境中也能着火,呈悬浮状时能产生剧烈的爆炸,如镁、铝、铝青铜等粉尘。

可燃性导电粉尘:与空气中的氧起发热反应而燃烧的导电性粉尘,如石墨、碳黑、焦炭、煤、铁、锌、钛等粉尘。

可燃性非导电粉尘:与空气中的氧起发热反应而燃烧的非导电性粉尘,如聚乙烯、苯酚树脂、小麦、玉米、砂糖、染料、可可、木质、米糠、硫黄等粉尘。

可燃纤维:与空气中的氧起发热反应而燃烧的纤维,如棉花纤维、麻纤维、丝纤维、毛纤维、木质纤维和合成纤维等。

3. 爆炸性粉尘环境区域划分:

20 区:以空气中可燃性粉尘云持续地或长期地或频繁地短时存在于爆炸性环境中的场所;

21区:正常运行时,很可能偶然地以空气中可燃性粉尘云形式存在于爆炸性环境中的场所;

22区:正常运行时,不太可能以空气中可燃性粉尘云形式存在于爆炸性环境中的场所,如果存在仅是短暂的。

（三）火灾危险环境

1. 具有闪点高于环境温度的可燃液体,在数量和配置上能引起火灾危险的环境。

2. 具有悬浮状、堆积状的可燃粉尘或可燃纤维,虽不可能形成爆炸混合物,但在数量和配置上能引起火灾危险的环境。

3. 具有固体状可燃物质,在数量和配置上能引起火灾危险的环境。

（四）一些分区示例

1区、21区的建筑物可能划为第一类防雷建筑物或第二类防雷建筑物。其划分标准在于是否会造成巨大破坏和人身伤亡。例如,易燃液体泵房,当布置在地面上时,其爆炸危险场所一般为2区,则该泵房可划为第二类防雷建筑物。但当工艺要求布置在地下或半地下时,在易燃液体的蒸气与空气混合物的密度大于空气,又无可靠的机械通风设施的情况下,爆炸性混合物就不易扩散,该泵房就要划为1区危险场所。如该泵房系大型石油化工联合企业的原油泵房,当泵房遭雷击就可能会使工厂停产,造成巨大经济损失和人员伤亡,那么这类泵房应划为第一类防雷建筑物;如该泵房系石油库的卸油泵房,平时间断操作,虽可能因雷电火花引发爆炸造成经济损失和人身伤亡,但相对而言其概率要小得多,则这类泵房可划为第二类防雷建筑物。

二、可燃气体、可燃液体、可燃固体的火灾危险性分类和防雷分类

（一）可燃气体、液化烃、可燃液体的火灾危险性分类

闪点指液体表面挥发的蒸汽与空气形成的混合物,当火源接近时能发生闪燃现象,而不引起本身燃烧的最低温度。闪点≤45℃的为易燃油品,闪点＞45℃的为可燃油品。可燃气体、液化烃、可燃液体的火灾危险性分类见表5-2-1和表5-2-2。

表 5-2-1　可燃气体的火灾危险性分类

类别	名　　　称	防雷分类参考
甲	乙炔、环氧乙烷、氢气、合成气、硫化氢、乙烯、氰化氢、丙烯、丁烯、丁二烯、顺丁烯、反丁烯、甲烷、乙烷、丙烷、丁烷、丙二烯、环丙烷、甲胺、环丁烷、甲醛、甲醚、氯甲烷、氯乙烯、异丁烷	生产或大型储存一类、中小型储存二类
乙	一氧化碳、氨、溴甲烷	二类

表 5-2-2　液化烃、可燃液体的火灾危险性分类

类别		名　　　称	防雷分类参考
甲	A	液化甲烷、液化天然气、液化氯甲烷、液化顺式－2丁烯、液化乙烯、液化乙烷、液化反式－2丁烯、液化环丙烷、液化丙烯、液化丙烷、液化环丁烷、液化新戊烷、液化丁烯、液化丁烷、液化氯乙烯、液化环氧乙烷、液化丁二烯、液化异丁烷、液化石油气	大型一类、中小型二类

续表

类别		名　称	防雷分类参考
甲	B	异戊二烯、异戊烷、汽油、戊烷、二硫化碳、异己烷、己烷、石油醚、异庚烷、环己烷、辛烷、异辛烷、苯、庚烷、石脑油、原油、甲苯、乙苯、邻二甲苯、间对二甲苯、异丁醇、乙醚、乙醛、环氧乙烷、甲酸甲酯、乙胺、二乙胺、丙酮、丁醛、二氯甲烷、三乙胺、醋酸乙烯、甲乙酮、丙烯腈、醋酸乙酯、醋酸异丙酯、二氯乙烯、甲醇、异丙醇、乙醇、醋酸丙酯、丙醇、醋酸异丁酯、甲酸丁酯、吡啶、二氯乙烷、醋酸丁酯、醋酸异戊酯、甲酸戊酯	二类
乙	A	丙苯、环氧氯丙烷、苯乙烯、喷气燃料、煤油、丁醇、氯苯、乙二胺、戊醇、环己酮、冰醋酸、异戊醇	二类
	B	−35 号轻柴油、环戊烷、硅酸乙酯、氯乙醇、丁醇、氯丙醇	二类
丙	A	轻柴油、重柴油、苯胺、锭子油、酚、甲酚、糠醛、20 号重油、苯甲醛、环己醇、甲基丙烯酸、甲酸、环己醇、乙二醇丁醚、甲醛、糠醇、辛醇、乙醇胺、丙二醇、乙二醇	二类
	B	蜡油、100 号重油、渣油、变压器油、润滑油、二乙二醇醚、三乙二醇醚、邻苯二甲酸二丁酯、甘油	大型二类，中小型三类

（二）可燃固体的火灾危险性分类

可燃固体的火灾危险性分类见表 5-2-3。

表 5-2-3　可燃固体的火灾危险性分类

类别	名　称	防雷分类参考
甲	黄磷、硝化棉、硝化纤维胶片、喷漆棉、火胶棉、赛璐珞棉、锂、钠、钾、钙、锶、铷、铯、氢化锂、氰化钾、氢化钠、磷化钙、碳化钙、四氢化锂铝、钠汞齐、碳化铝、过氧化钾、过氧化钠、过氧化钡、过氧化锶、过氧化钙、高氯酸钾、高氯酸钠、高氯酸钡、高氯酸铵、高氯酸镁、高锰酸钾、高锰酸钠、硝酸钾、硝酸钠、硝酸铵、硝酸钡、氯酸钾、氯酸钠、氯酸铵、次亚氯酸钙、过氧化二乙酰、过氧化二苯甲酰、过氧化二异丙苯、过氧化氢苯甲酰、（邻、间、对）二硝基苯、2−二硝基苯酚、二硝基甲苯、二硝基苯、三硫化四磷、五硫化二磷、赤磷、氨基化钠	大型一类、中小型二类
乙	硝酸镁、硝酸钙、亚硝酸钾、过硫酸钾、过硫酸钠、过硫酸铵、过硼酸钠、重铬酸钾、重铬酸钠、高锰酸钙、高氯酸银、高碘酸钾、溴酸钠、碘酸钠、亚氯酸钠、五氧化二碘、三氧化铬、五氧化二磷、萘、蒽、菲、樟脑、硫黄、铁粉、铝粉、锰粉、钛粉、咔唑、三聚甲醛、松香、均四甲苯、聚合甲醛偶氮二异丁腈、赛璐珞片、联苯胺、噻吩、苯磺酸钠、聚苯乙烯、聚乙烯、聚丙烯、环氧树脂、酚醛树脂、聚丙烯腈、季戊四醇、尼龙、己二酸、炭黑、聚氨酯、聚氯乙烯	二类
丙	石蜡、沥青、苯二甲酸、聚酯、有机玻璃、橡胶及其制品、玻璃钢、聚乙烯醇、ABS 塑料、SAN 塑料、乙烯树脂、聚碳酸酯、聚丙烯酰胺、乙内酰胺、尼龙 6、尼龙 66、丙纶纤维、蒽醌、（邻、间、对）苯二酚	三类

三、烟花爆竹场所危险等级划分和防雷分类

烟花爆竹场所危险等级和防雷分类，按照《烟花爆竹工程设计安全规范》GB50161−2009 划分。

（一）建筑物危险等级划分

建筑物按下列规定划分为 1.1,1.3 级：

（1）1.1 级建筑物为建筑物内的危险品在制造、储存、运输中具有整体爆炸危险或有迸射危险的建筑物，其破坏效应将波及周围。根据破坏能力划分为 1.1^{-1}、1.1^{-2} 级。1.1^{-1} 级建筑物为建筑物内的危险品发生爆炸事故时，其破坏能力相当于 TNT 的厂房和仓库；1.1^{-2} 级建筑物为建筑物内的危险品发生爆炸事故时，其破坏能力相当于黑火药的厂房和仓库。

（2）1.3 级建筑物为建筑物内的危险品在制造、储存、运输中具有燃烧危险，偶尔有较小爆炸或较小迸射危险，或两者兼有，但无整体爆炸危险的建筑物，其破坏效应局限于本建筑物内，对周围建筑物影响较小。

（二）危险场所分类

危险场所分为 F0,F1,F2 三类，并应符合下列规定：

1.F0 类：经常或长期存在能形成爆炸危险的黑火药、烟火药及其粉尘的危险场所；

2.F1 类：在正常运行时可能形成爆炸危险的黑火药、烟火药及其粉尘的危险场所；

3.F2 类：在正常运行时能形成火灾危险，而爆炸危险性极小的危险品及粉尘的危险场所；

4.各类危险场所均以工作间（或建筑物）为单位。

（三）生产、加工、研制危险品的工作间（或建筑物）分类

生产、加工、研制危险品的工作间（或建筑物）危险等级、危险场所分类和防雷分类见表 5-2-4。

表 5-2-4　生产、加工、研制危险品的工作间（或建筑物）危险等级、危险场所分类和防雷分类

序号	危险品名称	工作间（或建筑物）名称	危险等级	危险场所分类	防雷分类
1	黑火药	药物混合（硝酸钾与碳、硫球磨），潮药装模（或潮药包片），压药、拆模（撕片），碎片、造粒、抛光、浆药、干燥、散热、筛选、计量包装	1.1^{-2}	F0	一
		单料粉碎、筛选、干燥、称料、硫、碳二成分混合	1.3	F2	二
2	烟火药	药物混合、造粒、筛选、制开球药、压药、浆药、干燥、散热、计量包装	1.1^{-1}	F0	一
		褙药柱（药块）、湿药调制、烟雾剂干燥、散热、包装	1.1^{-2}		
		氧化剂，可燃物的粉碎与筛选，称料（单料）	1.3	F2	二
3	引火线	制引、浆引、漆引、干燥、散热、绕引、定型裁割、捆扎、切引、包装	1.1^{-2}	F1	一
4	爆竹类	装药	1.1^{-1}	F0	一
		插引（含机械插引、手工插引和空筒插引）、挤引、封口、点药、结鞭	1.3	F1	二
		包装	1.3	F2	二
5	组合烟花类、内筒型小礼花类	装药、筑（压）药、内筒封口（压纸片、装封口剂）	1.1^{-1}	F0	一
		已装药部件钻孔，装单个裸药件，单发药量≥25 g 非裸药件组装，外筒封口（压纸片）	1.1^{-2}	F1	一
		蘸药、安引、组盆串引（空筒），单筒药量＜25 g 非裸药件组装，包装	1.3	F2	二
6	礼花弹类	装球、包药	1.1^{-1}	F0	一
		组装（含安引、装发射药包、串球），剖引（引线钻孔），球干燥、散热、包装	1.1^{-2}	F1	一
		空壳安引、糊球	1.3	F2	二

序号	危险品名称	工作间(或建筑物)名称	危险等级	危险场所分类	防雷分类
7	吐珠类	装(筑)药	1.1^{-2}	F0	一
		安引(空筒),组装,包装	1.3	F2	二
8	升空类(含双响炮)	装药,筑(压)药	1.1^{-1}	F0	一
		包药,装裸药效果件(含效果药包),单个药量≥30 g 非裸药件组装	1.1^{-2}	F1	一
		安引,单个药量<30 g 非裸药效果件组装(含安稳定杆),包装	1.3	F2	二
9	旋转类(旋转升空类)	装药,筑(压)药	1.1^{-1}	F0	一
		已装药部件钻孔	1.1^{-2}	F1	一
		安引,组装(含引线、配件、旋转轴、架),包装	1.3	F2	二
10	喷花类和架子烟花	装药,筑(压)药	1.1^{-2}	F0	一
		已装药部件的钻孔	1.1^{-2}	F1	一
		安引,组装,包装	1.3	F2	二
11	线香类	装药	1.1^{-1}	F0	一
		干燥,散热	1.3	F1	二
		粘药,包装	1.3	F2	二
12	摩擦类	雷酸银药物配制,拌药砂,发令纸干燥	1.1^{-1}	F0	一
		机械蘸药	1.1^{-2}	F1	一
		包药砂,手工蘸药,分装,包装	1.3	F2	二
13	烟雾类	装药,筑(压)药	1.1^{-2}	F0	一
		球干燥,散热	1.3	F1	二
		糊球,安引,组装,包装	1.3	F2	二
14	造型玩具类	装药,筑(压)药	1.1^{-1}	F0	一
		已装药部件钻孔	1.1^{-2}	F1	一
		安引,组装,包装	1.3	F2	二
15	电点火头	蘸药,干燥(晾干),检测,包装	1.3	F2	二

注:1. 表中装药、筑(压)药包括烟火药、黑火药的装药、筑(压)药。

2. 当本表生产工序危险等级分类为 1.1 级建筑物同时满足总存药量小于 10 kg、单人操作、建筑面积小于 12 m² 时,其防雷类别可划为二类。

3. 表中未列品种、加工工序,其危险场所分类和防雷类别划分可参照本表确定。

(四)储存危险品的场所、中转库和仓库分类。

储存危险品的场所、中转库和仓库危险等级、危险场所分类和防雷分类见表 5-2-5。

表 5-2-5　储存危险品的场所、中转库和仓库危险等级、危险场所分类和防雷分类

场所(或建筑物)名称	危险等级	危险场所分类	防雷分类
烟火药(包括裸药效果件),开球药	1.1^{-1}	F0	一
黑火药,引火线,未封口含药半成品,单个装药量在 40 g 及以上已封口的烟花半成品及含爆炸音剂、笛音剂的半成品,已封口的 B 级爆竹半成品,A、B 级成品(喷花类除外),单筒药量大于 25 g 及以上的 C 级组合烟花类成品	1.1^{-2}		

续表

场所(或建筑物)名称	危险等级	危险场所分类	防雷分类
电点火头,单个装药量在 40 g 以下已封口的烟花半成品(不含爆炸音剂、笛音剂),已封口的 C 级爆竹半成品,C、D 级成品(其中,组合烟花类成品单筒药量在 25 g 以下),喷花类成品	1.3	F1	二

四、民用爆破器材工厂危险等级划分和防雷分类

民用爆破器材工厂危险等级和防雷分类,按照《民用爆破器材工程设计安全规范》(GB 50089—2007)和《地下及覆土火药炸药仓库设计安全规范》(GB 50154—2009)划分。

(一)危险品的危险等级

1.1 级:危险品具有整体爆炸危险性。

1.2 级:危险品具有迸射破片的危险性,但无整体爆炸危险性。

1.3 级:危险品具有燃烧危险和较小爆炸或较小迸射危险,或两者兼有,但无整体爆炸危险性。

1.4 级:危险品无重大危险性,但不排除某些危险品在外界强力引燃、引爆条件下的燃烧爆炸危险作用。

(二)建筑物的危险等级

1. 建筑物危险等级主要指建筑物内所含有的危险品危险等级及生产工序的危险等级,分为 1.1(含 1.1*)、1.2、1.4 级。

注:1)民用爆破器材尚无 1.3 级危险品,不设对应的 1.3 级建筑物危险等级。

2)1.1* 是特指生产无雷管感度炸药、硝铵膨化工序及在抗爆间室中进行的炸药准备、药柱压制、导爆索制索等建筑物危险等级。

2. 生产、加工、研制危险品的建筑物危险等级和防雷分类应符合表 5-2-6 的规定,贮存危险品的建筑物危险等级和防雷分类应符合表 5-2-7 的规定。

表 5-2-6 生产、加工、研制危险品的建筑物危险等级和防雷分类

序号	危险品名称	危险等级	生产加工工序	技术要求或说明	防雷分类
			工业炸药		
1	铵梯(油)类炸药	1.1	梯恩梯粉碎、梯恩梯称量、混药、筛药、凉药、装药、包装	—	一类
		1.4	硝酸铵粉碎、干燥	—	二类
		1.4	废水处理	—	三类
2	粉状铵油炸药、铵松蜡炸药、铵沥蜡炸药	1.1	混药、筛药、凉药、装药、包装	—	一类
		1.1*	混药、筛药、凉药、装药、包装	无雷管感度炸药,且厂房内计算药量不应大于 5 t	一类
		1.4	硝酸铵粉碎、干燥	—	二类

序号	危险品名称	危险等级	生产加工工序	技术要求或说明	防雷分类
3	多孔粒状铵油炸药	1.1*	混药、包装	无雷管感度炸药,且厂房内计算药量不应大于5 t	一类
4	膨化硝铵炸药	1.1*	膨化	厂房内计算药量不应大于1.5 t	一类
		1.1	混药、凉药、装药、包装	—	一类
5	粒状黏性炸药	1.1*	混药、包装	无雷管感度炸药,且厂房内计算药量不应大于5 t	一类
		1.4	硝酸铵粉碎、干燥	—	二类
6	水胶炸药	1.1	硝酸甲胺制造和浓缩、混药、凉药、装药、包装	—	一类
		1.4	硝酸铵粉碎、筛选	—	二类
7	浆状炸药	1.1	梯恩梯粉碎、炸药熔药、混药、凉药、包装	—	一类
		1.4	硝酸铵粉碎、筛选	—	二类
8	胶状、粉状乳化炸药	1.1	乳化、乳胶基质冷却、乳胶基质贮存、敏化(制粉)、敏化后的保温(凉药)、贮存、制粉、装药、包装		一类
		1.4	硝酸铵粉碎、硝酸钠粉碎	—	二类
9	黑梯药柱(注装)	1.1	熔药、装药、凉药、检验、包装	—	一类
10	梯恩梯药柱(压制)	1.1*	压制	应在抗爆间室内进行	一类
			检验、包装	—	一类
11	太乳炸药	1.1	制片、干燥、检验、包装	—	一类
工业雷管					
12	火雷管、电雷管、导爆管雷管、继爆管	1.1	黑索金或太安的造粒、干燥、筛选、包装	—	一类
			火雷管干燥、烘干	—	一类
		1.1*	继爆管的装配、包装	—	一类
		1.2	二硝基重氮酚制造(中和、还原、重氮、过滤)	二硝基重氮酚应为湿药	一类
			二硝基重氮酚的干燥、凉药、筛选、黑索金或太安的造粒、干燥、筛选	应在抗爆间室内进行	一类
			火雷管装药、压药	应在抗爆间室内进行	一类
			电雷管、导爆管雷管装配、雷管编码	应在钢板防护下进行	一类
			雷管检验、包装、装箱	检验应在钢板防护下进行	一类

续表

序号	危险品名称		危险等级	生产加工工序	技术要求或说明	防雷分类
12	火雷管、电雷管、导爆管雷管、继爆管		1.2	雷管试验站	—	一类
				引火药头用和延期药用的引火药剂制造	—	一类
				引火元件制造	—	一类
			1.4	延期药混合、造粒、干燥、筛选、装药	按工艺要求可设抗暴间室或钢板防护	一类
				延期元件制造	—	一类
				二硝基重氨酚废水处理	—	二类
工业索类火工品						
13	导火索		1.1	黑火药三成分混药、干燥、凉药、筛选、包装	—	一类
				导火索制造中的黑火药准备	—	一类
			1.4	导火索制索、盘索、烘干、普检、包装	—	二类
				硝酸钾干燥、粉碎	—	二类
14	导爆索		1.1	炸药的筛选、混合、干燥	—	一类
				导爆索包塑、涂索、烘索、盘索、普检、组批、包装	当包塑等在抗暴间室内进行,可按1.1*级处理	一类
			1.1*	炸药的筛选、混合、干燥	应在抗暴间室内进行	一类
				导爆索制索		
			1.2	导爆索性能测试	—	一类
15	塑料导爆管		1.2	炸药的粉碎、干燥、筛选、混合	应在抗暴间室或钢板防护下进行	一类
			1.4	塑料导爆管制造	按工艺要求,导爆管挤出处可设防护	二类
16	爆裂管		1.1	爆裂管的切索、包装	—	一类
			1.2	爆裂管装药	应在抗暴间室内进行	一类
油气井用起爆器材						
17	射孔弹、穿孔弹		1.1	炸药准备(筛选、烘干、称量等)	—	一类
			1.2	炸药暂存、保温、压药	应在抗暴间室内进行	一类
				装配、包装	宜在钢板防护下进行	一类
				试验室	可用试验塔	一类
地震勘探用爆破器材						
18	震源药柱	高爆速	1.1	炸药准备、熔混药、装药、压药、凉药、装配、检验、装箱	—	一类
		中爆速	1.1	炸药准备、震源药柱检验、装箱	—	一类
				装药、压药	—	一类

续表

序号	危险品 名称		危险 等级	生产加工工序	技术要求 或说明	防雷 分类
18	震源药柱	中爆速	1.1	钻孔		一类
				装传爆药柱		一类
		低爆速	1.1	炸药准备、装药、装传爆药柱、检验、装箱		一类
19	黑火药、炸药、起爆药		1.4	理化实验室	单间计算药量不宜超过 600 g	二类
			—	理化实验室	药量不大于 300 g,单间计算药量不超过 20 g 时,可为防火甲级	二类

注:雷管制造中所用药剂(单组分或多组分药剂),其作用和起爆药类似,此类药剂的危险等级应按表内二硝基重氮酚确定。

表 5-2-7　贮存危险品的建筑物危险等级和防雷分类

序号	危险品名称	危险等级		防雷 分类
		中转库	总仓库	
1	黑索金、太安、奥克托今、梯恩梯、苦味酸、黑梯药柱(注装)、梯恩梯药柱(压制)、太乳炸药、铵梯(油)类炸药、粉状铵油炸药、铵松蜡炸药、铵沥蜡炸药、多孔粒状铵油炸药、膨化硝铵炸药、粒状黏性炸药、水胶炸药、浆状炸药、胶状和粉状乳化炸药、黑火药	1.1	1.1	一类
2	起爆药	1.1	—	一类
3	雷管(火雷管、电雷管、导爆管雷管、继爆管)	1.1	1.1	一类
4	爆裂管	1.1	1.1	一类
5	导爆索、射孔(穿孔)弹、震源药柱	1.1	1.1	一类
6	延期药	1.4	—	一类
7	导火索	1.4	1.4	一类
8	硝酸铵、硝酸钠、硝酸钾、氯酸钾、高氯酸钾	1.4	1.4	二类

3. 与危险场所相毗邻的场所防雷分类见表 5-2-8。

表 5-2-8　与危险场所相毗邻的场所防雷分类

危险场所类别	用一道有门的密实墙隔开的工作间	防雷分类	用两道有门的密实墙通过走廊隔开的工作间	防雷分类
F0	F1	二类	无危险	三类
F1	F2	二类		三类
F2	无危险	三类		三类

4. 同一建筑物内存在不同的危险品或生产工序时,该建筑物的危险等级应按其中最高的危险等级确定。

运输危险品的通廊采用封闭式时,防雷类别为一类;采用敞开式或半敞开式时,防雷类别为二类。

危险品性能试验塔(罐)工作间的防雷类别为三类。

(三)地下及覆土火药炸药仓库危险场所分类和防雷分类

地下及覆土火药炸药仓库危险场所分类和防雷分类见表5-2-9。

表 5-2-9　地下及覆土火药炸药仓库危险场所分类和防雷分类

序号	工作间(或建筑物)	危险场所分类	防雷分类
1	主洞室	F0	一类(内部防雷)
2	引洞	F1	一类(内部防雷)
3	覆土库	F0	一类
4	覆土库门斗	F1	一类
5	站台库	F0	一类
6	取样间	F1	一类

注:洞库伸出库外的排风竖井及其他突出物体的防雷类别应为二类。

五、城镇燃气主要生产场所和输配系统危险区域等级划分和防雷分类

城镇燃气主要生产场所和输配系统爆炸和火灾危险区域等级和防雷分类,按照《城镇燃气设计规范》(GB 50028—2006)划分。

(一)城镇燃气主要生产场所

1. 城镇燃气制气车间主要生产场所爆炸和火灾危险区域等级和防雷分类,参见表5-2-10。

表 5-2-10　城镇燃气制气车间主要生产场所爆炸和火灾危险区域等级和防雷分类

项目及名称	场所及装置		生产类别	易燃或可燃物质释放源、级别	区域等级		说明	防雷分类参考
					室内	室外		
备煤及焦处理	受煤、煤场(棚)		丙	固体状可燃物	火灾危险	火灾危险	—	三类
	破碎机、粉碎机室		乙	煤尘	火灾危险	—	—	二类
	配煤室、煤库、焦炉煤塔顶		丙	煤尘	火灾危险	—	—	三类
	胶带通廊、转运站(煤、焦)、水煤气独立煤斗室		丙	煤尘、焦尘	火灾危险	—	—	三类
	煤、焦试样室、焦台		丙	焦尘、固体可燃物	火灾危险	火灾危险	—	三类
	筛焦楼、储焦仓		丙	焦尘	火灾危险	—	—	三类
	制气主厂房储煤层	封闭建筑且有煤气漏入	乙	煤气、二级	2区	—	包括直立炉、水煤气、发生炉等顶上的储煤层	二类
		敞开、半敞开建筑或无煤气漏入	乙	煤尘	火灾危险	—		二类
焦炉	焦炉地下室、煤气水封室、封闭煤气预热器室		甲	煤气、二级	1区	—	通风不好	一类或二类

续表

项目及名称	场所及装置	生产类别	易燃或可燃物质释放源、级别	区域等级 室内	区域等级 室外	说明	防雷分类参考
焦炉	焦炉分烟道走廊、炉端台底层	甲	煤气、二级	无	—	通风良好，可使煤气浓度不超过爆炸下限值的10%	二类
焦炉	煤塔底层计器室	甲	煤气、二级	1区	—	变送器在室内	一类或二类
焦炉	炉间台底层	甲	煤气、二级	2区	—	—	二类
直立炉	直立炉顶部操作层	甲	煤气、二级	1区	—	—	一类或二类
直立炉	其他空间及其他操作层	甲	煤气、二级	2区	—	—	二类
水煤气炉、两段水煤气炉、流化床水煤气炉	煤气生产厂房	甲	煤气、二级	1区	—	—	一类或二类
水煤气炉、两段水煤气炉、流化床水煤气炉	煤气排送机间	甲	煤气、二级	2区	—	—	二类
水煤气炉、两段水煤气炉、流化床水煤气炉	煤气管道排水器间	甲	煤气、二级	1区	—	—	一类或二类
水煤气炉、两段水煤气炉、流化床水煤气炉	煤气计量器室	甲	煤气、二级	1区	—	—	一类或二类
水煤气炉、两段水煤气炉、流化床水煤气炉	室外设备	甲	煤气、二级	—	2区	—	二类
发生炉、两段发生炉	煤气生产厂房	乙	煤气、二级	无	—	—	二类
发生炉、两段发生炉	煤气排送机间	乙	煤气、二级	2区	—	—	二类
发生炉、两段发生炉	煤气管道排水器间	乙	煤气、二级	2区	—	—	二类
发生炉、两段发生炉	煤气计量器室	乙	煤气、二级	2区	—	—	二类
发生炉、两段发生炉	室外设备	—	煤气、二级	2区	—	—	二类
重油制气	重油制气排送机房	甲	煤气、二级	2区	—	—	二类
重油制气	重油泵房	丙	重油	火灾危险	—	—	二类
重油制气	重油制气室外设备	—	煤气、二级	—	2区	—	二类
轻油制气	轻油制气排送机房	甲	煤气、二级	2区	—	天然气改制，可参照执行。当采用LPG为原料时，还必须执行GB 50028—2006第八章中相应的安全条文	二类
轻油制气	轻油泵房、轻油中间储罐	甲	轻油蒸汽、二级	1区	2区		二类
轻油制气	轻油制气室外设备	—	煤气、二级	2区	—		二类

项目及名称	场所及装置	生产类别	易燃或可燃物质释放源、级别	区域等级 室内	区域等级 室外	说明	防雷分类参考
缓冲气罐	地上罐体	—	煤气、二级	—	2 区	—	二类
	煤气进出口阀门室	—	煤气、二级	—	1 区	—	二类

2. 煤气净化车间主要生产场所爆炸和火灾危险区域等级和防雷分类见表 5-2-11。

表 5-2-11 煤气净化车间主要生产场所爆炸和火灾危险区域等级和防雷分类

生产场所或装置名称	生产类别或区域等级	防雷分类参考
煤气鼓风机室室内、粗苯(轻苯)泵房、溶剂脱酚的溶剂泵房、吡啶装置室内	甲	二类
1. 初冷器、电捕焦油器、硫铵饱和器、终冷、洗氨、洗苯、脱硫、终脱萘、脱水、一氧化碳变换等室外煤气区； 2. 粗苯蒸馏装置、吡啶装置、溶剂脱酚装置等的室外区域； 3. 冷凝泵房、洗苯洗萘泵房； 4. 无水氨(液氨)泵房、无水氨装置的室外区域； 5. 硫黄的熔融、结片、包装区及仓库	乙	二类
化验室和鼓风机冷凝的焦油罐区	丙	三类
煤气鼓风机室室内、粗苯(轻苯)泵房、溶剂脱酚的溶剂泵房、吡啶装置室内、干法脱硫箱室内	1 区	一类或二类
1. 初冷器、电捕焦油器、硫铵饱和器、终冷、洗氨、洗苯、脱硫、终脱萘、脱水、一氧化碳变换等室外煤气区； 2. 粗苯蒸馏装置、吡啶装置、溶剂脱酚装置等的室外区域； 3. 无水氨(液氨)泵房、无水氨装置的室外区域； 4. 浓氨水(≥8%)泵房、浓氨水生产装置的室外区域； 5. 粗苯储槽、轻苯储槽	2 区	二类
脱硫剂再生装置	20 区	一类
硫黄仓库	22 区	二类
焦油氨水分离装置及焦油储槽、焦油洗油泵房、洗苯洗萘泵房、洗油储槽、轻柴油储槽、化验室	火灾危险场所	二类或三类
稀氨水(<8%)储槽、稀氨水泵房、硫铵厂房、硫铵包装设施及仓库、酸碱泵房、磷铵溶液泵房	非危险区	二类或三类

注：1. 所有室外区域不应整体划分某级危险区，应按《爆炸危险环境电力装置设计规范》(GB 50058—2014)，以释放源和释放半径划分爆炸危险区域。本表中所列室外区域的危险区域等级均指释放半径内的爆炸危险区域等级，未被划入的区域则均为非危险区。

2. 当本表中所列火灾危险场所和非危险区被划入 2 区的释放源释放半径内时，则此区应划为 2 区。

(二)燃气输配系统生产区域用电场所的爆炸危险区域等级和范围划分

1. 燃气输配系统生产区域所有场所的释放源属第二级释放源。存在第二级释放源的场所可划为 2 区，少数通风不良的场所可划为 1 区。其区域的划分宜符合以下典型示例的规定：

(1)露天设置的固定容积储气罐的爆炸危险区域等级和范围划分：以储罐安全放散阀放散

管管口为中心,当管口高度 h 距地坪大于 4.5 m 时,半径 3 m 以内,顶部距管口 5 m 以内(当管口高度 h 距地坪小于等于 4.5 m 时,半径 5 m 以内,顶部距管口 7.5 m 以内)以及管口到地坪以上的范围为 2 区。储罐底部至地坪以上的范围(半径 c 不小于 4.5 m)为 2 区。

(2)露天设置的低压储气罐的爆炸危险区域等级和范围划分:干式储气罐内部活塞或橡胶密封膜以上的空间为 1 区。储气罐外部罐壁外 4.5 m 内,罐顶(以放散管管口计)以上 7.5 m 内的范围为 2 区。

(3)露天设置的地上液化石油气储罐或储罐区的爆炸危险区域等级和范围的划分:以储罐安全阀放散管管口为中心,半径 4.5 m 以内及至地面以上的范围和储罐区防护墙以内,防护墙顶部以下的空间划为 2 区;在 2 区范围内,地面以下的沟、坑等低洼处划为 1 区;当烃泵露天设置在储罐区时,以烃泵为中心,半径 4.5 m 以内及至地面以上范围内划为 2 区。

2. 铁路槽车和汽车槽车装卸口处爆炸危险区域等级和范围划分:

(1)以装卸口为中心,半径为 1.5 m 的空间和爆炸危险区域以内地面以下的沟、坑等低洼处划为 1 区;

(2)以装卸口为中心,半径为 4.5 m、1 区以外以及地面以上的范围内划分为 2 区。

六、石油化工、汽车加油加气站、燃气站和其他爆炸危险场所危险区域等级划分和防雷分类

1.《建筑物防雷装置检测技术规范》(GB/T 21431—2008)列举了 0 区、1 区、2 区、10 区、11 区、21 区、22 区、23 区共 8 种爆炸火灾危险环境分区的示例。按 GB50057—2010 第 3 章的要求进行防雷分类,参见表 5-2-12。

表 5-2-12　爆炸火灾危险环境分区及防雷分类

分区	环境或区域	防雷分类参考
0 区	连续出现或长期出现或频繁出现爆炸性气体混合物的场所	—
	油漆车间:非桶装的地下贮漆间	一类
	石油库:易燃油品灌油间和油罐呼吸阀、量油孔 3 m 内的空间	一类
	汽车加油加气站:埋地卧式汽油储罐内部油表面以上空间	一类
1 区	在正常运行时可能偶然出现爆炸性气体混合物的场所	—
	油漆车间:喷漆室(连续式烘干室,距门框 6 m 以内的空间);桶装贮漆间;油漆干燥间、漆泵间	一类或二类
	线圈车间、浸漆车间	二类
	线缆车间、漆包线工部	二类
	发生炉煤气站:机器间、加压间、煤气分配间	二类
	乙炔站:发生器间、乙炔压缩机间、电石间、丙酮库、乙炔汇流排间、净化器间、罐瓶间、空瓶间和实瓶间	一类或二类
	液化石油气配气站	二类
	天然气配气站	二类
	电气室:固定式蓄电池	二类

分区	环境或区域	防雷分类参考
1区	汽车库:携带式蓄电池充电间、硫化间和汽化器间	二类
	蓄电池车间:蓄电池充电间	二类
	石油库:易燃油品的油泵房、阀室;易燃油品桶装库房;易燃油罐的 3 m 范围内的空间;易燃油品罐油和油罐呼吸阀、量油孔 3 m 以内空间,易燃油品人工洞库区的主巷道、支巷道、上引道、油泵房、油罐操作间、油罐室等	二类
	汽车加油加气站(加油站):加油机壳体内部空间;埋地卧式汽油储罐人孔(阀)井内部空间;以通气管管口为中心,半径 1.5 m 的球形空间和以密闭卸油口为中心,半径 0.5 m 的球形空间	二类
	汽车加油加气站(加气站):液化石油气(LPG)加气机内部空间;埋地储罐人孔(井)井内部空间和以卸车口为中心,半径为 1 m 的球形空间;地上储罐以卸车口为中心,半径为 1 m 的球形空间;压缩机、泵、法兰、阀门或类似附件的房间内部空间	二类
	汽车加油加气站(加气站):压缩天然气(CNG、LNG)加气机壳体内部空间;压缩机、阀门、法兰或类似附件的房间的内部空间;存放压缩天然气储气瓶组的房间内部空间	二类
	燃气制气车间:焦炉地下室、煤气水封室、封闭煤气预热室;侧喷式焦炉分烟道走廊;焦炉煤塔下直接式计器室;直立炉顶部	一类或二类
	燃气制气车间:油制气车间排送机室;油制气控制室	二类
	燃气制气车间:水煤气车间生产厂房、水煤气排送机间、水煤气管道排水器间;室外缓冲气罐、罐顶和罐壁外 3 m 以内;煤气计量器室	二类
	燃气制气车间:煤气净化车间、鼓风机;吡啶回收装置及贮罐,室外浓氨水槽;粗苯产品泵房、干法脱硫箱室、萃取脱酚泵房	二类
2区	在正常运行时不可能出现爆炸性气体混合物的场所,或即使出现也仅是短时存在的爆炸性气体混合物的场所	—
	热处理车间:加热炉的地下部分	二类
	金加工、装配车间:装配线上的喷漆室及距烘室门柜 6 m 以内的空间	二类
	油漆车间:涂漆室(非连续式烘干室距门柜 6 m 的空间内)	二类
	发生炉煤气站:发生炉;电气滤清器;洗涤塔;下喷式焦炉分烟道走廊;煤塔、炉间台和炉端台底层;集气管直接式计器室;直立炉一般操作层和空间;煤气排送机间、煤气管道排水器间、室外设备和煤气计量器室	二类
	燃气制气车间:油制气车间室外设备	二类
	燃气制气车间:水煤气车间室外设备	二类
	燃气制气车间:煤气净化车间初冷器;电捕焦油器;硫铵饱和器;吡啶回收装置及贮槽;洗萘、终冷、洗氨、洗苯和脱硫等塔;蒸氨装置、粗苯蒸馏装置、粗苯油水分离器、粗苯贮槽、再生塔、煤气放散装置、干法脱硫箱,萃取脱酚萃取塔和氨水泵房	二类
	乙炔站:气瓶修理间;干渣堆物、露天设置的贮罐	二类
	石油库:易燃油品油泵棚和露天油泵站;易燃油品桶装油品敞棚和场地	二类
	汽车加油加气站(加油站):以加油机中心线为中心线,以半径 4.5 m 的地面区域为底面和以加油机顶以上 0.15 m、半径为 3 m 的平面为顶面的圆台形空间;埋地卧式汽油储罐距人孔(阀)井外边缘 1.5 m 以内,自地面算起 1 m 高的圆柱形空间;以通气管管口为中心,半径为 3 m 的球形空间;以密闭卸油口为中心,半径为 1.5 m 的球形并延至地面的空间	二类

续表

分区	环境或区域	防雷分类参考
2区	汽车加油加气站(加气站):以加气机中心线为中心线,以半径为 5 m 的地面区域为底面和以加气机顶部以上 0.15 m,半径为 3 m 的平面为顶面的圆台形空间;埋地液化石油气(LPG)储罐距人孔(阀)井边缘 3 m 以内,自地面算起 2 m 高的圆柱形空间;以放散管管口为中心,半径为 3 m 的球形并延至地面的空间、以卸车口为中心,半径为 3 m 的球形并延至地面的空间。 地上 LPG 储罐以放散管管口为中心,半径为 3 m 的球形空间、距储罐外壁 3 m 范围内并延至地面的空间、防火堤内与防火堤等高的空间、以卸车口为中心,半径为 3 m 的球形并延至地面的空间。 露天或棚内设置的 LPG 气泵、压缩机、阀门和法兰等在距释放源壳体外缘半径为 3 m 范围内的空间和距释放源壳体外缘 6 m 范围内自地面算起 0.6 m 高的空间。 LPG 气泵、压缩机、阀门和法兰等在有孔、洞或开式墙时,以孔、洞边缘为中心半径 3 m 以内与房间等高的空间和以释放源为中心,半径为 6 m 以内,自地面算起 0.6 m 高的圆柱形空间。 压缩天然气(CNG)、液化天然气(LNG)加气机以中心线为中心线,半径为 4.5 m 高度为地面向上至加气机顶部以上 0.5 m 的圆柱形空间。 室外或棚内 CNG 储气瓶组(储气瓶)以放散管管口为中心,半径为 3 m 的球形空间和距储气瓶组壳体(储气瓶)4.5 m 以内并延至地面的空间。 CNG 、LNG 压缩机、阀门,法兰等在有孔、洞或开式墙的房间内,以孔、洞边缘为中心半径为 3 m 至 7.5 m 以内至地面的空间。 露天(棚)设置的 CNG 、LNG 压缩机、阀门,法兰等壳体 7.5 m 以内延至地面的空间。 存放 CNG 瓶组的房间有孔、洞或开式墙外,以孔、洞边缘为中心,半径 3 m 以内并延至地面的空间。	二类
20 区	连续出现或长期出现爆炸性粉尘环境	—
	煤气净化车间:室外脱硫剂再生装置	一类
	金属抛光车间	—
21 区	正常运行时,很可能偶然地以空气中可燃性粉尘云形式存在于爆炸性环境中的场所	—
	粉碎车间	二类
	纺织车间	二类
22 区	正常运行时,不太可能以空气中可燃性粉尘云形式存在于爆炸性环境中的场所,如果存在仅是短暂的	—
	煤气净化车间:硫黄仓库(室内)	二类
	木工车间:大锯间	二类
	面粉厂	二类
火灾危险场所	在生产过程中,产生、使用、加工贮存或转运闪点高于场所环境温度的可燃液体,在数量和配置上能引起火灾危险的场所	—
	可燃液体如:柴油、润滑油、变压器油等	二类
	石油库:油泵房和阀室内有可燃油品;油泵棚或露天油泵站有可燃油品;可燃油品的灌油间;可燃油品桶装库房;可燃油品桶装棚或场地;可燃油品的油罐区;可燃油品的铁路装卸设施或码头;存放可燃油品的人工洞库中的主巷道、支巷道、上引道、油泵房、油罐操作间、油罐室等;石油库内化验室、修洗桶间和润滑油再生间	二类

分区	环境或区域	防雷分类参考
	热处理车间:地下油泵间、贮油桶间、井式煤气	二类
	金加工、装配车间:乳化脂配制车间	二类
	修理车间:油洗间、变压器修理或拆装间、油料处理间、变压器油贮放间和油泵间	二类
	线缆车间:干燥浸油工部	二类
	电碳车间和锅炉房:重油泵间	二类
	发生炉煤气站:焦油泵房和焦油库	二类
	汽车库:停车间下部(电气设备安装高度低于1.8 m、线路低于4 m处)	二类
	机车库:油料分发室、防水锈剂室	二类
	燃气制气车间:油制气泵房(室内)	二类
	燃气制气车间:煤气净化车间的室外焦油氨水分离装置及贮槽、室外终冷洗萘油贮槽、洗油贮槽(室外)、化验室等	二类
火灾危险场所	在生产过程中,悬浮状、堆积状的可燃粉尘或可燃纤维不可能形成爆炸性混合物,但在数量和配置上能引起火灾危险的场所	—
	可燃粉层如:铝粉、焦炭粉、煤粉、面粉、合成树脂粉等。可燃纤维如:棉花、麻、丝、毛、木质和合成纤维等	二类
	铸造车间:煤的球磨机间	二类
	线圈车间:浸胶车间	二类
	锅炉房:煤粉制备间、碎煤机室、破碎筛分间、天然气调压间	二类
	发生炉煤气站:受煤斗室、输碳皮带走廊、运煤栈桥	三类
	燃气制气车间:制气车间室内的粉碎机、破碎筛分间	二类
	燃气制气车间:直立炉的室内煤仓、焦仓操作层	三类
	燃气制气车间:水煤气车间内煤斗室、运煤胶带通廊、胶带走廊、转运站、配煤室、煤库和贮焦间	三类
	燃气制气车间:发生炉车间内敞开建筑或无煤气漏入的贮煤层,运煤胶带通廊和煤筛分间三类具有固体状可燃物质,在数量和配置上能引起火灾危险的环境	—
	固体状可燃物质如:煤、焦炭、木等	三类
	木工车间:机床工部、机械模型工部、手工制模工部;木材存放间,木制冷却间,装配工部	三类
	修理车间:木工修理和木工备料部	三类
	电碳车间:加油浸渍工部	三类
	发生炉煤气站:煤库	三类
	机车库:擦料贮存室	三类

2.一些油、气等危险场所分区和防雷分类可参考表5-2-13。

表 5-2-13　一些油、气等危险场所分区和防雷分类

建(构)筑物	危险物料	爆炸危险场所分区	防雷分类参考
油泵房、阀室	易燃油品	1 区	二类
	可燃油品	2 区	二类
油泵棚、露天油泵站	易燃油品	2 区	二类
	可燃油品	2 区	二类
灌油间	易燃油品	0 区	一类
	可燃油品	2 区	二类
桶装油品库房	易燃油品	1 区	二类
	可燃油品	2 区	二类
桶装油品敞棚、场地	易燃油品	2 区	二类
	可燃油品	2 区	二类
油罐区	易燃油品	1 区(呼吸阀口),2 区	二类
	可燃油品	2 区	二类
大型油库	原油、汽油、煤油	1 区	汽油一类 原油、煤油二类
中小型油库	原油、汽油、煤油	2 区	二类
中小型重油库	柴油、润滑油	2 区	二类
汽车加油加气站	汽油、柴油、液化气、天然气	2 区	二类
乙炔站	乙炔	1 区	一类或二类
氧气站	氧气	2 区	二类
制氢间	氢气	1 区	一类
储氢间	氢气	2 区	二类
大型液化储罐区	液化气	2 区	二类
中小型液化储罐区或站	液化气	2 区	二类
大型芳烃油罐区	苯、甲苯、二甲苯	1 区	一类
中小型芳烃油罐区	苯、甲苯、二甲苯	2 区	二类
大型石化工厂油泵房	原油、汽油	1 区	一类
一般油泵房、充气间、加压间	原油、易燃气体	2 区	二类
打火机厂充气间	易燃气体	1 区	一类
打火机厂仓库	易燃气体	2 区	二类

七、第二类防雷建筑物举例

(1)国家级、省部级建筑物、大城市水厂的给水泵房。

(2)建筑物年预计雷击次数 $N>0.25$ 次/a 的人员密集的公共建筑物:如机场车站候机(车)楼、影剧院、礼堂、体育场馆、大型商场、展(博)览馆、宾馆、学校教学楼、学生宿舍、医院门诊楼、住院大楼等。

（3）建筑物年预计雷击次数 $N>0.25$ 次/a 的一般建筑物：如 45 m 或 15 层以上的高层建筑，海边、湖边、旷野孤立的大楼。

（4）一般的易燃易爆场所或建筑物（不属于一类防雷部分）：如小型石油库、加油站、加气站、燃气站的生产区（罐区、加油棚、泵房、灌瓶车间）、煤气厂的生产区、化工厂的生产区、烟花爆竹厂的部分仓库、打火机厂的气库和仓库、氧气生产车间、其他危险物品的生产和储存场所等。

（5）有些爆炸物质不易因电火花而引起爆炸，但爆炸后破坏力较大，如小型炮弹库、枪弹库以及硝化棉脱水和包装等均属第二类防雷建筑物。

第三节 电子信息系统雷电防护等级

建筑物电子信息系统应按《建筑物电子信息系统防雷技术规范》(GB 50343－2012)第 4 章进行雷电防护等级划分，根据防雷装置的拦截效率或电子信息系统的重要性、使用性质和价值确定雷电防护等级。对于重要的建筑物电子信息系统，宜分别采用第三条和第四条规定的两种方法进行评估，按其中较高防护等级确定。重点工程或用户提出要求时，可按 GB 50343－2012 第 4.4 节雷电防护风险管理方法确定雷电防护措施。

一、地区雷暴日等级划分

按年平均雷暴日数，地区雷暴日等级宜划分为少雷区、中雷区、多雷区、强雷区，见表 5-3-1。

表 5-3-1 地区雷暴日等级划分表

地区年平均雷暴日数(T_d)	地区雷暴日等级
$T_d \leqslant 25$ d	少雷区
25 d$<T_d \leqslant 40$ d	中雷区
40 d$<T_d \leqslant 90$ d	多雷区
$T_d > 90$ d	强雷区

二、雷电防护区（LPZ）划分

需要保护和控制雷电电磁脉冲环境的建筑物按表 5-3-2 中规定划分为不同的雷电防护区。

表 5-3-2 雷电防护区划分表

雷电防护区	划分规定
LPZ0$_A$ 区	受直接雷击和全部雷电电磁场威胁的区域。该区域的内部系统可能受到全部或部分雷电浪涌电流的影响
LPZ0$_B$ 区	直接雷击的防护区域，但该区域的威胁仍是全部雷电电磁场。该区域的内部系统可能受到部分雷电浪涌电流的影响

雷电防护区	划分规定
LPZ1 区	由于边界处分流和浪涌保护器的作用使浪涌电流受到限制的区域。该区域的空间屏蔽可以衰减雷电电磁场
LPZ2 … n 后续防雷区	后续防雷区:由于边界处分流和浪涌保护器的作用使浪涌电流受到进一步限制的区域。该区域的空间屏蔽可以进一步衰减雷电电磁场

三、按防雷装置的拦截效率划分雷电防护等级

1. 建筑物及入户设施年预计雷击次数 N 值可按下式确定:

$$N = N_1 + N_2 \qquad\qquad (式 5\text{-}3\text{-}1)$$

式中　N_1——建筑物年预计雷击次数(次/a),N_2——建筑物入户设施年预计雷击次数(次/a)。

(1)建筑物年预计雷击次数(N_1)可按下式确定:

$$N_1 = K \cdot N_g \cdot A_e (次/a) \qquad\qquad (式 5\text{-}3\text{-}2)$$

(2)入户设施年预计雷击次数(N_2)按下式确定:

$$N_2 = N_g \cdot A'_e = (0.1 \cdot T_d) \cdot (A'_{e1} + A'_{e2})(次/a) \qquad (式 5\text{-}3\text{-}3)$$

式中　N_g——建筑物所处地区雷击大地的年平均密度,次/(km² · a)

T_d——年平均雷暴日(d/a)。根据当地气象台、站资料确定;

A'_{e1}——电源线缆入户设施的截收面积(km²),见表 5-3-3;

A'_{e2}——信号线缆入户设施的截收面积(km²),见表 5-3-3。

表 5-3-3　入户设施的截收面积

线路类型	有效截收面积 A'_e(km²)
低压架空电源电缆	$2000 \times L \times 10^{-6}$
高压架空电源电缆(至现场变电所)	$500 \times L \times 10^{-6}$
低压埋地电源电缆	$2 \times d_s \times L \times 10^{-6}$
高压埋地电源电缆(至现场变电所)	$0.1 \times d_s \times L \times 10^{-6}$
架空信号线	$2000 \times L \times 10^{-6}$
埋地信号线	$2 \times d_s \times L \times 10^{-6}$
无金属铠装和金属芯线的光纤电缆	0

注:1. L 是线路从所考虑建筑物至网络的第一个分支点或相邻建筑物的长度,单位为 m,最大值为 1000 m,当 L 未知时,应取 $L = 1000$ m。

2. d_s 表示埋地引入线缆计算截面积时的等效宽度,单位为 m,其数值等于土壤电阻率的值,最大值取 500。

2. 建筑物电子信息系统设备因直接雷击和雷电电磁脉冲可能造成损坏,可接受的年平均最大雷击次数 N_c 可按下式计算:

$$N_c = 5.8 \times 10^{-1}/C(次/a) \qquad\qquad (式 5\text{-}3\text{-}4)$$

式中　C——各类因子,$C = C_1 + C_2 + C_3 + C_4 + C_5 + C_6$。

C_1——电子信息系统所在建筑物材料结构因子。当建筑物屋顶和主体结构均为金属材料时,C_1 取 0.5;当建筑物屋顶和主体结构均为钢筋混凝土材料时,C_1 取 1.0;

当建筑物为砖混结构时,C_1 取 1.5;当建筑物为砖木结构时 C_1 取 2.0;当建筑物为木结构时,C_1 取 2.5。

C_2——电子信息系统重要程度因子,表 5-3-4 中的 C,D 级电子信息系统 C_2 取 1.0;B 级电子信息系统 C_2 取 2.5;A 级电子信息系统 C_2 取 3.0。

C_3——电子信息系统设备耐冲击类型和抗冲击过电压能力因子,一般,C_3 取 0.5;较弱,C_3 取 1.0;相当弱,C_3 取 3.0。注:"一般"指 GB/T 16935.1—1997 中所指的 I 类安装位置的设备,且采取了较完善的等电位连接、接地、线缆屏蔽措施;"较弱"指 GB/T 16935.1—1997 中所指的 I 类安装位置的设备,但使用架空线缆,因而风险大;"相当弱"指集成化程度很高的计算机、通信或控制等设备。

C_4——电子信息系统设备所在雷电防护区(LPZ)的因子。设备在 LPZ2 或更高层雷电防护区内时,C_4 取 0.5;设备在 LPZ1 区内时,C_4 取 1.0;设备在 LPZ0$_B$ 区内时,C_4 取 1.5~2.0。

C_5——电子信息系统发生雷击事故的后果因子,信息系统业务中断不会产生不良后果时,C_5 取 0.5;信息系统业务原则上不允许中断,但在中断后无严重后果时,C_5 取 1.0;信息系统业务不允许中断,中断后会产生严重后果时,C_5 取 1.5~2.0。

C_6——表示区域雷暴等级因子。少雷区 C_6 取 0.8;中雷区 C_6 取 1;多雷区 C_6 取 1.2;强雷区 C_6 取 1.4。

3. 确定电子信息系统设备是否需要安装雷电防护装置时,应将 N 和 N_c 进行比较:

(1)当 $N \leqslant N_c$ 时,可不安装雷电防护装置;

(2)当 $N > N_c$ 时,应安装雷电防护装置。

4. 安装防雷装置时,可按下式计算防雷装置拦截效率 E:

$$E = 1 - N_c/N \qquad (式 5-3-5)$$

5. 电子信息系统雷电防护等级应按防雷装置拦截效率 E 确定,并应符合下列规定:

(1)当 $E > 0.98$ 时　　　　　定为 A 级;

(2)当 $0.90 < E \leqslant 0.98$ 时　　定为 B 级;

(3)当 $0.80 < E \leqslant 0.90$ 时　　定为 C 级;

(4)当 $E \leqslant 0.80$ 时　　　　　定为 D 级。

四、按电子信息系统的重要性、使用性质和价值划分雷电防护等级

建筑物电子信息系统可根据其重要性、使用性质和价值,按表 5-3-4 选择确定雷电防护等级。

表 5-3-4　建筑物电子信息系统雷电防护等级

雷电防护等级	建 筑 物 电 子 信 息 系 统
A 级	1. 国家级计算中心、国家级通信枢纽、特级和一级金融设施、大中型机场、国家级和省级广播电视中心、枢纽港口、火车枢纽站、省级城市水、电、气、热等城市重要公用设施的电子信息系统 2. 一级安全防范单位,如国家文物、档案库的闭路电视监控和报警系统 3. 三级医院电子医疗设备
B 级	1.中型计算中心、二级金融设施、中型通信枢纽、移动通信基站、大型体育场(馆)、小型机场、大型港口、大型火车站的电子信息系统 2.二级安全防范单位,如省级文物、档案库的闭路电视监控和报警系统 3.雷达站、微波站电子信息系统,高速公路监控和收费系统 4.二级医院电子医疗设备 5.五星及更高星级宾馆电子信息系统
C 级	1.三级金融设施、小型通信枢纽电子信息系统 2.大中型有线电视系统 3.四星及以下级宾馆电子信息系统
D 级	除上述 A、B、C 级以外的一般用途的需防护电子信息设备

注:表中未列举的电子信息系统也可参照本表选择防护等级。

第六章　防雷装置基本要求

第一节　接闪器

一、材型规格

1. 接闪器应由下列的一种或多种组成：独立接闪杆，架空接闪线或架空接闪网，直接装设在建筑物上的接闪杆、接闪带或接闪网。接闪器的材料、结构和最小截面应符合表 6-1-1 的规定。

表 6-1-1　接闪杆、接闪线(带)和引下线的材料、结构与最小截面

材料	结构	最小截面(mm²)	备注⑩
铜，镀锡铜①	单根扁铜	50	厚度 2 mm
	单根圆铜⑦	50	直径 8 mm
	铜绞线	50	每股线直径 1.7 mm
	单根圆铜③④	176	直径 15 mm
铝	单根扁铝	70	厚度 3 mm
	单根圆铝	50	直径 8 mm
	铝绞线	50	每股线直径 1.7 mm
铝合金	单根扁形导体	50	厚度 2.5 mm
	单根圆形导体	50	直径 8 mm
	绞线	50	每股线直径 1.7mm
	单根圆形导体③	176	直径 15 mm
	外表面镀铜的单根圆形导体	50	直径 8 mm，径向镀铜厚度至少 70 μm，铜纯度 99.9%
热浸镀锌钢②	单根扁钢	50	厚度 2.5 mm
	单根圆钢⑨	50	直径 8 mm
	绞线	50	每股线直径 1.7 mm
	单根圆钢③④	176	直径 15 mm
不锈钢⑤	单根扁钢⑥	50⑧	厚度 2 mm
	单根圆钢⑥	50⑧	直径 8 mm

续表

材料	结构	最小截面(mm²)	备注⑩
不锈钢⑤	绞线	70	每股线直径 1.7 mm
	单根圆钢③④	176	直径 15 mm
外表面镀铜的钢	单根圆钢(直径 8 mm)	50	镀铜厚度至少 70 μm,铜纯度 99.9%
	单根扁钢(厚 2.5 mm)		

①热浸或电镀锡的锡层最小厚度为 1 μm;

②镀锌层宜光滑连贯、无焊剂斑点,镀锌层圆钢至少 22.7 g/m²、扁钢至少 32.4 g/m²;

③仅应用于接闪杆,当应用于机械应力没达到临界值之处,可采用直径 10 mm、最长 1 m 的接闪杆,并增加固定;

④仅应用于入地之处;

⑤不锈钢中,铬的含量等于或大于 16%,镍的含量等于或大于 8%,碳的含量等于或小于 0.08%;

⑥对埋于混凝土中以及与可燃材料直接接触的不锈钢,其最小尺寸宜增大至直径 10 mm 的截面 78 mm²(单根圆钢)和最小厚度 3 mm 的截面 75 mm²(单根扁钢);

⑦在机械强度没有重要要求之处,50 mm²(直径 8 mm)可减为 28 mm²(直径 6 mm)。并应减小固定支架间的间距;

⑧当温升和机械受力是重点考虑之处,50 mm² 加大至 75 mm²;

⑨避免在单位能量 10 MJ/Ω 下熔化的最小截面铜为 16 mm²、铝为 25 mm²、钢为 50 mm²、不锈钢为 50 mm²;

⑩截面积允许误差为 −3%。

2. 接闪杆宜采用热镀锌圆钢或钢管制成,其直径应符合表 6-1-2 的规定,接闪杆的接闪端宜做成半球状,其最小弯曲半径宜为 4.8 mm,最大宜为 12.7 mm。

表 6-1-2　接闪杆材料规格

接闪杆长	材料规格	
	圆钢(mm)	钢管(mm)
≤1 m	≥φ12	≥φ20
1~2 m	≥φ16	≥φ25
独立烟囱顶上的接闪杆	≥φ20	≥φ40

3. 接闪带、架空接闪线和接闪网材料规格应符合表 6-1-3 的规定。

表 6-1-3　接闪带、架空接闪线和接闪网材料规格

接闪带	材料规格	
	圆钢(mm)	扁钢(mm)
建筑物顶明敷	≥φ8	≥−12×4
建筑物顶暗敷	≥φ10	≥−20×4
烟囱顶	≥φ12	≥−25×4
架空接闪线	50 mm² 多股钢(铜)绞线或≥φ8 mm 圆钢	

4. 明敷接闪导体固定支架的间距不宜大于表 6-1-4 的规定。固定支架的高度不宜小于 150 mm。

表 6-1-4　明敷接闪导体和引下线固定支架的间距

布置方式	扁形导体和绞线固定支架的间距(mm)	单根圆形导体固定支架的间距(mm)
安装于水平面上的水平导体	500	1000
安装于垂直面上的水平导体	500	1000

布置方式	扁形导体和绞线固定支架的间距（mm）	单根圆形导体固定支架的间距（mm）
安装于从地面至高 20 m 垂直面上的垂直导体	1000	1000
安装在高于 20 m 垂直面上的垂直导体	500	1000

5. 除第一类防雷建筑物外，金属屋面的建筑物宜利用其屋面作为接闪器，金属板厚度应符合表 6-1-5，并应符合下列规定：

（1）板间的连接应是持久的电气贯通，可采用铜锌合金焊、熔焊、卷边压接、缝接、螺钉或螺栓连接。

（2）金属板应无绝缘被覆层。

注：薄的油漆保护层或 1 mm 厚沥青层或 0.5 mm 厚聚氯乙烯层均不属于绝缘被覆层。

表 6-1-5　金属板厚度

材料	厚度(无易燃物品时)(mm)	厚度(有易燃物品时)(mm)
铅板	≥2.0	——
不锈钢、热镀锌钢、钛板	≥0.5	≥4.0
铜板	≥0.5	≥5.0
铝板	≥0.65	≥7.0
锌板	≥0.7	——

近年来，经常采用一种夹有非易燃物保温层的双金属板做成的屋面板（彩板）。在这种情况下，只要上层金属板的厚度满足无易燃物品时的要求就可以，因为雷击只会将上层金属板熔化穿孔，不会击到下层金属板，而且上层金属板的熔化物受到下层金属板的阻挡，不会滴落到下层金属板的下方。要强调的是，夹层的物质必须是非易燃物且选用高级别的阻燃类材料。

6. 除第一类防雷建筑物、排放爆炸危险气体（蒸汽或粉尘）的放散管（呼吸阀、排风管等管道）、金属设备不允许直接接闪外，屋顶上永久性金属物宜作为接闪器，但其各部件之间均应连成电气贯通，并应符合下列规定：

（1）旗杆、栏杆、装饰物、女儿墙上的盖板等，其截面应符合表 6-1-1 的规定，其壁厚应符合表 6-1-5 的规定。

（2）输送和储存物体的钢管和钢罐的壁厚不应小于 2.5 mm；当钢管、钢罐一旦被雷击穿，其内的介质对周围环境造成危险时，其壁厚不应小于 4 mm。

7. 有爆炸危险的露天钢质封闭气罐，在其高度小于或等于 60 m 的条件下，当其罐顶壁厚不小于 4 mm（其他金属材料符合表 6-1-5）时，或当其高度大于 60 m 的条件下，罐顶壁厚和侧壁壁厚均不小于 4 mm（其他金属材料符合表 6-1-5）时，可不装设接闪器，但应接地，且接地点不应少于 2 处，两接地点间距不宜大于 30 m（石化装置不宜大于 18 m）。放散管和呼吸阀的保护应符合本节第四（二）条管口保护范围的规定。

8. 除利用混凝土构件钢筋或在混凝土内专设钢材作为接闪器外，钢质接闪器应热镀锌。在腐蚀性较强的场所，尚应采取加大其截面或其他防腐措施。

9. 敷设在混凝土中作为防雷装置的钢筋或圆钢（如暗敷接闪带、引下线），当仅为一根时，其直径不应小于 10 mm。被利用作为防雷装置的混凝土构件内有箍筋连接的钢筋时，其截面积总和不应小于一根直径 10 mm 钢筋的截面积。

二、布置和敷设要求

（一）接闪器类型

安装接闪器时，可单独或任意组合采用接闪杆、接闪带、接闪网等。接闪器布置应符合表 6-1-6 的规定。

表 6-1-6　接闪器布置

建筑物防雷类别	滚球半径 h_r(m)	接闪网网格尺寸（m）
第一类防雷建筑物	30	≤5×5 或≤ 6×4
第二类防雷建筑物	45	≤10×10 或≤ 12×8
第三类防雷建筑物	60	≤20×20 或≤ 24×16
通信大楼	按防雷分类确定	≤10×10
微波站机房	按防雷分类确定	≤3×3
粮、棉及易燃物大量集中的露天堆场	100	—

表 6-1-6 是并列的两种接闪器布置方法。它们是各自独立的，不管这两种方法所限定的被保护空间可能出现的差别。在同一场合下，可以同时出现两种形式的保护方法。

（二）布置和敷设要求

接闪带应沿屋角、屋脊、屋檐、檐角、女儿墙等易受雷击部位敷设，符合 GB 50057－2010 附录 B 的规定。接闪带宜明敷，应使用热镀锌钢材，优先采用圆钢。明敷接闪带用支撑卡固定，支撑卡高度不宜小于 15 cm，间距参见表 6-1-4 规定。多雷以上地区宜安装短接闪杆，接闪杆宜设在建筑物屋面的凸出处和拐角处。

高层建筑或多层建筑且周围有人停留时不宜利用女儿墙压顶板内或檐口内的钢筋作为接闪器。

1. 第一类防雷建筑物应装设独立接闪杆或架空接闪线或网。当建筑物太高或其他原因难以装设独立接闪杆、架空接闪线、接闪网时，可将接闪杆或网格不大于 5 m×5 m 或 6 m×4 m 的接闪网或由其混合组成的接闪器直接装在建筑物上，接闪器之间应互相连接。

2. 当建筑物高度超过滚球半径（30 m、45 m、60 m）时，首先应沿屋顶周边敷设接闪带，接闪带应设在外墙外表面或屋檐边垂直面上，也可设在外墙外表面或屋檐垂直面外。接闪器之间应互相连接。

3. 高度超过 45 m(60 m)的建筑物，对水平突出外墙的物体，当滚球半径 45 m(60 m)球体从屋顶周边接闪带外向地面垂直下降接触到突出外墙的物体时，应采取相应的防雷措施，即安装接闪器。

图 6-1-1 中，与所规定的滚球半径相适应的一球体从空中沿接闪器 A 外侧下降，会接触到 B 处，该处应设相应的接闪器；但不会接触到 C、D 处，该处不需设接闪器。该球体又从空中沿接闪器 B 外侧下降，会接触到 F 处，该处应设相应的接闪器；若无 F 虚线部分，球体会接触到 E 处时，E 处应设相应的接闪器；当球体最低点接触到地面，还不会接触到 E 处时，E 处不需设接闪器。

4. 烟囱上的接闪器要求。当非金属烟囱无法采用单支或双支接闪杆保护时，应在烟囱口装设环形接闪带，并应对称布置三支高出烟囱口不少于 0.5 m 的接闪杆。钢筋混凝土烟囱的

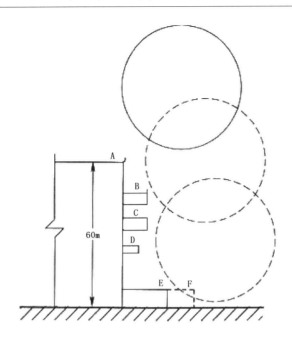

图 6-1-1　滚球球体从空中沿接闪器 A 外侧下降剖面示意图

钢筋应在其顶部和底部与引下线和贯通连接的金属爬梯相连。金属烟囱应作为接闪器和引下线。

5. 对第二类和第三类防雷建筑物,没有得到接闪器保护的屋顶孤立金属物的尺寸不超过以下数值时,可不要求附加保护措施:

高出屋顶平面不超过 0.3 m;

上层表面总面积不超过 1.0 m²;

上层表面的长度不超过 2.0 m。

6. 不处在接闪器保护范围内的非导电性屋顶物体,当它没有突出由接闪器形成的平面 0.5 m 以上时,可不要求附加增设接闪器的保护措施。

三、间隔距离要求

(一)第一类防雷建筑物

1. 独立接闪杆和架空接闪线或网的支柱及其接地装置至被保护建筑物及与其有联系的管道、电缆等金属物之间的间隔距离(图 6-1-2),应按下列公式计算,且不得小于 3 m。

(1)地上部分:

当 $h_x < 5R_i$ 时:

$$S_{a1} \geqslant 0.4(R_i + 0.1h_x) \qquad\qquad (式 6\text{-}1\text{-}1)$$

当 $h_x \geqslant 5R_i$ 时:

$$S_{a1} \geqslant 0.1(R_i + h_x) \qquad\qquad (式 6\text{-}1\text{-}2)$$

(2)地下部分:

$$S_{e1} \geqslant 0.4R_i \qquad\qquad (式 6\text{-}1\text{-}3)$$

式中 S_{a1}——空气中的间隔距离（m）；

S_{e1}——地中的间隔距离（m）；

R_i——独立接闪杆、架空接闪线或网支柱处接地装置的冲击接地电阻（Ω）；

h_x——被保护建筑物或计算点的高度（m）。

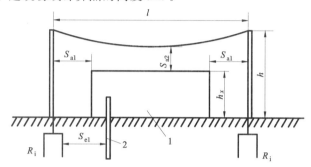

图 6-1-2 防雷装置至被保护物的间隔距离
1—被保护建筑物；2—金属管道。

2. 架空接闪线至屋面和各种突出屋面的风帽、放散管等物体之间的间隔距离（图 6-1-2），应按下列公式计算，且不应小于 3 m。

（1）当 $(h+l/2) < 5R_i$ 时，

$$S_{a2} \geqslant 0.2R_i + 0.03(h+l/2) \qquad (式 6-1-4)$$

（2）当 $(h+l/2) \geqslant 5R_i$ 时，

$$S_{a2} \geqslant 0.05R_i + 0.06(h+l/2) \qquad (式 6-1-5)$$

式中 S_{a2}——接闪线至被保护物在空气中的间隔距离（m）；

h——接闪线的支柱高度（m）；

l——接闪线的水平长度（m）。

3. 架空接闪网至屋面和各种突出屋面的风帽、放散管等物体之间的间隔距离，应按下列公式计算，但不应小于 3 m。

（1）当 $(h+l_1) < 5R_i$ 时，

$$S_{a2} \geqslant \frac{1}{n}[0.4R_i + 0.06(h+l_1)] \qquad (式 6-1-6)$$

（2）当 $(h+l_1) \geqslant 5R_i$ 时，

$$S_{a2} \geqslant \frac{1}{n}[0.1R_i + 0.12(h+l_1)] \qquad (式 6-1-7)$$

式中 S_{a2}——接闪网至被保护物在空气中的间隔距离（m）；

l_1——从接闪网中间最低点沿导体至最近支柱的距离（m）；

n——从接闪网中间最低点沿导体至最近不同支柱并有同一距离 l_1 的个数。

4. 当树木邻近建筑物且不在接闪器保护范围之内时，树木与建筑物之间的净距不应小于 5 m。

（二）第二类防雷建筑物

独立接闪杆和架空接闪线或网的支柱及其接地装置至被保护建筑物及与其有联系的管道、电缆等金属物之间的间隔距离（图 6-1-2），应按下列公式计算，当不共用地网时不宜小于 2 m。

1. 不共用地网

(1)地上部分：

当 $h_x < 5R_i$ 时：

$$S_{a1} \geq 0.3(R_i + 0.1h_x) \qquad \text{(式 6-1-8)}$$

当 $h_x \geq 5R_i$ 时：

$$S_{a1} \geq 0.075(R_i + h_x) \qquad \text{(式 6-1-9)}$$

(2)地下部分：

$$S_{e1} \geq 0.3R_i \qquad \text{(式 6-1-10)}$$

2. 共用地网

$$S_{a1} \geq 0.075h_x \qquad \text{(式 6-1-11)}$$

注：式中符号含义同前述第一类防雷建筑物计算公式。

四、确定保护范围的方法

(一)接闪器的保护范围

确定接闪器保护范围的方法包括滚球法、网格法和保护角法。滚球法适合于所有情况,网格法适合于保护平的表面(如没有女儿墙的平面屋顶)。电力装置独立接闪杆和架空接闪线计算保护范围采用保护角法。石化装置接闪器顶部与被保护参考平面的高差采用保护角法。

滚球法是以滚球半径(h_r)为半径的一个球体,沿需要防直击雷的部位滚动,当球体只触及接闪器,包括被利用作为接闪器的金属体,或只触及接闪器和地面包括与大地接触并能承受雷击的金属物,而不触及需要保护的部位时,则该部位就得到接闪器的保护。

用滚球法确定接闪器的保护范围参照《建筑物防雷设计规范》(GB 50057—2010)附录 D。

用防雷网格形导体以给定的网格宽度和给定的引下线间距盖住需要防雷的空间,通常被称为法拉第保护形式。用许多防雷导体(通常是垂直和水平导体)以下列方法盖住需要防雷的空间,即用一给定半径的球体滚过上述防雷导体时不会触及需要防雷的空间,这种方法通常被称为滚球法。它是基于雷闪数学模型(电气-几何模型),其关系式如下式：

$$h_r = 10 \cdot I^{0.65} \qquad \text{(式 6-1-12)}$$

式中　h_r——雷闪的最后闪络距离(击距),即滚球半径(m)；

　　　I——与 h_r 相对应的得到保护的最小雷电流幅值(kA),即比该电流小的雷电流可能击到被保护的空间。

在电气-几何模型中,雷击闪电先导的发展起初是不确定的,直到先导头部电压足以击穿它与地面目标间的间隙时,也即先导与地面目标的距离等于击距时,才受到地面影响而开始定向。

与 h_r 相对应的雷电流按式 6-1-12 整理后为 $I = (h_r/10)^{1.54}$,以表 6-1-6 的 h_r 值代入得:对第一类防雷建筑物($h_r = 30$ m),$I = 5.4 \approx 5$ kA;对第二类防雷建筑物($h_r = 45$ m),$I = 10.1 \approx 10$ kA;对第三类防雷建筑物($h_r = 60$ m),$I = 15.8 \approx 16$ kA。即雷电流小于上述数值时,闪电有可能穿过接闪器击于被保护物上,而等于和大于上述数值时,闪电将击于接闪器。

以滚球法为基础的接闪器保护范围,其优点是:除独立接闪杆、接闪线受相应的滚球半径限制其高度外,凡安装在建筑物上的接闪杆、接闪线、接闪带,不管建筑物的高度如何,都可采用滚球法来确定保护范围。如对第二、三类防雷建筑物,除防侧击按(GB 50057－2010)第4.3.9条和第4.4.8条处理外,只要在建筑物屋顶,采用滚球法可以任意组合接闪杆、接闪线、接闪带。例如,首先在屋顶周边敷设一圈接闪带,然后在屋顶中部根据其形状任意组合接闪杆、接闪带,取相应的滚球半径的一个球体在屋顶滚动,只要球体只接触到接闪杆或接闪带而没有接触到要保护的部位,就达到目的。根据不同类别的建筑物选用不同的滚球半径,区别对待,对接闪杆、接闪线、接闪带采用同一种保护范围(即同一种滚球半径),可以任意组合接闪器形式。

　　表 6-1-6 并列两种方法。它们是各自独立的,不管这两种方法所限定的被保护空间可能出现的差别。在同一场合下,可以同时出现两种形式的保护方法。例如,在建筑物屋顶上首先采用接闪网保护方法布置完成后,有一突出物高出接闪网,保护该突出物的方法之一是采用接闪杆,并用滚球法确定其是否处于接闪杆的保护范围内,但此时可以将屋面作为地面看待,因为前面已指出,屋面已用接闪网方法保护了;反之也一样。又如,同前例,屋顶已用接闪网保护,为保护低于建筑物的物体,可用上述接闪网处于四周的导体作为接闪线,用滚球法确定其保护范围是否保护到低处的物体。再如,在矩形平屋面的周边有女儿墙,其上安装有接闪带,在这种情况下屋面上是否需要敷设接闪网?当女儿墙上接闪带距屋面的垂直距离 S(m)满足下式时,屋面上可不敷设接闪网。

$$S > h_r - \left[\, h_r^2 - (d/2)^2 \,\right]^{1/2} \qquad\qquad (式 6-1-13)$$

式中　h_r——滚球半径(m);

　　　d——女儿墙上接闪带间的距离(沿屋面宽度方向的距离)(m)。

　　若屋面中央高于女儿墙根部的屋面,则式 6-1-13 的 S 为女儿墙上接闪带至屋面中央高出水平面的垂直距离。

　　(二)管口的保护范围

　　排放爆炸危险气体、蒸气或粉尘的放散管、呼吸阀、排风管等的管口外的以下空间应处于接闪器的保护范围内:

　　1. 当有管帽时应按表 6-1-7 的规定确定。

　　2. 当无管帽时,应为管口上方半径 5 m 的半球体。

　　3. 接闪器与雷闪的接触点应设在上述 2 项所规定的空间之外。

表 6-1-7　有管帽的管口外处于接闪器保护范围内的空间

装置内的压力与周围空气压力的压力差(kPa)	排放物对比于空气	管帽以上的垂直距离(m)	距管口处的水平距离(m)
<5	重于空气	1	2
5～25	重于空气	2.5	5
≤25	轻于空气	2.5	5
>25	重或轻于空气	5	5

注:相对密度小于或等于 0.75 的爆炸性气体规定为轻于空气的气体;相对密度大于 0.75 的爆炸性气体规定为重于空气的气体。

　　4. 排放爆炸危险气体、蒸气或粉尘的放散管、呼吸阀、排风管等,当其排放物达不到爆炸浓度、长期点火燃烧、一排放就点火燃烧,以及发生事故时排放物才达到爆炸浓度的通风管、安全阀,接闪器的保护范围可仅保护到管帽,无管帽时可仅保护到管口。

　　(三)2 区爆炸危险场所

　　当采用接闪器保护建筑物、封闭气罐时,其外表面外的 2 区爆炸危险场所可不在滚球法确定的保护范围内。

（四）露天堆场

粮、棉及易燃物大量集中的露天堆场，独立接闪杆和架空接闪线保护范围的滚球半径可取 100 m。

在计算雷击次数时，建筑物的高度可按可能堆放的高度计算，其长度和宽度可按可能堆放面积的长度和宽度计算。

第二节　引下线

一、材型规格

1. 引下线宜采用热镀锌圆钢或扁钢，宜优先采用圆钢。引下线的材料、结构和最小截面应按表 6-2-1 和本章第一节表 6-1-1 的规定取值。

表 6-2-1　引下线材料规格

引下线	材料规格	
	圆钢（mm）	扁钢（mm）
明敷	≥ϕ8	≥−20×2.5
暗敷	≥ϕ10	≥−20×4
烟囱	≥ϕ12	≥−25×4

2. 当独立烟囱上的引下线采用圆钢时，其直径不应小于 12 mm；采用扁钢时，其截面不应小于 100 mm²，厚度不应小于 4 mm。

3. 建筑物宜利用钢筋混凝土屋顶、梁、柱、基础内的钢筋作为引下线。敷设在混凝土中作为防雷装置的钢筋或圆钢，当仅为一根时，其直径不应小于 10 mm。被利用作为防雷装置的混凝土构件内有箍筋连接的钢筋时，其截面积总和不应小于一根直径 10 mm 钢筋的截面积。

当钢筋直径为 16 mm 及以上时，应利用两根钢筋（绑扎或焊接）作为一组引下线，当钢筋直径为 10 mm 及以上时，应利用四根钢筋（绑扎或焊接）作为一组引下线。

二、布置和敷设要求

1. 专设引下线不应少于 2 根，并应沿建筑物四周和内庭院四周均匀对称布置，阳角宜设置引下线，其间距沿周长计算不应大于表 6-2-2 的规定。当建筑物的跨度较大，无法在跨距中间设引下线时，应在跨距两端设引下线并减小其他引下线的间距。专设引下线的平均间距不应大于表 6-2-2 的规定。

表 6-2-2　　引下线平均间距

防雷类别	引下线平均间距(m)
一类	≤12
二类	≤18
三类	≤25

2. 明敷引下线固定支架的间距应符合本章第一节表 6-1-4 的规定。

3. 专设引下线应沿建筑物外墙外表面明敷,并经最短路径接地;建筑外观要求较高者可暗敷,但其圆钢直径不应小于 10 mm,扁钢截面不应小于 80 mm²。采用多根专设引下线时,应在各引下线上于距地面 0.3 m 至 1.8 m 之间装设断接卡。在易受机械损伤之处,地面上 1.7 m 至地面下 0.3 m 的一段接地线应采用暗敷或采用镀锌角钢、改性塑料管或橡胶管等加以保护。

当利用混凝土内钢筋、钢柱作为自然引下线并同时采用基础接地体时,可不设断接卡,但利用钢筋作引下线时应在室内外的适当地点设若干连接板。

建筑物的钢梁、钢柱、消防梯等金属构件以及幕墙的金属立柱宜作为引下线,但其各部件之间均应连成电气贯通,可采用铜锌合金焊、熔焊、卷边压接、缝接、螺钉或螺栓连接。

防直击雷的专设引下线距出入口或人行道边沿不宜小于 3 m。否则应采取防接触电压和防跨步电压措施。

4. 第一类防雷建筑物的独立接闪杆的杆塔、架空接闪线的端部和架空接闪网的每根支柱处应至少设一根引下线。对用金属制成或有焊接、绑扎连接钢筋网的杆塔、支柱,宜利用金属杆塔或钢筋网作为引下线。

防闪电感应引下线:金属屋面周边每隔 18～24 m 应采用引下线接地一次。现场浇灌的或用预制构件组成的钢筋混凝土屋面,其钢筋网的交叉点应绑扎或焊接,并应每隔 18～24 m 采用引下线接地一次。

5. 烟囱引下线。钢筋混凝土烟囱的钢筋应在其顶部和底部与引下线和贯通连接的金属爬梯相连。当符合 GB 50057−2010 第 4.4.5 条的规定时,宜利用钢筋作为引下线和接地装置,可不另设专用引下线。

高度不超过 40 m 的烟囱,可只设一根引下线,超过 40 m 时应设两根引下线。可利用螺栓或焊接连接的一座金属爬梯作为两根引下线用。

金属烟囱应作为接闪器和引下线。

6. 特殊规定。第二类防雷建筑物或第三类防雷建筑物为钢结构或钢筋混凝土建筑物时,在其钢构件或钢筋之间的连接满足 GB 50057−2010 第 5.3.8 条的规定并利用其作为引下线的条件下,当其垂直支柱均起到引下线的作用时,可不要求满足专设引下线之间的间距。

7. 金属罐的接地点不应少于两处,两接地点间弧形距离不宜大于 30 m,但石油化工装置不宜大于 18 m。

8. 金属管道。油气管路两端和每隔 200～300 m 处,以及分支处、拐弯处应设引下线,石油化工装置引下线间距不宜大于 18 m。

三、防接触电压

在建筑物引下线附近保护人身安全需采取防接触电压措施,应符合下列规定之一:

1. 利用建筑物金属构架和建筑物互相连接的钢筋在电气上是贯通且不少于 10 根柱子组成的自然引下线,作为自然引下线的柱子包括位于建筑物四周和建筑物内的。

2. 引下线 3 m 范围内地表层的电阻率不小于 50 kΩ·m,例如:敷设 5 cm 厚沥青层或 15 cm 厚砾石层。

3. 外露引下线,其距地面 2.7 m 以下的导体用耐 1.2/50 μs 冲击电压 100 kV 的绝缘层隔离,或用至少 3 mm 厚的交联聚乙烯层隔离。

4. 用护栏、警告牌使接触引下线的可能性降至最低限度。

第三节　接地装置

一、材型规格

1. 接地体的材料、结构和最小尺寸应符合表 6-3-1 的规定。利用建筑构件内钢筋作接地装置应符合 GB 50057－2010 第 4.3.5 条和第 4.4.5 条的规定。

表 6-3-1　接地体的材料、结构和最小尺寸

材料	结构	最小尺寸			备注
		垂直接地体直径（mm）	水平接地体（mm²）	接地板（mm）	
铜、镀锡铜	铜绞线	—	50	—	每股直径 1.7 mm
	单根圆铜	15	50	—	—
	单根扁铜	—	50	—	厚度 2 mm
	铜管	20	—	—	壁厚 2mm
	整块铜板	—	—	500×500	厚度 2 mm
	网格铜板	—	—	600×600	各网格边截面 25 mm×2 mm,网格网边总长度不少于 4.8 m
热镀锌钢	圆钢	14	78	—	—
	钢管	20	—	—	壁厚 2 mm
	扁钢	—	90	—	厚度 3 mm
	钢板	—	—	500×500	厚度 3 mm
	网格钢板	—	—	600×600	各网格边截面 30 mm×3 mm,网格网边总长度不少于 4.8 m
	型钢	注 3	—	—	—

材料	结构	最小尺寸			备注
		垂直接地体直径（mm）	水平接地体（mm²）	接地板（mm）	
裸钢	钢绞线	—	70	—	每股直径 1.7 mm
	圆钢	—	78	—	—
	扁钢	—	75	—	厚度 3 mm
外表面镀铜的钢	圆钢	14	50	—	镀铜厚度至少 250 μm，铜纯度 99.9%
	扁钢	—	90（厚 3 mm）	—	
不锈钢	圆形导体	15	78	—	—
	扁形导体	—	100	—	厚度 2 mm

注：1）热镀锌层应光滑连贯、无焊剂斑点，镀锌层圆钢至少 22.7 g/m²、扁钢至少 32.4 g/m²。

2）热镀锌之前螺纹应先加工好。

3）不同截面的型钢，其截面不小于 290 mm²，最小厚度 3 mm，可采用 50 mm×50 mm×3 mm 角钢。

4）当完全埋在混凝土中时才可采用裸钢。

5）外表面镀铜的钢，铜应与钢结合良好。

6）不锈钢中，铬的含量等于或大于 16%，镍的含量等于或大于 5%，钼的含量等于或大于 2%，碳的含量等于或小于 0.08%。

7）截面积允许误差为 -3%。

2. 当在建筑物周边的无钢筋的闭合条形混凝土基础内敷设人工基础接地体时，接地体的规格尺寸应符合表 6-3-2、表 6-3-3 的规定。

表 6-3-2　第二类防雷建筑物环形人工基础接地体的最小规格尺寸

闭合条形基础的周长（m）	扁钢（mm）	圆钢，根数 ×直径（mm）
≥60	-4×25	2×φ10
40～60	-4×50	4×φ10 或 3×φ12
<40	钢材表面积总和≥ 4.24 m²	

表 6-3-3　第三类防雷建筑物环形人工基础接地体的最小规格尺寸

闭合条形基础的周长（m）	扁钢（mm）	圆钢，根数 ×直径（mm）
≥60	—	1×φ10
40～60	-4×20	2×φ8
<40	钢材表面积总和≥ 1.89 m²	

注：1）当长度相同、截面相同时，宜选用扁钢；

2）采用多根圆钢时，其敷设净距不小于直径的 2 倍；

3）利用闭合条形基础内的钢筋作接地体时可按本表校验，除主筋外，可计入箍筋的表面积。

3. 埋于土壤中的人工垂直接地体宜采用热镀锌角钢、钢管或圆钢；埋于土壤中的人工水平接地体宜采用热镀锌扁钢或圆钢。接地线应与水平接地体的截面相同。

二、布置和敷设要求

(一)不同类型接地的规定

1. 第一类防雷应设独立接闪杆单独接地,电气设备接地、弱电设备接地、防闪电感应接地宜共用同一接地装置。当接闪器安装在建筑物上时,防直击雷地、电气设备接地、弱电设备接地、防闪电感应接地、防静电接地宜共用同一接地装置,接地装置宜围绕建筑物敷设成闭合环形接地体。防雷地为单独地时,与其他接地装置的距离不小于 3 m。接地体距地面不小于0.5 m,人行通道附近不小于 1.0 m。

2. 第二类、第三类防雷装置防直击雷地、电气设备接地、弱电设备接地、防闪电感应接地、防静电接地等宜共用同一接地装置。宜利用建筑物基础内的钢筋($\phi \geqslant 10$ mm)作为防雷接地装置。防雷地为单独地时,与其他接地装置的距离不小于 2 m。弱电设备接地为单独地时,与其他接地装置的距离不小于 10 m。

3. 除第一类防雷建筑物独立接闪杆和架空接闪线需独立设置人工接地体外,民用建筑宜优先利用建筑物内钢筋混凝土中的钢筋作为自然接地装置,当采用自然接地装置不能满足对接地电阻值的要求或者无自然接地装置时,应采用圆钢、钢管、角钢、扁钢、铜、不锈钢等金属体做人工接地装置。人工接地装置优先采用热镀锌钢材料。

4. 对各种接地装置,当接地电阻达不到设计或规范要求时,应增设人工接地体。

5. 在符合表 6-3-2、表 6-3-3 规定的条件下,对 6 m 柱距或大多数柱距为 6 m 的单层第二(第三)类防雷工业建筑物,当利用柱子基础的钢筋作为外部防雷装置的接地体并同时符合下列规定时,可不另加接地体:

(1)利用全部或绝大多数柱子基础的钢筋作为接地体。

(2)柱子基础的钢筋网通过钢柱,钢屋架,钢筋混凝土柱子、屋架、屋面板、吊车梁等构件的钢筋或防雷装置互相连成整体。

(3)在周围地面以下距地面不小于 0.5 m,每一柱子基础内所连接的钢筋表面积总和大于或等于 0.82 m²(第二类)、0.37 m²(第三类)。

6. 在符合表 6-3-2、表 6-3-3 规定的条件下,第三类防雷建筑物利用槽形、板形或条形基础的钢筋作为接地体或在基础下面混凝土垫层内敷设人工环形基础接地体,当槽形、板形基础钢筋网在水平面的投影面积或成环的条形基础钢筋或人工环形基础接地体所包围的面积大于或等于 79 m² 时,可不补加接地体。

(二)自然接地体

当基础采用硅酸盐水泥和周围土壤的含水量不低于 4% 及基础的外表面无防腐层或有沥青质防腐层时,宜利用基础内的钢筋作为接地装置。

1. 垂直接地体

优先利用建筑物桩内主钢筋作为垂直接地体,每根引下线处的桩利用两条纵向主钢筋与承台(筏板)钢筋网焊接。其他位置的桩根据设计或实际需要考虑是否利用。

2. 水平接地体

(1)利用建筑物地梁或者承台或者筏板钢筋为水平接地体。利用地梁内(或者承台、筏板)不少于两条主钢筋通长焊接作为水平体,应与柱内作为引下线的两条(或四条)钢筋焊接;

独立承台底板钢筋网格应与作为引下线的两条钢筋相焊接。

（2）建筑物基础防雷网格应由建筑物地梁内两条不小于φ10的螺纹钢构成，若建筑物基础网格连接处没有基础钢筋，则应采用两条不小于φ16的圆钢连接基础防雷网格（敷设于非混凝土中的圆钢应采用热镀锌材料）。网格尺寸应满足表6-3-4要求，对于特殊建筑物，基础防雷网格的要求应结合建筑物基础地梁的布置进行设计。

表 6-3-4　基础防雷网格尺寸表

建筑物防雷类别	网格尺寸
第一类防雷建筑物	5 m×5 m 或 4 m×6 m
第二类防雷建筑物	10 m×10 m 或 8 m×12 m
第三类防雷建筑物	20 m×20 m 或 16 m×24 m
通信大楼	10 m×10 m
通信局（站）铁塔	3 m×3 m

（3）若建筑物基础没有地梁设计，其水平接地装置应采用两条不小于φ16的热镀锌圆钢与桩或承台钢筋或引下线钢筋焊接；若引下线为钢柱结构，则应采用两条不小于φ10的圆钢，每条圆钢的一端与钢柱焊接，另一端与承台地板钢筋焊接。

（4）基础钢筋利用率

利用基础内钢筋作为接地体时，在周围地面以下距地面应不小于0.5 m，每根引下线所连接的钢筋表面积总和对于第二类防雷建筑物：$S \geqslant 4.24\ k_c^2$，对于第三类防雷建筑物：$S \geqslant 1.89\ k_c^2$。（式中：S——钢筋表面积总和（m^2）；k_c——分流系数，其按《建筑物防雷设计规范》（GB 50057—2010）附录E的规定取值。）

（三）人工接地体

1. 人工垂直接地体长度宜为1.5～2.5 m，其间距宜为其自身长度的1.5～2.0倍，两根人工水平接地体的间距宜为5.0 m，当受地方限制时可适当减小。若遇到土壤电阻率不均匀的地方，可适当增加接地体的长度。当垂直接地体埋设有困难时，可设多根环状水平接地体，彼此间隔为5.0 m，且应每隔3.0～5.0 m互相焊接连通一次。

2. 人工接地体在土壤中的埋设深度不应小于0.5 m，人行通道附近不小于1.0 m，并宜敷设在当地冻土层以下和散水坡以外，其与墙或基础距离不宜小于1 m。接地体宜远离由于烧窑、烟道等高温影响使土壤电阻率升高的地方。

3. 在敷设于土壤中的接地体连接到混凝土基础内起基础接地体作用的钢筋或钢材的情况下，土壤中的接地体宜采用铜质或镀铜或不锈钢导体。

4. 有基坑的建筑物，当基础的外表面有其他类的防腐层且无桩基可利用时，宜在基础防腐层下面的混凝土垫层内敷设人工环形基础接地体。无基坑的建筑物，外部防雷的接地装置应围绕建筑物散水坡外侧敷设成环形接地体。

三、防跨步电压

在建筑物引下线附近保护人身安全需采取防跨步电压措施，应符合下列规定之一：

1. 利用建筑物金属构架和建筑物互相连接的钢筋在电气上是贯通且不少于10根柱子组

成的自然引下线,作为自然引下线的柱子包括位于建筑物四周和建筑物内。

2. 引下线 3 m 范围内土壤地表层的电阻率不小于 50 kΩ·m,例如:敷设 5 cm 厚沥青层或 15 cm 厚砾石层。

3. 用网状接地装置对地面作均衡电位处理。

4. 用护栏、警告牌使进入距引下线 3 m 范围内地面的可能性减小到最低限度。

四、接地电阻

(一)各类接地装置接地电阻值要求

1. 各类接地装置接地电阻值要求见第四章第一节表 4-1-1。

2. 建筑物共用接地装置的接地电阻应按 50 Hz 电气装置的接地电阻确定,不应大于按人身安全所确定的接地电阻值。

(二)其他规定

1. 第一类防雷建筑物在土壤电阻率高的地区,可适当增大冲击接地电阻,但在 3000 Ω·m 以下的地区,冲击接地电阻不应大于 30 Ω。

2. 金属罐、石化装置防直击雷每处接地点的冲击接地电阻不应大于 10 Ω,防闪电感应每处接地点的接地电阻不应大于 30 Ω。

3. 第三类防雷建筑物年预计雷击次数大于或等于 0.01 次/a,且小于 0.05 次/a 的部、省级办公建筑和其他重要或人员密集的公共建筑物,以及火灾危险场所,冲击接地电阻不应大于 10 Ω。

第四节　防侧击雷措施

一、材型规格

应符合本章第一节接闪器和第二节引下线的相关要求。

二、措施要求

(一)第一类防雷建筑物

当建筑物高于 30 m 时,应从 30 m 起每隔不大于 6 m 沿建筑物四周设水平接闪带并与引下线相连。30 m 及以上外墙上的栏杆、门窗等较大的金属物应与防雷装置连接。

(二)第二类(第三类)防雷建筑物

高度超过 45 m(60 m)的建筑物,屋顶的外部防雷装置应符合本章第一节接闪器的规定外,尚应符合下列规定:

1. 对水平突出外墙的物体,当滚球半径 45 m(60 m)的球体从屋顶周边接闪带外向地面垂直下降接触到突出外墙的物体时,应采取相应的防直击雷措施。

2. 高于 60 m 的建筑物,其上部占高度 20％并超过 60 m 的部位应防侧击,防侧击应符合下列规定:

(1)在建筑物上部占高度 20％并超过 60 m 的部位,各表面上的尖物、墙角、边缘、设备以及显著突出的物体,应按屋顶的保护措施处理。

(2)在建筑物上部占高度 20％并超过 60 m 的部位,布置接闪器应符合对本类防雷建筑物的要求,接闪器应重点布置在墙角、边缘和显著突出的物体上(如:阳台、观景平台等)。

(3)外部金属物,当其最小尺寸符合本章第一节接闪器的规定时,可利用其作为接闪器,还可利用布置在建筑物垂直边缘处的外部引下线作为接闪器。

(4)符合本章第一节接闪器和第二节引下线规定的钢筋混凝土内钢筋和符合 GB 50057－2010 第 5.3.5 条规定的建筑物金属框架,当作为引下线或与引下线连接时,均可利用其作为接闪器。

(5)在建筑物上部占高度 20％并超过 60 m 的部位,外墙上的栏杆、门窗等较大的金属物应与防雷装置连接。

第五节　防闪电感应措施

一、第一类防雷建筑物防闪电感应措施

1. 建筑物内的设备、管道、构架、电缆金属外皮、钢屋架、钢窗等较大金属物和突出屋面的放散管、风管等金属物,均应接到防闪电感应的接地装置上。

金属屋面周边每隔 18～24 m 应采用引下线接地一次。

现场浇灌或用预制构件组成的钢筋混凝土屋面,其钢筋网的交叉点应绑扎或焊接,并应每隔 18～24 m 采用引下线接地一次。

2. 平行敷设的管道、构架和电缆金属外皮等长金属物,其净距小于 100 mm 时,应采用金属线跨接,跨接点的间距不应大于 30 m;交叉净距小于 100 mm 时,其交叉处也应跨接。

当长金属物的弯头、阀门、法兰盘等连接处的过渡电阻大于 0.03 Ω 时,连接处应用金属线跨接。对有不少于 5 根螺栓连接的法兰盘,在非腐蚀环境下,可不跨接。

3. 防闪电感应的接地装置应与电气和电子系统的接地装置共用,其工频接地电阻不宜大于 10 Ω。防闪电感应的接地装置与独立接闪杆、架空接闪线或架空接闪网的接地装置之间的间隔距离,应符合本章第一节第三条间隔距离要求的规定。

当屋内设有等电位连接的接地干线时,其与防闪电感应接地装置的连接不应少于 2 处。

二、第二类防雷建筑物防闪电感应措施

1. 防闪电感应接地与外部防雷装置接地、内部防雷装置、电气和电子系统等接地共用接地装置,其工频接地电阻不宜大于 10 Ω,并应与引入的金属管线做等电位连接。

2. 建筑物内的设备、管道、构架、电缆金属外皮、钢屋架、钢窗等较大金属物和突出屋面的

放散管、风管等金属物,均应接到防闪电感应的接地装置上。

3. 长金属物措施同上述第一类建筑物防闪电感应措施第 2 点。

第六节　防闪电电涌侵入措施

一、第一类防雷建筑物防闪电电涌侵入的措施

1. 室外低压配电线路应全线采用电缆直接埋地敷设,在入户处应将电缆的金属外皮、钢管接到等电位连接带或防闪电感应的接地装置上。

2. 当全线采用电缆有困难时,应采用钢筋混凝土杆和铁横担的架空线,并应使用一段金属铠装电缆或护套电缆穿钢管直接埋地引入。埋地长度不应小于 15 m。

在电缆与架空线连接处,尚应装设户外型电涌保护器。电涌保护器、电缆金属外皮、钢管和绝缘子铁脚、金具等应连在一起接地,其冲击接地电阻不宜大于 30 Ω。所装设的电涌保护器应选用Ⅰ级试验产品,其电压保护水平应小于或等于 2.5 kV,其每一保护模式应选冲击电流等于或大于 10 kA;若无户外型电涌保护器,应选用户内型电涌保护器,其使用温度应满足安装处的环境温度,并应安装在防护等级 IP54 的箱内。

当电涌保护器的接线形式为 GB 50057－2010 附录 J 图 J.1.2－2 TT 系统接线形式时,接在中性线和 PE 线间电涌保护器的冲击电流,当为三相系统时应不小于 40 kA,当为单相系统时应不小于 20 kA。

3. 当架空线转换成一段金属铠装电缆或护套电缆穿钢管直接埋地引入时,其埋地长度不小于 15 m,可按下式计算:

$$l = 2\sqrt{\rho} \qquad\qquad (式 6-6-1)$$

式中　l——电缆铠装或穿电缆的钢管埋地直接与土壤接触的长度（m）;

　　　ρ——埋电缆处的土壤电阻率（Ω·m）。

4. 在入户处的总配电箱内是否装设电涌保护器应按 GB 50057－2010 第 6 章的规定确定。当需要安装电涌保护器时,电涌保护器的最大持续运行电压值和接线形式应按 GB 50057－2010 附录 J 的规定确定;连接电涌保护器的导体截面应按本章第十节第三条表 6-10-13 的规定取值。

5. 电子系统的室外金属导体线路宜全线采用有屏蔽层的电缆埋地或架空敷设,其两端的屏蔽层、加强钢线、钢管等应等电位连接到入户处的终端箱体上,在终端箱体内是否装设电涌保护器应按 GB 50057－2010 第 6 章的规定确定。

6. 当通信线路采用钢筋混凝土杆的架空线时,应使用一段护套电缆穿钢管直接埋地引入,其埋地长度应按本节式 6-6-1 计算,且不应小于 15 m。在电缆与架空线连接处,尚应装设户外型电涌保护器。电涌保护器、电缆金属外皮、钢管和绝缘子铁脚、金具等应连在一起接地,其冲击接地电阻不宜大于 30 Ω。所装设的电涌保护器应选用 D1 类高能量试验的产品,其电压保护水平和最大持续运行电压值应按 GB 50057－2010 附录 J 的规定确定,连接电涌保护器的导体截面应按本章第十节第三条表 6-10-13 的规定取值,每台电涌保护器的短路电流应

等于或大于 2 kA；若无户外型电涌保护器，可选用户内型电涌保护器，但其使用温度应满足安装处的环境温度，并应安装在防护等级 IP54 的箱内。在入户处的终端箱体内是否装设电涌保护器应按 GB 50057－2010 第 6 章的规定确定。

7. 架空金属管道，在进出建筑物处，应与防闪电感应的接地装置相连。距离建筑物100 m内的管道，应每隔 25 m 接地一次，其冲击接地电阻不应大于 30 Ω，并应利用金属支架或钢筋混凝土支架的焊接、绑扎钢筋网作为引下线，其钢筋混凝土基础宜作为接地装置。

埋地或地沟内的金属管道，在进出建筑物处应等电位连接到等电位连接带或防闪电感应的接地装置上。

二、屋顶线路

固定在建筑物上的节日彩灯、航空障碍信号灯及其他用电设备和线路应根据建筑物的防雷类别采取相应的防止闪电电涌侵入的措施，并应符合下列规定：

1. 无金属外壳或保护网罩的用电设备应处在接闪器的保护范围内。

2. 从配电箱引出的配电线路应穿钢管。钢管的一端应与配电箱和 PE 线相连；另一端应与用电设备外壳、保护罩相连，并应就近与屋顶防雷装置相连。当钢管因连接设备而中间断开时应设跨接线。

3. 在配电箱内应在开关的电源侧装设 Ⅱ 级试验的电涌保护器，其电压保护水平不应大于2.5 kV，标称放电电流值应根据具体情况确定。

第七节　防高电位反击措施

一、第一类防雷建筑物防高电位反击措施

见本章第一节第三条间隔距离要求的规定。

二、第二类防雷建筑物防高电位反击措施

防止雷电流流经引下线和接地装置时产生的高电位对附近金属物或电气和电子系统线路的反击，应符合下列要求：

1. 在金属框架的建筑物中，或在钢筋连接在一起、电气贯通的钢筋混凝土框架的建筑物中，金属物或线路与引下线之间的间隔距离可无要求；在其他情况下，金属物或线路与引下线之间的间隔距离应按下式计算：

$$S_{a3} \geqslant 0.06k_c l_x \qquad (式 6\text{-}7\text{-}1)$$

式中　S_{a3}——空气中的间隔距离（m）；

　　　l_x——引下线计算点到连接点的长度（m），连接点即金属物或电气和电子系统线路与防雷装置之间直接或通过电涌保护器相连之点。

2. 当金属物或线路与引下线之间有自然或人工接地的钢筋混凝土构件、金属板、金属网等静电屏蔽物隔开时,金属物或线路与引下线之间的间隔距离可无要求。

3. 当金属物或线路与引下线之间有混凝土墙、砖墙隔开时,其击穿强度应为空气击穿强度的1/2。当间隔距离不能满足本条第1点的规定时,金属物应与引下线直接相连,带电线路应通过电涌保护器与引下线相连。

4. 在电气接地装置与防雷接地装置共用或相连的情况下,应在低压电源线路引入的总配电箱、配电柜处装设Ⅰ级试验的电涌保护器。电涌保护器的电压保护水平值应小于或等于2.5 kV。每一保护模式的冲击电流值,当无法确定时应取等于或大于12.5 kA。

5. 当 Yyn0 型或 Dyn11 型接线的配电变压器设在本建筑物内或附设于外墙处时,应在变压器高压侧装设避雷器;在低压侧的配电屏上,当有线路引出本建筑物至其他有独自敷设接地装置的配电装置时,应在母线上装设Ⅰ级试验的电涌保护器,电涌保护器每一保护模式的冲击电流值无法确定时,冲击电流应取等于或大于12.5 kA;当无线路引出本建筑物时,应在母线上装设Ⅱ级试验的电涌保护器,电涌保护器每一保护模式的标称放电电流值应等于或大于5 kA。电涌保护器的电压保护水平值应小于或等于2.5 kV。

6. 低压电源线路引入的总配电箱、配电柜处装设Ⅰ级实验的电涌保护器,以及配电变压器设在本建筑物内或附设于外墙处,并在低压侧配电屏的母线上装设Ⅰ级实验的电涌保护器时,电涌保护器每一保护模式的冲击电流值,当电源线路采用非屏蔽线缆时按本章第十节公式(式 6-10-3)估算确定;当采用屏蔽线缆时按本章第十节公式(式 6-10-4)估算确定,式中的雷电流应取等于150 kA。

7. 在电子系统的室外线路采用金属线时,其引入的终端箱处应安装 D1 类高能量试验类型的电涌保护器,其短路电流当无屏蔽层时,可按本章第十节公式(式 6-10-3)估算确定;当采用屏蔽线缆时按本章第十节公式(式 6-10-4)估算确定,式中的雷电流应取等于150 kA;当无法确定时应选用 1.5 kA。

8. 在电子系统的室外线路采用光缆时,其引入的终端箱处的电气线路侧,当无金属线路引出本建筑物至其他有自己接地装置的设备时可安装 B2 类慢上升率试验类型的电涌保护器,其短路电流宜选用 75 A。

9. 输送火灾爆炸危险物质和具有阴极保护的埋地金属管道,当其从室外进入户内处设有绝缘段时应安装开关型电涌保护器或隔离放电间隙,并符合 GB 50057—2010 第 4.2.4 条第13 款和 第 14 款的规定,在计算时,雷电流应取等于 150 kA。

三、第三类防雷建筑物防高电位反击措施

防止雷电流流经引下线和接地装置时产生的高电位对附近金属物或电气和电子系统线路的反击,应符合下列规定:

1. 应符合本节第二类防雷建筑物防高电位反击第1～9点的规定,并应按下式计算:

$$S_{a3} \geqslant 0.04 k_c l_x \qquad (式 6-7-2)$$

2. 电涌保护器的参数按以下数值计算:

(1)Ⅰ级试验的电涌保护器的冲击电流值在计算时,雷电流应取等于 100 kA。

(2)D1 类高能量试验类型的电涌保护器,计算短路电流时,雷电流应取等于 100 kA;当无

法确定时短路电流应选用 1.0 kA。

（3）B2 类慢上升率试验类型的电涌保护器，其短路电流宜选用 50 A。

（4）输送火灾爆炸危险物质和具有阴极保护的埋地金属管道，开关型电涌保护器或隔离放电间隙当计算时，雷电流应取 100 kA。

第八节　防雷击电磁脉冲措施

一、屏蔽

（一）建筑物屏蔽

1. 建筑物的屏蔽宜利用建筑物的自然部件构成，例如金属框架、混凝土中的钢筋、金属墙面、金属屋顶、金属门窗、天花板、墙和地板的钢筋等，这些部件应与防雷装置连接构成格栅型大空间屏蔽。

2. 对于重要的敏感电子信息系统，当建筑物自然金属部件构成的大空间屏蔽不能满足机房设备电磁环境要求时，应采用磁导率较高的细密金属网格或金属板对机房实施六面屏蔽。机房的门应采用无窗密闭铁门并接地，机房窗户的开孔应采用金属网格屏蔽。金属屏蔽网、金属屏蔽板应就近与等电位接地网络连接。

3. 屏蔽效果和安全距离计算符合 GB 50343－2012 附录 D 的规定。

建筑物或房间的大空间屏蔽是由诸如金属支撑物、金属框架或钢筋混凝土的钢筋等自然构件组成时，这些构件构成一个格栅形大空间屏蔽，当对屏蔽效率未做试验和理论研究时，磁场强度的衰减应按下列方法计算：

（1）在闪电击于格栅形大空间屏蔽以外附近的情况下（图 6-8-1），当无屏蔽时所产生的无衰减磁场强度 H_0，相当于处在 LPZ0 区内的磁场强度，应按下式计算：

$$H_0 = i_0/(2 \cdot \pi \cdot S_a) \quad \text{(A/m)} \quad \text{（式 6-8-1）}$$

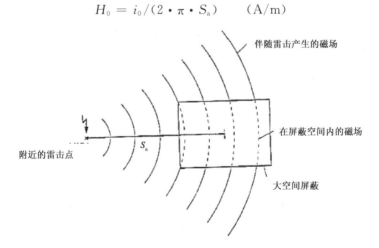

图 6-8-1　附近雷击时的环境情况

S_a—雷击点至屏蔽空间的平均距离。

式中　i_0——雷电流（A）；

　　　S_a——雷击点与屏蔽空间之间的平均距离（m）。

当 $H < R$ 时：
$$S_a = \sqrt{H(2R-H)} + L/2 \qquad\qquad (式 6-8-2)$$

当 $H \geqslant R$ 时：
$$S_a = R + \frac{L}{2} \qquad\qquad (式 6-8-3)$$

式中　H——建筑物高度（m）；

　　　L——建筑物长度（m）；

　　　R——最大雷电流的滚球半径（m），见表 6-8-1。

当有屏蔽时，在格栅形大空间屏蔽内，即在 LPZ1 区内的磁场强度从 H_0 减为 H_1，其值应按下式计算：
$$H_1 = H_0 / 10^{SF/20} \quad (A/m) \qquad\qquad (式 6-8-4)$$

式中　SF——屏蔽系数（dB），按表 6-8-2 的公式计算。

表 6-8-1　与最大雷电流对应的滚球半径

防雷类别	最大雷电流 i_0（kA）			对应的滚球半径 R（m）		
	正极性 首次雷击	负极性 首次雷击	负极性 后续雷击	正极性 首次雷击	负极性 首次雷击	负极性 后续雷击
第一类	200	100	50	313	200	127
第二类	150	75	37.5	260	165	105
第三类	100	50	25	200	127	81

表 6-8-2　格栅形大空间屏蔽的屏蔽系数

材　料	SF（dB）	
	25 kHz（见注 1）	1 MHz（见注 2）
铜/铝	$20 \cdot \log(8.5/w)$	$20 \cdot \log(8.5/w)$
钢（见注 3）	$20 \cdot \log\left[(8.5/w)/\sqrt{1+18 \cdot 10^{-6}/r^2}\right]$	$20 \cdot \log(8.5/w)$

注：1. 适用于首次雷击的磁场；

　　2. 适用于后续雷击的磁场；

　　3. 相对磁导系数 $\mu_r \approx 200$；

　　4. w——格栅形屏蔽的网格宽（m）；

　　　　r——格栅形屏蔽网格导体的半径（m）。

表 6-8-2 的计算值仅对在 LPZ1 区内距屏蔽层有一安全距离 $d_{s/1}$ 的安全空间 V_s 内才有效（见图 6-8-2），$d_{s/1}$ 应按下式计算：

当 $SF \geqslant 10$ 时，
$$d_{s/1} = w \cdot SF/10 \qquad\qquad (式 6-8-5)$$

当 $SF < 10$ 时，
$$d_{s/1} = w \qquad\qquad (式 6-8-6)$$

式中　$d_{s/1}$——安全距离（m）；

　　　w——格栅形屏蔽的网格宽（m）。

（2）在闪电直接击在位于 LPZ0$_A$ 区的格栅形大空间屏蔽上的情况下（图 6-8-3），其内部 LPZ1 区内 V_s 空间内某点的磁场强度 H_1 应按下式计算：

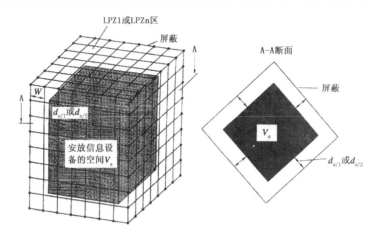

图 6-8-2　在 LPZ1 或 LPZn 区内安放信息设备的空间

（注：空间 V_s 与 LPZn 的屏蔽体间应保持的安全距离为 $d_{s/1}$ 或 $d_{s/2}$）

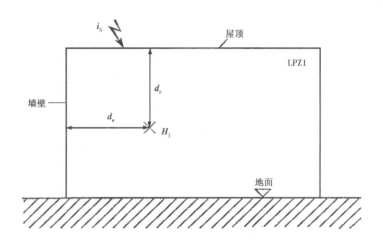

图 6-8-3　闪电直接击于屋顶接闪器时 LPZ1 区内的磁场强度

$$H_1 = k_H \cdot i_0 \cdot w/(d_w \cdot \sqrt{d_r}) \quad (A/m) \qquad （式 6-8-7）$$

式中　d_r——被考虑的点距 LPZ1 区屏蔽顶的最短距离（m）；

　　　d_w——被考虑的点距 LPZ1 区屏蔽壁的最短距离（m）；

　　　k_H——形状系数（$1/\sqrt{m}$），取 $k_H = 0.01(1/\sqrt{m})$；

　　　w——LPZ1 区格栅形屏蔽的网格宽（m）。

　　式 6-8-7 的计算值仅对距屏蔽格栅有一安全距离 $d_{s/2}$ 的空间 V_s（图 6-8-2）内有效，$d_{s/2}$ 应按式 6-8-5、式 6-8-6 计算。

　　信息设备应仅安装在 V_s 空间内。

　　（3）流过包围 LPZ2 区及以上区的格栅形屏蔽的分雷电流将不会有实质性的影响作用，处在 LPZn 区内 LPZn+1 区的磁场强度将由 LPZn 区内的磁场强度 H_n 减至 LPZn+1 区内的 H_{n+1}，其值可近似地按下式计算：

$$H_{n+1} = H_n/10^{SF/20} \quad (A/m) \qquad （式 6-8-8）$$

式 6-8-8 适用于 LPZn＋1 区内距其屏蔽有一安全距离 $d_{s/1}$ 的空间 V_s。$d_{s/1}$ 应按式 6-8-5、式 6-8-6 计算。

（二）线路屏蔽

1. 电缆不宜采用架空线路,宜采用屏蔽电缆,非屏蔽电缆应穿金属管埋地进线,其埋地长度应符合下列要求 $L \geqslant 2\sqrt{\rho}$,但不宜小于 15 m。电缆屏蔽槽或金属管道应在入户处进行等电位连接。

2. 当相邻建筑物的电子信息系统之间采用电缆互连时,宜采用屏蔽电缆,非屏蔽电缆应敷设在金属电缆管道内。采用屏蔽电缆互连时,电缆屏蔽层应能承载可预见的雷电流。

3. 机房内电子信息系统各种线缆宜采取屏蔽措施,屏蔽槽应接地。

（三）设备屏蔽

1. 机房屏蔽不能满足个别设备屏蔽要求时,可用封闭的金属网箱或金属板箱对被保护设备实行屏蔽。

2. 设备的金属机壳、机架也可以作为设备屏蔽。

二、等电位连接

1. 建筑物屏蔽层应与防雷装置连接。

2. 屏蔽电缆屏蔽层两端或金属管道两端应至少在两端并宜在防雷区交界处做等电位连接,当系统要求只在一端做等电位连接时,应采用两层屏蔽或穿钢管敷设,外层屏蔽或钢管按前述要求处理。

3. 光缆的所有金属接头、金属护层、金属挡潮层、金属加强芯等,应在入户处直接接地。如果在入户处接地较难实现时,应在光纤配线架（ODF）或终端盒内将光缆的金属加强芯等与金属护层进行可靠连通,并与机架或终端盒绝缘,采用截面积不小于 16 mm^2 多股绝缘铜线连接到 LPZ0$_B$ 区与 LPZ1 区交界处的等电位接地端子板上。

4. 金属机壳、机架就近与机房等电位接地网络连接,S 型连接时单点接地,M 型连接时可多点接地。

三、综合布线

1. 电子信息系统设备主机房宜选择在建筑物低层中心部位,其设备应配置在序数较高的雷电防护区内,并与相应的 LPZ 屏蔽层及引下线柱留有一定的安全距离（参见图 6-8-2）,不宜小于 1 m。

2. 电子信息系统线路宜靠近等电位连接网络的金属部件敷设,不宜贴近 LPZ1 的屏蔽层。

3. 布置电子信息系统线缆路由走向时,应尽量减小由线缆自身形成的电磁感应环路面积,见图 6-8-4。

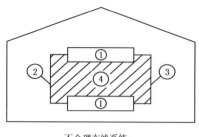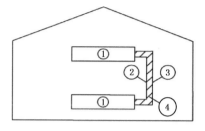

不合理布线系统   合理布线系统

图 6-8-4 合理布线减少感应环路面积

1—设备；2—a 线（例如电源线）；3—b 线（例如信号线）；4—感应环路面积。

4. 电子信息系统线缆与其他管线的间距应符合表 6-8-3 的规定。

表 6-8-3 电子信息系统线缆与其他管线的间距

其他管线类别	电子信息系统线缆与其他管线的净距	
	最小平行净距（mm）	最小交叉净距（mm）
防雷引下线	1000	300
保护地线	50	20
给水管	150	20
压缩空气管	150	20
热力管（不包封）	500	500
热力管（包封）	300	300
燃气管	300	20

注：如线缆敷设高度超过 6000 mm 时，与防雷引下线的交叉净距应按下式计算：$S \geq 0.05H$，式中：H——交叉处防雷引下线距地面的高度（mm）；S——交叉净距（mm）。

5. 电子信息系统信号线缆与电力电缆的间距应符合表 6-8-4 的规定。

表 6-8-4 电子信息系统信号线缆与电力电缆的间距

类别	与电子信息系统信号线缆接近状况	最小间距（mm）
380 V 电力电缆容量 小于 2 kVA	与信号线缆平行敷设	130
	有一方在接地的金属线槽或钢管中	70
	双方都在接地的金属线槽或钢管中②	10①
380 V 电力电缆容量 2～5 kVA	与信号线缆平行敷设	300
	有一方在接地的金属线槽或钢管中	150
	双方都在接地的金属线槽或钢管中②	80
380 V 电力电缆容量 大于 5 kVA	与信号线缆平行敷设	600
	有一方在接地的金属线槽或钢管中	300
	双方都在接地的金属线槽或钢管中②	150

①当 380 V 电力电缆的容量小于 2 kVA，双方都在接地的线槽中，且平行长度≤10 m 时，最小间距可为 10 mm。

②双方都在接地的线槽中，系指两个不同的线槽，也可在同一线槽中用金属板隔开。

6. 电子信息系统线缆与配电箱、变电室、电梯机房、空调机房之间最小的净距宜符合表 6-8-5 的规定。

表 6-8-5　电子信息系统线缆与电气设备的最小净距

名　称	最小净距(m)
配电箱	1.00
变电室	2.00
电梯机房	2.00
空调机房	2.00

第九节　等电位连接

一、等电位连接方法

1. 正常情况下不导电的金属物体,如机柜、外壳、机架、走线架、地板架、吊顶、金属门窗、金属隔墙、金属管、大型金属导体等用连接导线就近接到等电位连接带。正常情况下导电的金属物体,如电源线、信号线等,用 SPD 连接到等电位连接带。

2. 每栋建筑物应采用共用接地系统,并应在一些合适的地方预埋等电位连接板。

LPZ0 区和 LPZ1 区交界处应设置总等电位连接端子,总等电位连接端子与防雷装置的连接不少于 2 处。每层楼宜设置楼层局部等电位连接端子,机房内应设局部等电位连接端子和(或)环形等电位连接带(网)。

3. 穿过防雷区界面的金属物和系统,以及在一个防雷区内部的金属物和系统均应在界面处做等电位连接。

(1)所有进入建筑物的外来导电物均应在 LPZ0$_A$ 或 LPZ0$_B$ 与 LPZ1 区的界面处做等电位连接。当外来导电物、电气和电子系统的线路在不同地点进入建筑物时,宜设若干等电位连接带,并应将其就近连到环形接地体、内部环形导体或此类钢筋上,它们在电气上是贯通的并连通到接地体,含基础接地体。

环形接地体和内部环形导体应连接到钢筋或金属立面,宜每 5 m 连接一次。

(2)穿过防雷区界面的所有导电物、电气和电子系统的线路均应在界面处做等电位连接。宜采用一局部等电位连接带做等电位连接,各种屏蔽结构或设备外壳等其他局部金属物也连到该带。

(3)所有电梯轨道、起重机、金属地板、金属门框架、设施管道、电缆桥架等大尺寸的内部导电物,其等电位连接应以最短路径连到最近的等电位连接带或其他已做了等电位连接的金属物或等电位连接网络,各导电物之间宜附加多次互相连接。

(4)机房内电气和电子设备的金属外壳、机柜、机架、金属管、槽、屏蔽线缆金属外层、金属门窗、防静电地板架、吊顶架、电子设备防静电接地、安全保护接地、功能性接地、电涌保护器接地端等均应以最短的距离与 S 型结构的接地基准点(ERP)或 M 型结构的网格连接。机房等电位连接网络应与共用接地系统连接,见图 6-9-1。

4. 等电位连接网络应利用建筑物内部或其上的金属部件多重互连,组成网格状低阻抗等电位连接网络,并与接地装置构成一个接地系统。电子信息设备机房的等电位连接网络可直接利用机房内墙结构柱主钢筋引出的预留接地端子接地。

5. 当建筑物的柱、梁、板钢筋结构电气连接不可靠时,宜另设专用垂直接地干线。垂直接地干线由总等电位接地端子板引出,同时与建筑物各层钢筋或均压带连通。各楼层设置的接地端子板应与垂直接地干线连接。楼层接地端子板通过连接导体与设备机房的局部等电位接地端子板连接。垂直接地干线宜采用多股铜芯导线或铜带,在竖井内敷设。

音、视频等专用设备工艺接地干线应通过专用等电位接地端子板独立引至专用设备机房。

6. 防雷接地与交流工作接地、直流工作接地、安全保护接地共用一组接地装置时,接地装置的接地电阻值必须按接入设备中要求的最小值确定。

7. 接地装置应优先利用建筑物的自然接地体,当自然接地体的接地电阻达不到要求时应增加人工接地体。

8. 机房设备接地线不应从接闪带、铁塔、防雷引下线直接引入。

9. 电子信息系统涉及多个相邻建筑物时,至少应采用两根水平接地体将各建筑物的接地装置相互连通。

10. 新建建筑物的电子信息系统在设计、施工时,宜在各楼层、机房内墙结构柱主钢筋处引出和预留等电位接地端子。

二、等电位连接网络

(一)星型连接(S 型连接)

当采用 S 型等电位连接网络时,信息系统的所有金属组件,除等电位连接点外,应与共用接地系统的各组件有大于 10 kV,1.2/50 μs 的绝缘,如图 6-9-1。

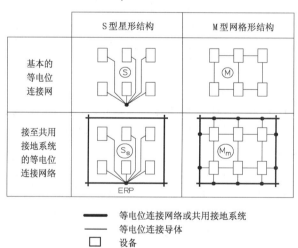

图 6-9-1　等电位连接的基本方法

通常,S 型等电位连接网络适用于小型或低于 300 kHz 的模拟信号网络,而且所有设施管线和电缆宜从 ERP 处附近进入该电子系统。

设备之间的所有线路和电缆当无屏蔽时宜按星形结构与各等电位连接线平行敷设,以免产生感应环路。

（二）网型连接（M 型连接）

当采用 M 型等电位连接网络时,一系统的各金属组件不应与共用接地系统各组件绝缘。M 型等电位连接网络应通过多点连接组合到共用接地系统中去,并形成 M_m 型等电位连接,如图 6-9-1。

每台设备的等电位连接线的长度不宜大于 0.5 m,并宜设两根等电位连接线,安装于设备的对角处,其长度宜按相差 20% 考虑。例如,一根长 0.5 m,另一根长 0.4 m。

通常,M 型等电位连接网络适用于大型或数字电路或高于 1 MHz 的模拟信号网络,而且在设备之间敷设许多线路和电缆,以及设施和电缆从若干点进入该信息系统。

（三）混合连接

在复杂系统中,M 型和 S 型等电位连接网络这两种型式的优点可组合在一起,见图 6-9-2。一个 S 型局部等电位连接网络可与一个 M 型网形结构组合在一起（见图 6-9-2 的组合 1）。一个 M 型局部等电位连接网络可仅经一接地基准点 ERP 与共用接地系统相连（见图 6-9-2 的组合 2）,该网络的所有金属组件和设备应与共用接地系统各组件有大于 10 kV,1.2/50 μs 的绝缘,而且所有设施和电缆应从接地基准点附近进入该信息系统,低频率和杂散分布电容起次要影响的系统可采用这种方法。

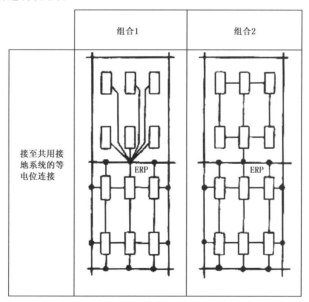

图 6-9-2　等电位连接的组合

三、等电位连接材料

1. 材料选用

等电位接地端子板宜采用铜板,垂直接地干线、机房内环形等电位连接带(网)、各类等电位接地端子板之间的连接导体宜采用多股铜芯导线或铜带,设备接地线宜采用铜芯导线。

2. 等电位连接导体最小截面积

(1)建筑物

建筑物各类等电位连接导体最小截面积见表 6-9-1。

表 6-9-1　建筑物各类等电位连接导体最小截面积

等电位连接部件	材料	截面(mm^2)
等电位连接带(铜或热镀锌钢)	铜、铁	50
从等电位连接带至接地装置或各等电位连接带之间的连接导体	铜	16
	铝	25
	铁	50
从屋内金属装置至等电位连接带的连接导体	铜	6
	铝	10
	铁	16

(2)信息系统

信息系统各类等电位连接导体最小截面积见表 6-9-2。各类等电位接地端子板最小截面积见表 6-9-3。

表 6-9-2　信息系统各类等电位连接导体最小截面积

名　　称	材料	最小截面积(mm^2)
垂直接地干线	多股铜芯导线或铜带	50
楼层端子板与机房局部端子板之间的连接导体	多股铜芯导线或铜带	25
机房局部端子板之间的连接导体	多股铜芯导线	16
设备与机房等电位连接网络之间的连接导体	多股铜芯导线	6
机房网格	多股铜芯导线或铜带	25

表 6-9-3　信息系统各类等电位接地端子板最小截面积

名　　称	材料	最小截面积(mm^2)
总等电位接地端子板	铜带	150
楼层等电位接地端子板	铜带	100
机房局部等电位接地端子板(排)	铜带	50

(3)通信局(站)

通信局(站)各类等电位连接导体最小截面积见表 6-9-4。

表 6-9-4 通信局(站)各类等电位连接导体最小截面积

名称	材料	最小截面积(mm²)	备注
机房接地引入线 (长度不宜超过 30 m)	镀锌扁钢 多股铜芯线	≥40×4 mm ≥95	不宜从铁塔塔脚或防雷引下线附近引入
高层通信大楼地网与垂直接地干线连接的接地引入线	多股铜线	240	应从地网的两个不同方向引接
室内环形接地汇集排(线)	镀锌扁钢 多股铜芯线	≥40×4 mm ≥90	—
高层通信大楼的垂直接地主干线	铜带	≥300	每个角落 1 根,距离设备应＜30 m
通信局(站)内各类接地线	多股铜芯线	16～95	根据最大故障电流值和材料机械强度确定
跨楼层或同层布设距离较远的接地线	多股铜芯线	≥70	—
通信大楼楼层接地排或设备与各层接地干线(汇集线)相连接的接地线	多股铜芯线	≥16(较近时) ≥35(较远时)	—
配电室、电力室、发电机室内部主设备的接地线	多股铜芯线	≥16	—
设备机架接地线	多股铜芯线	≥16	—
数据服务器、环境监控系统、数据采集器等小型设备	多股铜芯线	≥4(较近时) ≥16(较远时)	—
总配线架	多股铜芯线	≥35	—

第十节 SPD

一、低压电源 SPD

(一)建筑物电源线路

1. 户外线路进入建筑物处,即 LPZ0$_A$ 或 LPZ0$_B$ 进入 LPZ1 区,例如在配电线路的总配电箱 MB 处,应安装 I 级试验的电涌保护器。电涌保护器的电压保护水平值应小于或等于 2.5 kV,当无法确定时应取冲击电流等于或大于 12.5 kA。

2. 靠近需要保护的设备处,即 LPZ2 和更高区的界面处,例如在配电线路的分配电箱 SB 或插座 SA 处,当需要安装电涌保护器时宜选用 II 或 III 级试验的电涌保护器。

(二)信息系统电源线路

1. 进入建筑物的供电线路,在 LPZ0$_A$ 或 LPZ0$_B$ 与 LPZ1 区交界处,如线路的总配电箱等,应设置 I 级试验的电涌保护器或 II 类试验的电涌保护器作为第一级保护。

2. 在后续防护区的交界处,如配电线路分配电箱、电子设备机房配电箱等,可设置 II 级或 III 级试验的电涌保护器作为后级保护。

3. 特别重要的电子信息设备电源端口可安装Ⅱ级或Ⅲ级试验的电涌保护器作为精细保护。

4. 使用直流电源的信息设备,视其工作电压要求,宜安装适配的直流电源线路电涌保护器。

(三)通信局(站)电源线路

1. 综合通信大楼、交换局、数据局

(1)第一级 SPD(I/B 级)可根据实际情况选择在变压器低压侧或低压配电室电源入口处安装。

(2)第二级 SPD(II/C 级)可选择在后级配电室、楼层配电箱、机房交流配电柜或开关电源入口处安装。

(3)精细保护 SPD 可选择在控制、数据、网络机架的配电箱内安装或使用拖板式防雷插座。

(4)直流保护 SPD 可选择在直流配电柜、列头柜或用电设备端口处安装;直流集中供电或 UPS 集中供电的通信综合楼,在远端机房的(第一级)直流配电屏或 UPS 交流配电箱(柜)内应分别安装 SPD,集中供电的输出端也应安装 SPD;向系统外供电的端口,以及从外系统引入的电源端口应安装 SPD。

2. 移动通信基站

(1)交流配电箱旁边或者交流配电箱内安装第一级 SPD。

(2)开关电源安装第二级 SPD。

(3)直流输出端安装直流 SPD。

3. 市话接入点、模块局、光中继站

(1)变压器次级或者交流配电柜前安装第一级 SPD。

(2)开关电源安装第二级 SPD。

(3)开关电源及列头柜安装直流 SPD。

(四)安装要求

1. TN-S 系统的配电线路电涌保护器安装位置示意图如图 6-10-1 所示。

2. 在 LPZ1 区内两个 LPZ2 区之间用电气线路或信号路的屏蔽电缆或屏蔽的电缆沟或穿钢管屏蔽的线路连接在一起,见图 6-10-2。当上述线路没有引出 LPZ2 区时,线路的两端可不安装电涌保护器。

3. 电源线路电涌保护器在各个位置安装时,电涌保护器的连接导线应短直,其总长度不宜大于 0.5 m。有效保护水平 $U_{p/f}$(连接导线的感应电压降 ΔU 与 SPD 的 U_p 之和)应小于或等于设备耐冲击电压额定值 U_w。

(五)能量配合

1. 电涌保护器应与同一线路上游的电涌保护器在能量上配合好,这类资料应由制造商提供。SPD 设置级数多少应考虑保护距离、SPD 连接导线长度、被保护设备 U_w 等因素。各级电涌保护器应能承受在安装点上预计的放电电流,其 $U_{p/f}$ 值应小于相应类别设备的 U_w。

(1)对限压型电涌保护器,

$$U_{p/f} = U_p + \Delta U \qquad\qquad (式 6\text{-}10\text{-}1)$$

(2)对电压开关型电涌保护器,

$$U_{p/f} = U_p \text{ 或 } U_{p/f} = \Delta U \text{ 中的大者} \qquad\qquad (式 6\text{-}10\text{-}2)$$

式中　$U_{p/f}$——电涌保护器的有效电压保护水平(kV);

　　　U_p——电涌保护器的电压保护水平(kV);

ΔU——电涌保护器两端引线的感应电压降,即 $L \times (\mathrm{d}i/\mathrm{d}t)$,户外线路进入建筑物处可按 1 kV/m 计算,在其后的可按 $\Delta U = 0.2 U_p$ 计算,仅是感应电涌时可略去不计。

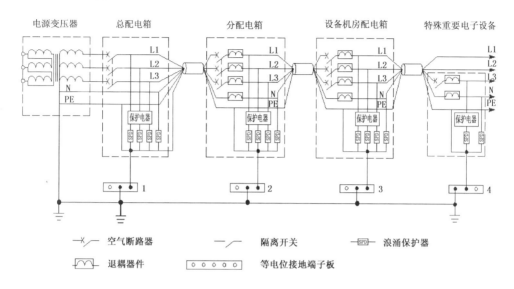

图 6-10-1　TN-S 系统的配电线路电涌保护器安装位置示意图

1—总等电位端子板;2—楼层等电位端子板;3,4—局部等电位端子板。

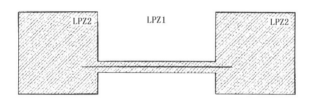

图 6-10-2　用屏蔽的线路将两个 LPZ2 区连接在一起

2. 电源线路电涌保护器安装位置与被保护设备间的线路长度大于 10 m 且有效保护水平大于 $U_w/2$ 时,应考虑振荡保护距离 L_{po}。入户处第一级电源 SPD 与被保护设备间的线路长度大于 L_{po} 或 L_{pi} 值时,应在配电线路的分配电箱 SB 处或在被保护设备处增设 SPD。当分配电箱 SB 处电源 SPD 与被保护设备间的线路长度大于 L_{po} 或 L_{pi} 值时,应在被保护设备处增设 SPD。

被保护的电子信息设备处增设的 SPD,其 U_p 应小于设备耐冲击电压额定值 U_w,宜留有 20% 裕量。即 $U_p + \Delta U \leqslant 0.8 U_w$。$U_w$ 值可参见表 6-10-1。ΔU 可设定为 1 kV/m。

3. 当电压开关型电涌保护器至限压型电涌保护器之间的线路长度小于 10 m、限压型电涌保护器之间的线路长度小于 5 m 时,在两级电涌保护器之间应加装退耦装置。当电涌保护器具有能量自动配合功能时,电涌保护器之间的线路长度不受限制。

4. 电涌保护器应有过电流保护装置和劣化显示功能。

(六)SPD 参数

1. 配电系统中设备的耐冲击电压额定值(U_w)可参照表 6-10-1、表 6-10-2 规定选用。

表 6-10-1　220/380 V 三相系统各种设备耐冲击过电压额定值(U_w)

设备位置	电气装置电源进线端的设备	配电装置和末级分支线路设备	用电器具	特殊需要保护设备
耐冲击过电压类别	IV	III	II	I
耐冲击过电压额定值(kV)	6	4	2.5	1.5

注:I 类——需要将瞬态过电压限制到特定水平的设备,如含有电子电路的设备,计算机及含有计算机程序的用电设备。

　　II 类——如家用电器、手提电工工具或类似负荷;

　　III 类——如配电盘、断路器,包括电缆、母线、分线盒、开关、插座等的布线系统,以及应用于工业的设备和永久接至固定装置的固定安装的电动机等的一些其他设备;

　　IV 类——如电气计量仪表、一次线过流保护设备、波纹控制设备。

表 6-10-2　电缆绝缘的耐冲击电压值

电缆的额定电压(kV)	绝缘的耐冲击电压 U_b(kV)
≤0.05	5
0.22	15
10	75
15	95
20	125

注:当流入线路的雷电流大于以下数值时,绝缘可能产生不可接受的温升,对屏蔽线路:$I_i = 8S_c$;对无屏蔽的线路:$I_i' = 8n'S_c'$。

式中　I_i——流入屏蔽层的雷电流(kA);

　　　S_c——屏蔽层的截面积(mm^2);

　　　I_i'——流入无屏蔽线路的总雷电流(kA);

　　　n'——线路导线的根数;

　　　S_c'——每根导线的截面积(mm^2)。

2. 最大持续运行电压 U_c 应符合表 6-10-3 的规定。

表 6-10-3　在各种低压配电系统接地型式时 SPD 的最小 U_c 值

SPD 连接于以下导体之间	低压配电系统的接地型式				
	TT	TN-C	TN-S	有中性线的 IT	无中性线的 IT
相线与中性线	$1.15U_0$	不适用	$1.15U_0$	$1.15U_0$	不适用
相线与 PE 线	$1.15U_0$	不适用	$1.15U_0$	$\sqrt{3}\ U_0$	相间电压 *
中性线与 PE 线	U_0^*	不适用	U_0^*	U_0^*	不适用
相线与 PEN 线	不适用	$1.15U_0$	不适用	不适用	不适用

注:U_0 是低压系统的相线对中性线的标称电压,在 220/380 V 三相系统中,U_0＝220 V。

* 这些值对应于最严重的故障状况,因而没有考虑 10% 的余量。

3. LPZ0 和 LPZ1 界面处每条电源线路的电涌保护器的冲击电流 I_{imp},当采用非屏蔽线缆时按公式(式 6-10-3)估算确定;当采用屏蔽线缆时按公式(式 6-10-4)估算确定;当无法计算确定时应取 I_{imp} 等于或大于 12.5 kA。

$$I_{imp} = \frac{0.5I}{(n_1 + n_2)m} \quad (kA) \qquad\qquad (式 6-10-3)$$

$$I_{imp} = \frac{0.5IR_s}{(n_1 + n_2) \cdot (mR_s + R_c)} \quad (kA) \qquad (式6\text{-}10\text{-}4)$$

式中　I——雷电流,(kA);

　　　n_1——埋地金属管、电源及信号线缆的总数目;

　　　n_2——架空金属管、电源及信号线缆的总数目;

　　　m——每一线缆内导线的总数目;

　　　R_s——屏蔽层每千米的电阻(Ω/km);

　　　R_c——芯线每千米的电阻(Ω/km)。

4. SPD冲击电流和标称放电电流参数

(1)信息系统按拦截效率或重要性确定雷电防护等级时,用于电源线路的电涌保护器的冲击电流参数推荐值宜符合表6-10-4的规定。

表6-10-4　电源线路电涌保护器冲击电流参数推荐值

雷电防护等级	总配电箱		分配电箱	设备机房配电箱和需要特殊保护的电子信息设备端口处	
	LPZ0 与 LPZ1 边界		LPZ1 与 LPZ2 边界	LPZ2 与 LPZ3 以及后续防护区的边界	
	10/350 μs Ⅰ类试验	8/20 μs Ⅱ类试验	8/20 μs Ⅱ类试验	8/20 μs Ⅱ类试验	1.2/50 μs 和 8/20 μs 复合波 Ⅲ类试验
	I_{imp}(kA)	I_n(kA)	I_n(kA)	I_n(kA)	U_{oc}(kV)/I_{sc}(kA)
A	≥20	≥80	≥40	≥5	≥10/≥5
B	≥15	≥60	≥30	≥5	≥10/≥5
C	≥12.5	≥50	≥20	≥3	≥6/≥3
D	≥12.5	≥50	≥10	≥3	≥6/≥3

注:SPD分级应根据保护距离、SPD连接导线长度、被保护设备耐冲击电压额定值U_w等因素确定。

(2)通信局(站)电源SPD的选择应符合表6-10-5、表6-10-6、表6-10-7、表6-10-8的规定(各表中雷电流均为最大通流容量I_{max},$I_n = I_{max}/2$)。

表6-10-5　综合通信大楼、交换局、数据局电源SPD的设置和选择

气象因素　　　环境因素			当地雷暴日(日/年)		
			<25	25～40	≥40
第一级	平原	易遭雷击环境因素	60kA	100 kA	
		正常环境因素	60 kA		
	丘陵	易遭雷击环境因素	60 kA	100 kA	120 kA
		正常环境因素	60 kA		
第二级		—	40 kA		
精细保护		—	10 kA		
直流保护		—	15 kA		

表 6-10-6　移动通信基站电源 SPD 的标称放电电流

气象因素 环境因素			雷暴日（日/年）			安装位置
			<25	25～40	≥40	
第一级	L 型 （市区）	易遭雷击环境因素	60 kA	80 kA		
		正常环境因素	60 kA			
	M 型（高楼、 郊区）	易遭雷击环境因素	80 kA		100 kA	
		正常环境因素	80 kA			
	H 型 （丘陵）	易遭雷击环境因素	100 kA	120 kA		
		正常环境因素	100 kA			
第一级	T 型 （山区）	易遭雷击环境因素	120 kA	150 kA*		交流配电箱 旁边或者交 流配电箱内
		正常环境因素	120 kA*			
第二级			—	40 kA		开关电源
直流保护			—	15 kA		直流输出端

注：站内、外使用的电源配电箱应安装断路开关或加装自恢复功能的智能重合闸过流保护器，不得安装漏电开关。

* 表示采用两端口 SPD 或加装自恢复功能的智能重合闸过流保护器。

表 6-10-7　微波站电源 SPD 的设置和选择

气象因素 环境因素		当地雷暴日（日/年）		
		<25	25～40	≥40
第一级	市区综合楼内	80 kA	100 kA	
	高山站	100 kA*	≥120 kA*	
第二级	市区综合楼内	40 kA		
	高山站	40～60 kA		
精细保护		—	10 kA	
直流保护		—	15 kA	

* 表示无人值守的站宜加装自恢复功能的智能重合闸过流保护器。

表 6-10-8　市话接入点、模块局、光中继站电源 SPD 的设置和选择

气象因素 环境因素			雷暴日（日/年）			安装位置
			<25	25～40	≥40	
第一级	地区	易遭雷击环境因素	60 kA	80 kA		变压器次级或者 交流配电柜前
		正常环境因素	60 kA			
	郊区*	易遭雷击环境因素	80 kA		100 kA	
		正常环境因素	60 kA			
	山区*	易遭雷击环境因素	80 kA	100 kA	120 kA	
		正常环境因素	80 kA			
第二级			—	40 kA		开关电源
直流保护			—	15 kA		开关电源及列头柜

* 表示宜加装自恢复功能的智能重合闸过流保护器。

二、信号 SPD

1. 信号线路电涌保护器宜设置在雷电防护区界面处。电子线路的室外部分采用金属线路时,在终端箱处安装 D1 类高能量试验的电涌保护器。采用光纤时,在终端箱的电气设备侧安装 B2 类慢上升试验的电涌保护器。

2. 天馈线路电涌保护器应安装在收/发通信设备的射频出、入端口处。

3. 根据雷电过电压、过电流幅值和设备端口耐冲击电压额定值,可设单级 SPD 保护,也可设能量配合的多级 SPD 保护。

4. 电子信息系统信号线路电涌保护器应根据线路的工作频率、传输速率、传输带宽、工作电压、接口形式和特性阻抗等参数,选择插入损耗小、分布电容小、并与纵向平衡、近端串扰指标适配的电涌保护器。信号(或天馈)线路 SPD 性能要求见表 6-10-9。

表 6-10-9　信号(或天馈)线路 SPD 性能要求

项目	指标	
	信号线路	天馈线路
持续工作电压 U_c(V)	$\geqslant 1.2U_n$	$\geqslant 1.2U_n$
冲击电流 I_{imp}(kA)	$\geqslant 1$(非屏蔽双绞线) 或$\geqslant 0.5$(屏蔽双绞线)	$\geqslant 2$ 或按用户要求确定
电压保护水平 U_p(V)	$<U_w$	$<U_w$
插入损耗(dB)	$\leqslant 0.5$	$\leqslant 0.3$
电压驻波比	—	$\leqslant 1.3$
响应时间(ns)	$\leqslant 10$	$\leqslant 10$
平均功率(W)	—	$\geqslant 1.5$ 倍系统平均功率
特性阻抗(Ω)	应满足系统要求	50/70
传输速率(bps)	应满足系统要求	应满足系统要求
工作频率(MHz)	应满足系统要求	1.5～6000
接口型式	应满足系统要求	应满足系统要求

注:U_n——最大工作电压;U_w——设备端口耐冲击电压额定值。

5. 信号线路电涌保护器冲击试验推荐采用的波形和参数见表 6-10-10。

表 6-10-10　信号线路电涌保护器冲击试验推荐采用的波形和参数

类别	试验类型	开路电压	短路电流
A_1	很慢的上升率	$\geqslant 1$ kV 0.1 kV/μs～100 kV/s	10A,0.1 A/μs～2 A/μs $\geqslant 1000$ μs(持续时间)
A_2	AC	—	—
B_1	慢上升率	1 kV,10/1000 μs	100 A,10/1000 μs
B_2		1～4 kV,10/700 μs	25～100 A,5/300 μs
B_3		$\geqslant 1$ kV,100 V/μs	10～100 A,10/1000 μs
C_1	快上升率	0.5～2 kV,1.2/50 μs	0.25～1 kA,8/20 μs
C_2		2～10 kV,1.2/50 μs	1～5 kA,8/20 μs
C_3		$\geqslant 1$ kV,1 kV/μs	10～100 A,10/1000 μs
D_1	高能量	$\geqslant 1$ kV	0.5～2.5 kA,10/350 μs
D_2		$\geqslant 1$ kV	0.6～2 kA,10/250 μs

6. 信号 SPD 参数

(1)信息系统

信号线路电涌保护器的参数推荐值见表 6-10-11,天馈线路电涌保护器参数应符合表 6-10-9规定。

表 6-10-11　信号线路电涌保护器的参数推荐值

雷电防护区		LPZ0/1	LPZ1/2	LPZ2/3
浪涌范围	10/350 μs	0.5～2.5 kA		
	1.2/50 μs	—	0.5～10 kV	0.5～1 kV
	8/20 μs		0.25～5 kA	0.25～0.5 kA
	10/700 μs	4 kV	0.5～4 kV	
	5/300 μs	100 A	25～100 A	
SPD 的要求	SPD(j)*	D_1,B_2	—	—
	SPD(k)*	—	C_2,B_2	—
	SPD(l)*	—	—	C_1

注:1.浪涌范围为最小的耐受要求,可为设备本身具备 LPZ2/3 栏标注的耐受能力。

2.B_2,C_1,C_2,D_1,D_2 等是信号线路电涌保护器冲击试验类型(见表 6-10-10)。

(2)通信局(站)

通信局(站)信号电涌保护器的参数推荐值见表 6-10-12。

表 6-10-12　通信局(站)信号 SPD 的设置和选择

条件要求　线型		SPD 安装要求	SPD 性质	标称放电电流	最大通流容量	环境性质	局站类别	雷暴日(d)
网络数据线	楼内用户线＞50 m	一端安装	GDT＋SAD 或 SAD	≥3 kA 或 ≥300 A	≥8 kA 或 ≥800 A	城市	A	＞40
	设备间距 50 m 以上及楼外用户线	两端安装						
	楼内用户线＞30 m	一端安装				郊区或山区	A	＞40
	设备间距 30 m 以上及楼外用户线	两端安装						
信号线	用户话路信号线	一端安装	GDT＋PTC	≥3 kA	≥8 kA	—	ABC	＜40
			SAD＋PTC	≥300 A	≥800 A	—	ABC	＞40
	PCM 传输信号线＞30 m	两端安装	GDT＋PTC	≥3 kA	≥8 kA	郊区或山区	ABC	—
	网管监控线＞30 m	两端安装						
	同轴天馈线	在终端处安装 SPD	GDT 型滤波器型 1/4λ 型	≥5 kA	≥10 kA	郊区或山区	ABC	＞25

注:1.GDT 表示气体放电管,SAD 表示半导体保护器件,PTC 表示热敏电阻。

2.当雷暴日小于 40 d,但局(站)数据信号设备有雷击事故发生时,也应安装防雷器。

3.一端(或两端)安装的端指主设备端。

三、SPD 连接线

1. 电源 SPD 的连接线和接地线应尽可能的短和直,宜≤0.5 m。
2. SPD 的接地铜芯线截面积见表 6-10-13。

表 6-10-13　SPD 的接地线截面积

SPD 安装类型			接地线截面积(mm²)	
建筑物	电气系统	Ⅰ级试验	≥6	
		Ⅱ级试验	≥2.5	
		Ⅲ级试验	≥1.5	
	电子系统	D1 类	≥1.2	
		其他	可小于 1.2	
信息系统	第一级	开关型或限压型	相线 6	≥10
	第二级	限压型	相线 4	≥6
	第三级	限压型	相线 2.5	≥4
	第四级	限压型	相线 2.5	≥4
	信号		≥1.5	
	天馈		≥6	
通信局(站)	电源线截面积≤70 mm²		≥16	
	电源线截面积>70 mm²		≥35	

第十一节　安装要求

一、安装要求

1. 防雷装置安装应牢固、顺直,材料、位置、间距应符合相关规定。
2. 明敷引下线应设断接卡,但采用环形闭合接地装置的可不设断接卡。
3. 利用柱内钢筋做引下线并同时采用基础接地体时不宜设断接卡,但应设测试卡。

二、连接要求

1. 连接方法有焊接、螺钉或螺栓连接。
2. 混凝土柱内钢筋按要求采用土建施工的绑扎法、螺丝扣连接等机械连接或对焊、搭焊等焊接连接。构件内有箍筋连接的钢筋或成网状的钢筋,其箍筋与钢筋、钢筋与钢筋应采用土建施工的绑扎法、螺丝、对焊或搭焊连接。单根钢筋、圆钢或外引预埋连接板、线与构件内钢筋的连接应焊接或采用螺栓紧固的卡夹器连接。构件之间必须连接成电气通路。

3. 明敷防雷装置钢筋应采用搭接焊。

4. 断接卡连接应不少于 2 根螺栓。

5. 预留接地端子应与结构钢筋焊接,结构钢筋应与引下线、均压环连接。总等电位连接端子(带)应不少于 2 处与接地装置连接。等电位连接端子与连接导体连接时,宜采用螺栓连接或压接,连接处应进行热搪锡处理。

6. 防雷等电位连接各连接部件的最小截面,应符合本章第九节第三条表 6-9-1、表 6-9-2、表 6-9-3、表 6-9-4 的规定。连接单台或多台 I 级分类试验或 D1 类电涌保护器的单根导体的最小截面,尚应按下式计算:

$$S_{\min} \geqslant I_{\mathrm{imp}}/8 \qquad\qquad (式 6-11-1)$$

式中　$S_{\min}$——单根导体的最小截面（mm²）;

　　　　I_{imp}——流入该导体的雷电流（kA）。

7. 每台设备的等电位连接线的长度不能等于工作信号波长的四分之一及奇数倍,不宜大于 0.5 m,并宜设两根等电位连接线,安装于设备的对角处,其长度宜按相差 20% 考虑。例如,一根长 0.5 m,另一根长 0.4 m。

8. 电涌保护器各接线端应在本级开关、熔断器的下桩头分别与配电箱内线路的同名端相线连接,电涌保护器的接地端应以最短距离与所处防雷区的等电位接地端子板连接。配电箱的保护接地线(PE)应与等电位接地端子板直接连接。

带有接线端子的电源线路电涌保护器应采用压接;带有接线柱的电涌保护器宜采用接线端子与接线柱连接。

各级电涌保护器连接导线应短直,总连线长度不宜大于 0.5 m,如有实际困难,可采用图 6-11-1 所示凯文接法(也称 V 型连接)。

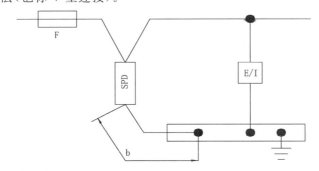

图 6-11-1　SPD 安装在或靠近电气装置电源进线端的示例

b—SPD(电涌保护器)与等电位连接带之间的连接导线长度,不宜大于 0.5 m;F—安装在电源进线端的剩余电流保护器;E/I—被保护的电子设备。

9. 当输送火灾爆炸危险物质的长金属物的弯头、阀门、法兰盘等连接处的过渡电阻大于 0.03 Ω 时,连接处应用金属线跨接。对有不少于 5 根螺栓连接的法兰盘,在非腐蚀环境下,可不跨接。

三、焊接要求

1. 焊接方式分为搭焊、对焊、热熔焊。

2. 焊接头焊缝连续饱满,焊渣清除干净;除埋设在混凝土中的以外,接头应防腐良好。各种钢材材型之间的焊接搭接长度及焊接方法见表 6-11-1。

表 6-11-1　防雷装置钢材焊接时的搭接长度及焊接方法

焊接材料	搭接长度	焊接方法
圆钢与圆钢	不应少于圆钢直径的 6 倍	双面施焊
圆钢与扁钢	不应少于圆钢直径的 6 倍	双面施焊
扁钢与扁钢	不应少于扁钢宽度的 2 倍	不少于三面施焊
扁钢和圆钢与钢管、角钢相互焊接	除应在接触部位双面施焊外，还应增加圆钢搭接件；圆钢搭接件在水平、垂直方向的焊接长度各为圆钢直径的 6 倍，双面施焊	
扁钢与钢管 扁钢与角钢	紧贴角钢外侧两面，或紧贴 3/4 钢管表面，上下两面施焊，并应焊以由扁钢弯成的弧形（或直角形）卡子、直接由扁钢本身弯成弧形、直角形与钢管或角钢焊接	

3. 不同材质的材料焊接时宜采用热熔焊。

四、防腐防锈要求

1. 所有焊接点，除浇筑在混凝土中的以外，均应进行防腐处理。
2. 铜、铁材料连接时，为防止电化学腐蚀，其过渡接头宜采用热熔焊。

五、转弯角、伸缩缝要求

1. 接闪器、引下线、接地线、电涌保护器连接导线转弯时弯角应大于 90 度，弯曲半径应大于线径的 10 倍。
2. 接闪器在建筑物伸缩缝处的跨接如图 6-11-2。

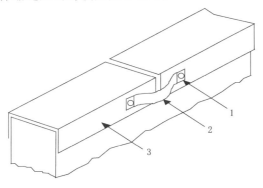

图 6-11-2　接闪器在建筑物伸缩缝处的跨接施工

第七章　雷电灾害风险评估

第一节　雷电灾害风险评估流程

一、评估业务办理流程

评估业务办理流程如图 7-1-1 所示。

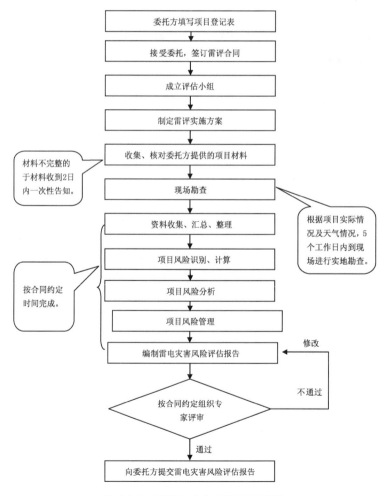

图 7-1-1　评估业务办理流程示意图

二、评估业务技术流程

评估业务技术流程如图 7-1-2 所示。

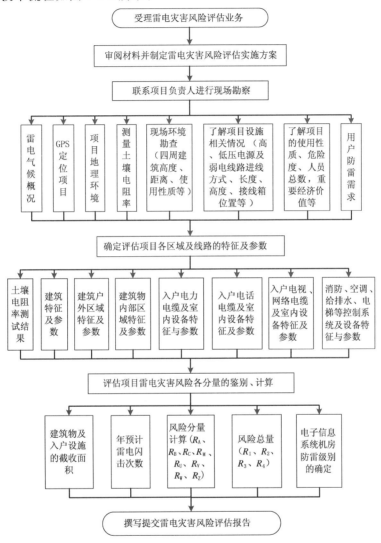

图 7-1-2 评估业务技术流程示意图

第二节 雷电灾害风险评估方法

一、现场勘查

（一）现场勘查内容

1. 评估项目环境勘查

（1）评估项目的全球卫星定位（GPS 定位）

内容包括：项目区域中心点、建（构）筑物单体土壤电阻率测量点。

（2）评估项目周边环境勘查

内容包括：评估项目区域所处环境（市区、市郊、农村、平原、山区等），周边建筑物高度（高层建筑群、普通建筑群），周围临近的道路、河流、山体、水体等环境，评估单体邻近建筑物长宽高及与评估单体间的距离，周边树木高度，以及可能影响评估单体雷电灾害风险的其他因素。

（3）评估项目服务设施勘查

内容包括：评估项目服务设施类型（电力、通信、管道等），评估项目计划引入的服务设施节点（如变压器、带 SPD 的分接箱等）的位置、长宽高以及与评估项目的距离。如项目内部设置服务设施分节点则需确定其位置、尺寸、与建（构）筑物单体的距离，服务设施的架设方式等。

（4）评估项目区域经济价值及附近人员密度勘查

内容包括：评估项目建筑物及内部设施经济价值，评估项目区域内外人员分布密度，人员流动量。

（5）评估项目所在区域地理地质环境勘查

内容包括：地形地貌、地下水分布、矿藏分布、土质岩层、植被情况。

（6）拍摄现场照片

对以上 5 项勘查内容进行拍照。

2. 评估项目现场气象数据勘查

在评估项目现场测量风速、风向、地面大气温度、空气湿度、气压等气象要素。

3. 评估项目建筑物单体所在地土壤电阻率测量

（1）用等距法测量桩距为 2～10 m 之间的土壤电阻率（具体情况视现场环境而定，土壤均匀、基础较浅的桩距为 2～5 m，土壤不均匀、基础较深的桩距为 5～10 m）；

（2）每个建筑物单体计一个测点测量土壤电阻率，在条件允许的情况下，每个测试点应按互相垂直的两个布桩方向进行测量；

（3）测量点土壤性状识别（性状、干湿状况），根据干湿状况确定校正系数。

（二）现场勘查方法

1. 评估项目环境勘查方法

（1）评估项目地址定位方法

用 GPS 全球定位仪测量各测点的经纬度和海拔高度。

（2）评估项目周边环境勘查方法

①用地质罗盘仪确定评估项目的东南西北四个方向；

②用激光测距仪或者卷尺测量邻近建筑物至评估项目边界的距离、建筑物长宽高、树木的高度等；

③在雷电灾害风险评估原始记录表的总平图上绘出评估单体及周边环境，并用数码相机记录下来；

④勘查人员在雷电灾害风险评估原始记录表记录周边环境（特别需记录是否有高层建筑，是否有易燃易爆、危害公共安全、提供公共服务、有文物价值的建筑等）。

（3）评估项目服务设施勘查方法

勘查人员在雷电灾害风险评估原始记录表记录评估项目的服务设施类型，根据委托方提供或参考线路布置总平图找到服务设施节点,测量节点建(构)筑物的长宽高,节点到引入建(构)筑物的进线长度,了解架设方式。

(4)评估项目区域经济价值及附近人员密度勘查方法

勘查人员在雷电灾害风险评估原始记录表记录评估项目内部及外部人员密度和人流量、建筑物及内部设施的经济价值,邻近建筑是否有住宅区、商业区、医院、学校等人员密集场所,并记录人流量等情况。

(5)评估项目所在区域地理地质环境勘查方法

从当地相关部门或从地质勘查报告获取地理、地质、土壤性质信息。

2. 土壤电阻率测量方法

(1)用接地电阻测试仪测量土壤电阻率(结合查表修正),具体方法参见第四章第一节第二条。

(2)土壤性状识别

根据现场勘查,参照常见土壤电阻率表,并结合评估项目地质勘探资料及测试深度,确定土质。

按照平均取值原理,查找勘查前七日的气象要素数据。现场用温湿度表测量地面空气温度和湿度,判断土壤的密实度和含水量、饱和度等,识别土壤性状及分布情况。

二、资料分析

(一)项目基本情况分析

1. 委托方单位概况

分析委托单位的行业类别,机构规格,在区域内的重要程度等。

2. 提取防雷装置设计文件相关资料

按照国家和地方相关法律、法规的规定,防雷装置设计应由具有相应资质的单位承担。

(1)设计文件相关资料

设计单位名称、资质证号、设计文件版本、设计号、设计人员等。

(2)防雷装置设计内容

提取设计文件中评估项目防雷类别、接闪杆、接闪带网格尺寸、引下线间距及引下敷设方式、接地装置、等电位连接方式、入户管线情况、是否安装 SPD,SPD 相关参数等相关资料。

(3)评估项目相关信息分析

评估项目主要建(构)筑物单体和相邻建(构)筑物信息:

①各建(构)筑物单体的用途;

②各建(构)筑物单体的防雷类别;

③各建(构)筑物单体的建筑结构类型;

④各建(构)筑物单体的长度、宽度、高度;

⑤各建(构)筑物单体之间的距离;

⑥各建(构)筑物单体之间的管线连接情况;

⑦各建(构)筑物内部、外部的地表类型;

⑧各建(构)筑物的屏蔽方式和屏蔽网格宽度;

⑨各建(构)筑物内存物的火灾性、爆炸性、环境危害性；

⑩各建(构)筑物的防火措施。

主要户外设施分布情况(高度、面积、结构、用途等特性)：

①户外设施的种类、用途；

②户外设施的长度、宽度、高度；

③设施的管线出入情况。

电力系统特性及分布情况：

①配电设备的工作电压；

②配电设备的耐冲击电压；

③配电设备的接地情况；

④供配电设备的等电位连接情况；

⑤电力线路的工作电压；

⑥电力线路的耐冲击电压；

⑦电力线路的进线方式、布设方式及分布情况；

⑧电力线路的接地情况；

⑨电力线路的电磁屏蔽情况；

⑩电力线路的等电位连接情况；

⑪供配电系统电涌保护情况。

弱电系统分布情况及其参数：

①弱电设备的用电电压；

②弱电设备的耐冲击电压；

③弱电设备的接地情况；

④弱电设备的等电位连接情况；

⑤弱电线路的工作电压；

⑥弱电线路的耐冲击电压；

⑦弱电线路的进线方式、布设方式及分布情况；

⑧弱电线路的接地情况；

⑨弱电线路的电磁屏蔽情况；

⑩弱电线路的等电位连接情况；

⑪弱电系统电涌保护情况。

各种管道的特性及分布情况：

①各种管道的入户方式；

②各种管道布设方式及分布情况；

③各种管道的接地情况；

④各种管道的等电位连接情况。

评估项目建筑物内外人员数量、建筑物内外人员驻留时间、建筑物疏散出口情况等。

工业项目应包括：

①工业生产主要工艺流程；

②工业生产所用的原料及原料特性；

③工业生产的中间产品及最终产品的种类、数量及产品特性。

（二）地理环境分析

评估项目所在地的地址、经纬度、地形地貌、土壤情况（土壤性质、土壤含水量、土壤电阻率）、周边地理环境等资料分析，确定土壤电阻率、环境因子和位置因子。

（三）气候资料分析

分析评估项目所处气候带、天气系统、平均温度、最低温度（所处月份）、最高温度（所处月份）、平均降雨量、平均相对湿度等气候特征对评估项目的影响。

（四）雷暴资料分析

1. 雷暴日：分析项目所处区域年平均雷暴日、历史最高值（年份）、历史最低值（年份）、初雷日、终雷日、月平均雷暴日分布分析、雷暴高发期、区域雷暴日变化等情况对评估项目的影响。

2. 划分评估项目所处雷暴区等级。

3. 分析评估项目所处区域雷暴活动规律和雷暴产生的危害。

（五）闪电监测资料分析

评估项目所在地半径 10 km 范围内闪电空间分布、闪电密度分布、闪电时间分布、闪电电流分布等情况分析。

（六）雷灾个例分析

分析评估项目所在地及附近区域，或者类似行业雷电灾害典型个例。

三、风险分量识别、计算和分析

（一）评估区域划分

1. 建筑物评估区域（Z_s）划分

根据评估项目的实际情况和评估工作的需要，划分建筑物评估区域应考虑便于实施最适当的防雷保护措施。可按照以下原则划分建筑物雷电灾害风险评估区域。建筑物评估区域总风险是建筑物各分区风险的总和。具体划分原则如下：

（1）土壤或地板的类型；

（2）防火分区；

（3）空间屏蔽；

（4）对于功能比较单一的建筑物可以划分为一个区域。

根据上述划分原则，还可以按以下情况进一步细分评估区域：

（1）内部电气电子系统的布局；

（2）已有的或将采取的防雷保护措施；

（3）损失率（L_x）的值。

2. 服务设施评估区域（S_s）划分

评估项目的服务设施可划分为 S_s 段，服务设施的总风险是服务设施各分段风险的总和。

S_s 段主要由下列条件进行定义和划分：

（1）服务设施类型（架空或埋于地下）；

（2）影响等效面积的系数（C_d，C_e，C_t）；

（3）服务设施的特征（绝缘电缆类型、屏蔽阻抗）；

（4）以上 3 点状况不明或者建筑物之间服务设施连接不明时，整个服务设施也可以作为一个单独 S_S 段。

根据上述划分原则，服务设施还可以按以下情况进一步细分评估段：

（1）相连仪器的类型；

（2）现有的或即将采用的防护措施。

（二）雷击损害和损失

1. 雷击损害的原因

雷电流是损害的来源，应针对各评估区域考虑以下雷击点位置：

（1）S1——雷击建筑物；

（2）S2——雷击建筑物附近；

（3）S3——雷击服务设施；

（4）S4——雷击服务设施附近。

2. 损害类型

雷击可能造成损害，损害类型取决于需保护对象的特性。其中最重要的特性有：建筑物的结构类型、用途、内存物品、服务设施类型以及所采取的防雷措施。

在实际的风险评估中，将雷击引起的基本损害类型划分为以下三种：

（1）D1——人畜伤害；

（2）D2——物理损害；

（3）D3——电气和电子系统故障。

3. 损失类型

每类损害，不论单独出现或与其他损害共同作用，会使被保护对象产生不同的损失。可能出现的损失类型取决于被保护对象的特性及其内存物。应考虑以下几种损失类型：

（1）L1——人身伤亡损失；

（2）L2——公众服务损失；

（3）L3——文化遗产损失；

（4）L4——经济损失。

（三）风险分量分析

雷电灾害风险是指雷电造成的年平均可能损失（人、财、物）与被保护对象（人、财、物）的总价值之比。对评估项目，应根据建筑物（或服务设施）的结构、类型、用途、内部物品，以及所采取的防雷措施，分析所存在的各类风险。

1. R_A 风险分量分析。当雷电闪击建筑物时，雷电流沿引下线、接地装置向大地散流，人员接触这些金属构件时，可使人员因接触电压而导致伤亡。在此过程中，同时还可能引起建筑物周围区域内地面电位升高，在地面形成电位差，可使人员因跨步电压而导致伤亡。

主要根据引下线和接地装置的类型、引下线间距、接地体均压网格、绝缘措施、室外地表类型和土壤电阻率、围栏、安全警示牌等确定判定是否存在 R_A 风险分量，有否 L1 损失以及动物的 L4 损失。

当采用建筑物结构钢筋做引下线且数量不少于 10 根、地下室基础钢筋作接地装置时，R_A

可以忽略不计。

2.R_B 风险分量分析。当雷电闪击建筑物时,由于雷电的热效应、机械效应、冲击效应、电动力效应等,可使建筑物发生局部坍塌、外部构件折断以及引发火灾、有毒物质泄漏、爆炸等损害,从而间接导致人员伤亡、设备损坏、环境危害。

根据建筑物结构、火灾爆炸的危险性、有毒物质泄漏的可能性、防雷类别、接闪器安装方式和保护范围、接闪带网格、引下线类型,判定是否存在 R_B 风险分量,有否 L1,L2,L3,L4 损失。

3.R_C 风险分量分析。当雷电闪击建筑物时,强大的闪电电流进入建筑物的防直击雷系统,可产生迅变电磁场,在一定空间内对一切电气、电子设备发生作用,可能导致电气、电子系统失效和损坏,间接产生人员伤亡。

根据建筑物结构、电气和电子系统类型、防雷措施、线路屏蔽、SPD 的放电电流和匹配情况判定是否存在 R_C 风险分量,有否 L2,L4 损失,对爆炸危险场所和医院还应判断有否 L1 损失。

4.R_M 风险分量分析。当有雷电闪击建筑物附近地面时,周围空间产生的电磁场也可能导致电气、电子系统设备失效和损坏,间接产生人员伤亡。

根据建筑物结构、电气和电子系统类型、SPD 的放电电流和匹配情况、建筑物各防雷区(LPZ)的屏蔽、室内布线方式、线路屏蔽情况及屏蔽层电阻、等电位连接、设备耐冲击电压等,判定是否存在 R_M 风险分量,有否 L2,L4 损失,对爆炸危险场所和医院还应判断有否 L1 损失。

5.R_U 风险分量分析。当雷电闪击建筑物入户金属管线时,雷电流沿金属管线流入建筑物内部,人员接触、操作与入户金属管线有连接的设施时,有可能因接触电压而导致人员伤亡。

根据金属管线类型、进线方式、SPD 的放电电流、线路屏蔽情况及屏蔽层电阻、设备耐冲击电压、室内地板、围栏、安全警示牌等,判定是否存在 R_U 风险分量,有否 L1 损失以及动物的 L4 损失。

6.R_V 风险分量分析。当雷电闪击建筑物入户金属管线时,入户管线上的雷电流引起的危险电火花可导致火灾或爆炸,间接导致人员伤亡、建筑物和设备损坏、环境危害。

根据金属管线类型、进线方式、火灾爆炸的危险性、SPD 的放电电流、线路屏蔽及屏蔽层电阻、设备耐冲击电压等,判定是否存在 R_V 风险分量,有否 L1,L2,L3,L4 损失。

7.R_W 风险分量分析。当雷电闪击建筑物入户线缆时,入户线缆上的雷电流传输到建筑物内部,可导致电气、电子系统设备失效,间接导致设备损坏、人员伤亡。

根据入户线缆类型、进线方式、电气和电子系统设备类型、SPD 的放电电流和匹配情况、线路屏蔽及屏蔽层电阻、设备耐冲击电压等,判定是否存在 R_W 风险分量,有否 L2,L4 损失,对爆炸危险场所和医院还应判断有否 L1 损失。

8.R_Z 风险分量分析。当雷电击中建筑物入户线缆附近地面时,在入户线缆上感应的过电压、过电流传输到建筑物内部,可导致电气、电子系统设备失效,间接导致设备损坏、人员伤亡。

根据入户线缆类型、进线方式、电气和电子系统设备类型、SPD 的放电电流和匹配情况、线路屏蔽情况及屏蔽层电阻、等电位连接、设备耐冲击电压等,判定是否存在 R_Z 风险分量,有否 L2,L4 损失,对爆炸危险场所和医院还应判断有否 L1 损失。

(四)评估项目特征量选取

评估项目各特征量的取值,具体可依据《雷电防护 第 2 部分:风险管理》(GB/T 21714.2

—2008)中相应的参数典型值来选取。

（五）风险分量计算

1. 风险分量计算公式

各雷击风险分量可以用以下通用表达式来表示：

$$R_X = N_X \times P_X \times L_X \qquad\text{（式 7-2-1）}$$

式中　N_X——每年危险事件次数；

　　　P_X——损害概率；

　　　L_X——每一损害产生的损失率。

影响危险事件次数 N_X 的因素有：雷电对地闪击的密度、建筑物和服务设施的等效接受面积、周围环境的特征、土壤的特征。

影响损害概率 P_X 的因素有：被保护物体的特征、所采用的防雷措施。

影响损失率 L_X 的因素有：建筑物和服务设施用途、现场人员数量、公共服务类型、受损的物品价值以及减少损失的措施。

如果采用了防雷装置（作为限制损害的一种措施），损害风险将依防雷装置的效率而减小。

2. 年平均损失总量 L_X

年平均损失总量 L_X 随损失类型（L1，L2，L3 和 L4）而异，每一个损失类型又与不同损害形式（D1，D2 和 D3）相关，用以下的符号表示：

L_t——因接触电压和跨步电压的损失量值；

L_f——因物理损害的损失量值；

L_O——因电气和电子装置失效的损失量值。

（1）人员和公共服务损失的 L_t，L_f 和 L_O 值可用近似关系式确定：

$$L_X = (n_P/n_t) \times (t_P/8760) \qquad\text{（式 7-2-2）}$$

式中　n_P——雷击可能伤亡的人数（或损失用户数）；

　　　n_t——室内可统计的总人数（或总用户数）；

　　　t_P——人员在建筑外面（L_t）或建筑物内（L_t、L_f 和 L_O）危险区域停留的时间（或中断服务的时间），单位为小时。

（2）文化遗产和经济损失的 L_t，L_f 和 L_O 值可用近似关系式确定：

$$L_X = c/c_t \qquad\text{（式 7-2-3）}$$

式中　c——损失的经济价值；

　　　c_t——总经济价值。

（3）L_X 无法计算时，可取典型值。

（六）风险评估

各分区（段）局部风险是各种类型的风险组合。建筑物的总风险 R 是构成建筑物各分区的局部风险的总和，服务设施的总风险 R 是构成服务设施各段的局部风险的总和。

1. 各种风险的组合

（1）按损失类型组合的风险

① R_1——由于人员伤亡损害的雷击风险

$$R_1 = R_A + R_B + R_C^{(1)} + R_M^{(1)} + R_U + R_V + R_W^{(1)} + R_Z^{(1)} \qquad\text{（式 7-2-4）}$$

② R_2——由于公共服务设施损害的雷击风险

$$R_2 = R_B + R_C + R_M + R_V + R_W + R_Z \qquad \text{(式 7-2-5)}$$

③ R_3——由于历史文化遗产损害的雷击风险

$$R_3 = R_B + R_V \qquad \text{(式 7-2-6)}$$

④ R_4——由于经济价值损害的雷击风险

$$R_4 = R_A^{(2)} + R_B + R_C + R_M + R_U^{(2)} + R_V + R_W + R_Z \qquad \text{(式 7-2-7)}$$

注：(1)仅指建筑物内由于雷电可能造成的各种因素导致人员伤亡；

　　(2)仅指建筑物内由于雷电可能造成的各种因素导致动物损害。

$$\text{总风险} \quad R = R_1 + R_2 + R_3 + R_4 \qquad \text{(式 7-2-8)}$$

(2)按损害原因(雷击点)组合的风险

①雷电直接击中建筑物导致的风险(来源 S1)

$$R_D = R_A + R_B + R_C \qquad \text{(式 7-2-9)}$$

②间接雷击对建筑物导致的风险(来源 S2,S3 和 S4)

$$R_I = R_M + R_U + R_V + R_W + R_Z \qquad \text{(式 7-2-10)}$$

$$\text{总风险} \quad R = R_D + R_I \qquad \text{(式 7-2-11)}$$

(3)按损害类型组合的风险

①人畜伤害的风险

$$R_S = R_A + R_U \qquad \text{(式 7-2-12)}$$

②物理损害引起的风险

$$R_F = R_B + R_V \qquad \text{(式 7-2-13)}$$

③内部系统失效引起的风险

$$R_O = R_C + R_M + R_W + R_Z \qquad \text{(式 7-2-14)}$$

$$\text{总风险} \quad R = R_S + R_F + R_O \qquad \text{(式 7-2-15)}$$

2. 风险评估

防雷的目的是降低风险 R_X，使之低于可允许的雷电灾害风险 R_T，R_T 典型值如表 7-2-1。

表 7-2-1　允许雷电灾害风险的典型值 R_T

损失类型	R_T
人员生命的损失	10^{-5}
公众服务设施的损失	10^{-3}
历史文化遗产的损失	10^{-3}

如果建筑物上产生不止一种类型的损害，则必须保证每种类型都满足 $R_X \leqslant R_T$，并且各种风险组合也必须满足 $R \leqslant R_T$。

当 $R > R_T$ 或 $R_X > R_T$ 时，应分析每一个风险分量所占比重及风险来源。

(七)信息系统雷电防护等级计算

如果建筑物内有信息系统，按照本规程第五章第三节方法计算信息系统的雷电防护等级。

1. 信息系统所处环境的雷击大地密度(N_g)：

$$N_g = 0.1 \times T_d \qquad \text{(次 /km}^2 \cdot \text{a)} \qquad \text{(式 7-2-16)}$$

式中　T_d——年平均雷暴日(d/a)。根据当地气象台、站资料确定。

2. 信息系统所处建筑物截收相同雷击次数的等效面积(A_e)：

$$A_e = [LW + 2(L+W)S_1 + \pi H(200-H)] \times 10^{-6} \qquad \text{(式 7-2-17)}$$

式中　A_e——建筑物截收相同雷击次数的等效面积（km²）；

　　　L——建筑物的长度（m）；

　　　W——建筑物的宽度（m）；

　　　H——建筑物的高度（m）；

　　　S_1——$\sqrt{H(200-H)}$。

3. 信息系统所处建筑物年预计雷击次数（N_1）：

$$N_1 = K \times N_g \times A_e \qquad (\text{次}/a) \qquad \text{(式 7-2-18)}$$

式中　K——校正系数，在表 7-2-2 对应的情况下取相应数值：

表 7-2-2　校正系数 K 值表

情况	取值
一般情况下	1
位于旷野孤立的建筑物	2
金属屋面的砖木结构的建筑物	1.7
位于河边、湖边、山坡下或山地中土壤电阻率较小处，地下水露头处、土山顶部、山谷风口等处的建筑物，以及特别潮湿地带的建筑物	1.5

4. 信息系统入户设施年预计雷击次数（N_2）：

$$N_2 = N_g \times A'_e = (0.1T_d) \times (A'_{e1} + A'_{e2}) \ (\text{次}/a) \qquad \text{(式 7-2-19)}$$

$$A'_{e1} = 0.1 \times d_s \times (L_1 + L_2) \times 10^{-6} \qquad \text{(式 7-2-20)}$$

$$A'_{e2} = 2 \times d_s \times L \times 10^{-6} \qquad \text{(式 7-2-21)}$$

式中　A'_{e1}——电源线缆入户设施的截收面积（km²）；

　　　A'_{e2}——信号线缆入户设施的截收面积（km²）；

5. 信息系统总年预计雷击次数（N）：

$$N = N_1 + N_2 (\text{次}/a) \qquad \text{(式 7-2-22)}$$

6. 可接受的最大年平均雷击次数 N_C 的计算：

$$N_C = 5.8 \times 10^{-1.5}/C \ (\text{次}/a) \qquad \text{(式 7-2-23)}$$

$$C = C_1 + C_2 + C_3 + C_4 + C_5 + C_6 \qquad \text{(式 7-2-24)}$$

其中　C——各类因子。

　　　C_1——信息系统所在建筑物材料结构因子。

　　　C_2——信息系统重要程度因子。

　　　C_3——信息系统设备耐冲击类型和抗冲击过电压能力因子。

　　　C_4——信息系统设备所在雷电防护区（LPZ）的因子。

　　　C_5——信息系统发生雷击事故的后果因子。

　　　C_6——区域雷暴等级因子。

7. 信息系统安装雷电防护装置的必要性

将 N 和 N_C 进行比较，确定电子信息系统设备是否需要安装雷电防护装置：

当 $N \leqslant N_C$ 时，可不安装雷电防护装置；

当 $N > N_C$ 时，应安装雷电防护装置。

8. 防雷装置拦截效率 E 的计算：

$$E = 1 - (N_c/N) \qquad (\text{式 } 7\text{-}2\text{-}25)$$

通过防雷装置拦截效率 E 的计算公式，可以确定信息系统的雷电防护等级，如表 7-2-3。

表 7-2-3 雷电防护等级分级表

拦截效率 E	级别
$E > 0.98$	A
$0.90 < E \leqslant 0.98$	B
$0.80 < E \leqslant 0.90$	C
$E \leqslant 0.80$	D

四、风险管理

（一）评估项目风险总述

1. 风险总述

将评估项目各测量点土壤电阻率、各建筑物各项年预计总危险次数、雷电灾害风险分量计算结果进行汇总，并进行比较。

（1）将项目单体设计安装防雷装置前后的人员伤亡概率、经济损失概率、公众服务损失概率和文化遗产损失概率进行比较；

（2）若按照设计文件安装防雷装置后各个概率都未超过典型的风险容许值 R_T 时，说明原有设计方案设计保护效率符合规范要求；

（3）若按照设计文件安装防雷装置后各个概率有超过典型的风险容许值 R_T 时，说明原有设计方案设计并不能满足该评估项目的需求，应增加防雷措施以提高防护效率，直到符合规范要求为止。

2. 防雷装置设计文件分析

根据评估项目雷电灾害风险计算的结果，指出防雷装置设计不足之处，如：建筑物防雷类别、接闪器、引下线、接地装置、等电位连接、屏蔽、SPD 的选择等。

（二）防雷装置设计指导意见

1. 防雷装置设计原则

根据评估项目雷电灾害风险计算结果、防雷装置设计文件分析，以及项目防雷要求，判定建筑物防雷类别，提出防雷装置设计原则，包括直击雷防护和雷击电磁脉冲防护。

2. 不同评估类型防雷装置设计原则的选择

（1）雷电灾害风险预评估

根据评估项目的使用性质和用途、项目所在区域的土壤分布情况、各建（构）筑物单体的重要程度及使用性质，结合评估项目未安装防雷装置的风险，对评估项目的功能区域进行划分，提出各建构筑物单体的布局，提供评估项目设计安装防雷装置全套设计原则。

（2）雷电灾害风险方案评估

对评估项目现有防雷装置设计方案的风险进行分析，根据评估项目的性质和用途、项目所在区域的土壤分布情况、各建构筑物单体的重要程度等，对防雷装置设计方案错误或未涉及部分,提出设计整改意见。

(3)雷电灾害风险现状评估

对评估项目现有防雷装置进行雷电灾害风险计算、分析,查找风险超标部分及未涉及部分,提出防雷装置整改意见。

(三)项目建设过程防雷安全指导意见

1.施工过程防雷安全指导意见:施工现场防雷措施、临时建筑防雷措施、施工机械防雷措施、施工用电防雷措施等。

2.设备调试过程防雷安全指导意见。

3.人身安全防护指导意见:防雷知识培训、现场人员防雷应急措施、急救知识等。

4.根据雷电活动规律选择施工期。

5.根据雷电预警预报采取避险措施。

(四)项目建成(投产)后防雷安全指导意见

1.防雷装置必须由专人进行管理及维护。

2.防雷装置必须每年由防雷专业机构检测一次;易燃易爆、危险品生产储存场所的防雷装置必须每半年检测一次。

3.经检测不合格的防雷装置,必须进行整改。

4.制定雷电灾害事故应急处置方案。

(五)防雷管理

1.防雷专业机构职责

(1)雷电监测、预警预报

(2)雷电灾害风险评估

(3)防雷装置设计文件审核

(4)新建防雷装置施工监督、竣工验收

(5)防雷装置定期安全检测

(6)雷电灾害调查鉴定

2.防雷装置业主职责

(1)业主必须将符合雷电灾害风险评估条件的建设项目报防雷专业机构进行雷电灾害风险评估。

(2)业主必须将建设项目的防雷装置设计文件报防雷专业机构进行审核,按照经审核合格的防雷装置设计文件进行施工,接受防雷专业机构的监督和指导,防雷装置竣工后必须经防雷专业机构验收合格后方可投入使用。

(3)业主必须建立相应的防雷安全检查制度,并按照国家防雷技术规范要求,做好日常维护工作。

(4)投入使用的防雷装置,必须接受防雷专业机构定期安全检测。

(5)发生雷电灾害时,必须及时采取相应处置措施,主动向当地气象主管机构报告,并配合雷电灾害调查鉴定。

第八章　防雷装置设计技术评价

第一节　防雷装置设计技术评价流程

一、防雷装置设计技术评价办理流程

1. 建设单位到当地防雷专业机构领取《防雷装置设计技术评价和竣工验收检测申请登记表》填写，或在当地防雷专业机构网站下载打印申请登记表填写，须加盖申请单位公章。

2. 将申请登记表及所需材料提交当地专业防雷机构办理技术评价，领取《建设项目防雷业务委托受理书》及《缴费通知单》，并在五个工作日内缴纳相关费用。

3. 五个工作日后，到当地防雷专业机构领取《防雷装置设计技术评价意见》和发票。

（1）经技术评价符合国家有关防雷法规政策、技术规范要求的，持合格的《防雷装置设计技术评价意见》等相关材料到当地气象主管机构办理防雷装置设计审核行政许可。

（2）经技术评价不符合国家有关防雷法规政策、技术规范要求的，建设单位必须要求设计单位根据《防雷装置设计技术评价意见》对原设计方案进行修改，并重新进行技术评价。

4. 建设项目必须在办理防雷装置设计审核行政许可后方可开工建设。

5. 办理流程如图 8-1-1 所示。

二、防雷装置设计技术评价业务流程

1. 了解项目的建设概况，包括自然概况、功能概况、结构概况等。

2. 核对建设单位提交评价的图纸是否齐全、清晰。

3. 评价人从防雷装置设计的四个方面对施工图进行评价。

（1）防雷装置设计气象、雷电和土壤参数校对：包括建设项目所在区域的气象概况、年平均雷暴日数、土壤电阻率、雷电流累积概率分布、最大负闪强度、最大正闪强度、是否曾有雷电灾害等，是否运用恰当，数据是否真实可信。

（2）防雷装置设计级别评价：包括建筑物防雷类别，建筑物电子信息系统雷电防护等级，雷电防护区划分等，是否与规范相符。

（3）外部防雷装置设计评价：包括接闪器、引下线、接地装置、侧击雷防护措施、外部防雷装置间隔距离等，是否满足规范要求。

（4）内部防雷装置设计评价：包括防闪电感应、防闪电电涌侵入、防高电位反击、防雷击电

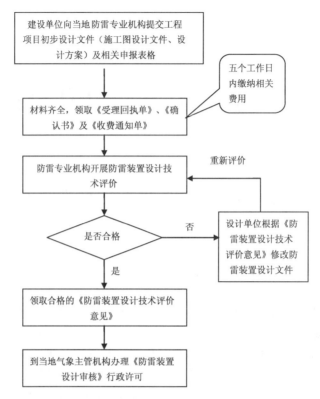

图 8-1-1　防雷装置设计技术评价办理流程图

磁脉冲措施等,具体措施有等电位连接、屏蔽、合理布线、安全距离、SPD 的设置等,是否满足规范要求。

（5）防雷装置设计技术评价要点见图 8-1-2。

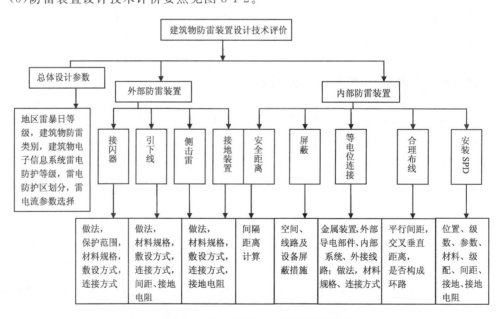

图 8-1-2　防雷装置设计技术评价要点图

4. 评价人出具初评意见,校核人校核初评意见,形成《防雷装置设计技术评价意见》,由批准人签发。

5. 评价意见不符合国家有关防雷规范标准要求的,由建设方反馈给设计方,对防雷装置设计进行修改完善,再次送评。

6. 评价意见符合国家有关防雷规范标准要求的,交由建设方作为办理"防雷装置设计审核许可"的技术文件。

7. 防雷装置设计技术评价业务流程见图 8-1-3。

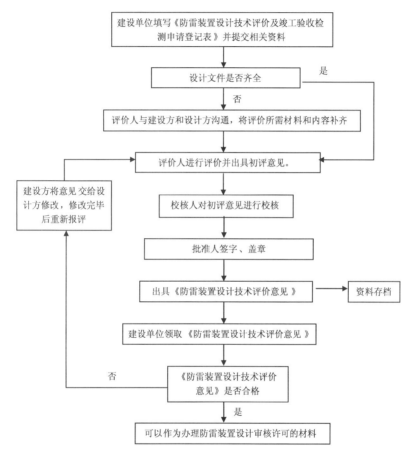

图 8-1-3　防雷装置技术评价业务流程图

三、防雷装置设计技术评价需要提交的材料

建设方申请防雷装置设计技术评价应根据表 8-1-1 提供被评价资料。

表 8-1-1　防雷装置设计技术评价提交材料表

序号	材料名称	份数	材料形式	备注
1	防雷装置设计技术评价及竣工验收检测申请登记表	2	原件	在当地防雷专业机构领取申请登记表填写或在当地防雷专业机构网站下载打印申请登记表填写,须加盖申请单位公章
2	规划总平面图	1	复印件	复印件须加盖申请单位公章
3	防雷装置各类图纸、资料(已办理雷电灾害风险评估的项目,不须提供)	1	原件(纸质一份和电子文档光盘一份)	1. 总图:建筑总平面图;电气总平面图;弱电总平面图;消防电气总平面 2. 建筑施工图;建筑设计说明;标准层建筑平面图、屋顶平面图;四个立面图 3. 全套电气图 4. 立面效果图(电子版) 5. 工业建筑应有生产工艺流程图、物料存储方式、危险品场所分布等资料 6. 储罐材质、壁厚、储存物形态。储存工作压力数据等资料 7. 给排水、供气:煤气(天然气)管道进线图;给排水管道进线图

第二节　防雷装置设计技术评价方法

一、建设项目概况

有《雷电灾害风险评估报告》(以下简称雷评报告)的项目,评价人根据雷评报告中的建设项目概况,详细了解下面三方面的内容,没有雷评报告的项目,评价人根据项目申请表和规划总平图,以及咨询建设方等途径了解。

(一)自然概况

建设项目位置(旷野、农村、郊区、城乡结合部、市区、核心商业区、核心居住区、核心办公区、高层建筑市区、工业园区等)、周边人流量情况、周边建筑密度及高矮对比等。

(二)功能概况

建设项目的使用性质,内存物性质和数量,人员数量等。

(三)建筑概况

1. 主体结构形式(木结构、砖混结构、框架结构、剪力墙、钢结构、钢—混结构等);

2. 基础结构形式(桩基础、筏板基础、柱下独立基础、墙下独立基础等);

3. 内部系统(高低压配电、电视电话网络、综合布线、安防、电力远程监控、火灾自动报警、工业控制等)。

（四）与建筑物截收相同雷击次数的等效面积计算（根据 GB 50057－2010 附录 A）

1. 每边扩大宽度：

$$D = \sqrt{H(200 - H)} \qquad \text{（式 8-2-1）}$$

2. 建筑物高度小于 100 m，周围无影响建筑时，其等效面积可按下式计算

$$A_e = [LW + 2(L + W) \sqrt{H(200 - H)} + \pi H(200 - H)] \times 10^{-6} \qquad \text{（式 8-2-2）}$$

3. 建筑物高度小于 100 m，同时其周边在 2D 范围内有等高或比它低的其他建筑物，这些建筑物不在所考虑建筑物的保护范围内时，按式（8-2-2）算出的等效面积 A_e 减去 $(D/2) \times$（这些建筑物与所考虑建筑物边长平行以米计的长度总和）$\times 10^{-6}$（km²）；

4. 建筑物高度小于 100 m，当四周在 2D 范围内都有等高或比它低的其他建筑物时，其等效面积可按下式计算：

$$A_e = \left[LW + (L + W) \sqrt{H(200 - H)} + \frac{\pi H(200 - H)}{4}\right] \times 10^{-6} \qquad \text{（式 8-2-3）}$$

5. 当建筑物的高度小于 100 m，同时其周边在 2D 范围内有比它高的其他建筑物时，按式（8-2-1）算出的等效面积 A_e 减去 $D \times$（这些建筑物与所考虑建筑物边长平行以米计的长度总和）$\times 10^{-6}$（km²）；

6. 当建筑物的高度小于 100 m，同时其周边在 2D 范围都有比它高的其他建筑物时，其等效面积可按下式计算：

$$A_e = LW \times 10^{-6} \qquad \text{（式 8-2-4）}$$

7. 当建筑物的高度等于或大于 100 m，周围无影响建筑物时，其等效面积可按下式计算：

$$A_e = [LW + 2H(L + W) + \pi H^2] \times 10^{-6} \qquad \text{（式 8-2-5）}$$

8. 当建筑物的高度等于或大于 100 m，同时其周边在 2H 范围内有等高或比它低的其他建筑物，且不在所确定建筑物以滚球半径等于建筑物高度的保护范围内时，按式（8-2-5）算出的等效面积 A_e 减去 $(H/2) \times$（这些建筑物与所确定建筑物边长平行以米计的长度总和）$\times 10^{-6}$（km²）；

9. 当建筑物的高度等于或大于 100 m，当四周在 2H 范围内都有等高或比它低的其他建筑物时，其等效面积可按下式计算：

$$A_e = \left[LW + H(L + W) + \frac{\pi H^2}{4}\right] \times 10^{-6} \qquad \text{（式 8-2-6）}$$

10. 当建筑物的高度等于或大于 100 m，同时其周边在 2H 范围内有比它高的其他建筑物时，按式（8-2-5）算出的等效面积 A_e 减去 $H \times$（这些建筑物与所确定建筑物边长平行以米计的长度总和）$\times 10^{-6}$（km²）；

11. 当建筑物的高等于或大于 100 m，当四周在 2H 范围内都有比它高的其他建筑物时，其等效面积可按式（8-2-4）计算；

12. 当建筑物各部位的高不同时，应沿建筑物周边逐点算出最大扩大宽度，其等效面积应按每点最大扩大宽度外端的连接线所包围的面积计算。

二、审核采纳雷电灾害风险评估意见的情况

达到雷电灾害风险评估标准的建筑物，在开展技术评价前必须做雷电灾害风险评估，并在

技术评价中从以下方面参考雷电灾害风险评估结论：

1. 建筑物周边建筑情况；

2. 建筑物内存物、使用性质及人员数量；

3. 建筑物防雷类别；

4. 建筑物附近半径 5 km 内通过闪电定位监测系统得到的最大闪电电流；

5. 人员伤亡风险及经济损失风险偏大时的防雷整改措施；

6. 防雷装置设计指导意见。

三、审核防雷装置设计气象、雷电和土壤参数

(一)气象、雷电参数

有雷评报告的项目，评价人根据雷评报告中的第二章雷电活动规律，详细了解下面内容，没有雷评报告的项目，评价人根据当地气象部门提供的数据和技术规范标准中列举的雷电参数等途径了解。

1. 建设项目所处地市气象概况。

2. 建设项目所处地市年平均雷暴日数和等级划分。(地区雷暴日等级划分参见本规程第五章第三节表 5-3-1)。

3. 雷电流参数。各雷电流参量及预期雷击和电涌电流见表 8-2-1 至表 8-2-5。

表 8-2-1　首次正极性雷击的雷电流参量

雷电流参数	防雷建筑物类别		
	一类	二类	三类
幅值 I(kA)	200	150	100
波头时间 $T1$(μs)	10	10	10
半值时间 $T2$(μs)	350	350	350
电荷量 Q_s(C)	100	75	50
单位能量 W/R(MJ/Ω)	10	5.6	2.5

表 8-2-2　首次负极性雷击的雷电流参量

雷电流参数	防雷建筑物类别		
	一类	二类	三类
幅值 I(kA)	100	75	50
波头时间 $T1$(μs)	1	1	1
半值时间 $T2$(μs)	200	200	200
平均陡度 $I/T1$ (kA/μs)	100	75	50

注：本波形仅供计算用，不供试验用。

表 8-2-3　首次负极性以后雷击的雷电流参量

雷电流参数	防雷建筑物类别		
	一类	二类	三类
幅值 I(kA)	50	37.5	25
波头时间 $T1$(μs)	0.25	0.25	0.25
半值时间 $T2$(μs)	100	100	100
平均陡度 $I/T1$ (kA/μs)	200	150	100

表 8-2-4 长时间雷击的雷电流参量

雷电流参数	防雷建筑物类别		
	一 类	二 类	三 类
电荷量 Ql(C)	200	150	100
时间 T(s)	0.5	0.5	0.5

注:平均电流 $I \approx Ql/T$

表 8-2-5 预期雷击的电涌电流[①]

建筑物防雷类别	闪电直接和非直接击在线路上		闪电击于建筑物附近[④]	闪电击于建筑物[④]
	损害源 S3（直接闪击）	损害源 S4（非直接闪击）	损害源 S2（所感应的电流）	损害源 S1（所感应的电流）
	$10/350~\mu s$ 波形(kA)	$8/20~\mu s$ 波形(kA)	$8/20~\mu s$ 波形(kA)	$8/20~\mu s$ 波形(kA)
低压系统				
第一类	10[②]	5[③]	0.2[⑤]	10[⑤]
第二类	7.5[②]	3.75[③]	0.15[⑤]	7.5[⑤]
第三类	5[②]	2.5[③]	0.1[⑤]	5[⑤]
电信系统[⑦]				
第一类	2[⑥]	0.160[③]	0.2	10
第二类	1.5[⑥]	0.085[③]	0.15	7.5
第三类	1[⑥]	0.035[③]	0.1	5

注:更多的信息参见 ITU－T 建议标准 K.67。

① 表中所有值均指线路中每一导体的预期电涌电流。

② 本栏所列数值属于闪电击在线路靠近用户的最后一根电杆上,并且线路为多根导体(三相＋中性线)。

③ 所列数值属于架空线路;对埋地线路所列数值可减半。

④ 环状导体的路径和距起感应作用的电流的距离影响预期电涌过电流的值。本表中的值参照在大型建筑物内有不同路径、无屏蔽的一短路环状导体所感应的值(环状面积约 50 m²,宽约 5 m),距建筑物墙 1 m,在无屏蔽的建筑物或装有 LPS 的建筑物内($k_c = 0.5$)。

⑤ 环路的电感和电阻影响所感应电流的波形。当略去环路电阻时,宜采用 $10/350~\mu s$ 波形。在被感应电路中安装开关型 SPD 就是这类情况。

⑥ 本栏所列数值属于有多对线的无屏蔽线路。对击于无屏蔽的入户线,可取 5 倍所列数值。

（二）土壤参数

有雷评报告的,根据雷评报告第三章现场勘查的内容,了解建设项目所在地区的土壤电阻率,以及土壤分层等土壤导电性状,无雷评报告的,根据项目地勘报告及一般土壤电阻率表了解。

四、审核建筑物防雷装置设计依据

（一）审核设计所依据的规范、施工图集的适用性和时效性进行评价

建筑物防雷设计应依据国家最新的规范和标准要求进行,并明确该项目防雷设计引用的

规范和标准。根据施工图电气设计总说明中的设计依据部分,核对是否最新版本的标准,标准的适用范围是否合适本建筑。

（二）现行的防雷设计依据

参见第一章第二节防雷技术规范和标准依据,并及时查新。

五、审核防雷类别及防护等级

（一）审核建筑物防雷类别

1. 做了雷电灾害风险评估的项目,根据《雷评报告》中的评估结论确定该建筑物的防雷类别。

2. 未做雷电灾害风险评估的项目,根据计算的年预计雷击次数,结合建筑物的情况,根据本规程第五章第一节、第二节的内容,确定该建筑物的防雷类别。

（二）审核建筑物电子信息系统雷电防护等级

1. 已做雷电灾害风险评估的项目,根据《雷评报告》中的评估结论确定该建筑物中电子信息系统雷电防护等级。

2. 未做雷电灾害风险评估的项目,根据计算的防雷装置拦截效率,或者根据其重要性、使用性质和价值,根据本规程第五章第三节的内容,确定该建筑物中电子信息系统雷电防护等级。

（三）审核雷电防护区划分

确定各个需保护的部位、设备、系统处于哪个雷电防护区内,雷电防护区划分参见本规程第五章第三节表5-3-2。

六、评价接闪器

接闪器应符合相关规范要求,可参考本规程第六章第一节。

（一）接闪器的组成

由拦截闪击的接闪杆、接闪带、接闪线、接闪网以及金属屋面、金属构件等组成。

（二）接闪器的评价方法

1. 接闪杆

（1）接闪杆的做法;

（2）设计安装部位是否在建筑物最容易遭受雷击的部位;

（3）长度和材型是否满足规范要求;

（4）焊接方法是否满足规范要求。

2. 接闪带

（1）明确接闪带的做法;

（2）设计安装位置是否按 GB 50057－2010 附录 B 的规定沿屋角、屋脊、屋檐和檐角等易受雷击的部位敷设,能否将天面结构保护完全,建筑物高度超过滚球半径时,接闪带是否安装在外墙外表面或屋檐垂直面上或以外;

（3）接闪带的材型、敷设方式（明敷、暗敷）,以及做法（自然、人工）是否满足规范要求;

（4）接闪带是否相互连接构成闭合通路；

（5）接闪带网格是否满足规范要求；

（6）焊接方法是否满足规范要求；

（7）支撑卡的材型、间距、高度是否满足规范要求；

（8）转弯处是否圆弧过渡，伸缩缝、沉降缝处是否弧形跨接；

（9）接地电阻值是否满足规范要求。

3. 独立接闪杆、架空接闪线、架空接闪网

（1）材型是否满足规范要求；

（2）依据滚球法计算，设置高度和位置是否能完全保护完被保护物（注意要留有一定的裕度）；

（3）接地电阻值是否满足规范要求；

（4）安装位置与被保护物或其金属物的空中间隔距离、接地装置与被保护物或其金属物的地下间隔距离是否满足规范要求。

4. 利用金属屋面作为接闪器

（1）金属板下是否有易燃易爆物质；

（2）金属板的材型是否满足规范要求；

（3）金属板的连接方式是否满足规范要求。

5. 屋面金属物

（1）可以直接接闪的金属物，是否与接闪带电气贯通，连接点数量和连接方式是否满足规范要求。

（2）不能直接接闪的金属物，是否设置了接闪器保护，保护范围是否满足规范要求；例如排放爆炸危险气体、蒸气或粉尘的放散管、呼吸阀、排风管等的管口外的部分空间是否处于接闪器的保护范围内。参见本规程第六章第一节接闪器第四条确定保护范围的方法第（二）点。

（3）特殊规定。对第二类和第三类防雷建筑物，没有得到接闪器保护的屋顶孤立金属物的尺寸不超过以下数值时，可不要求附加保护措施：

1）高出屋顶平面不超过 0.3 m；

2）上层表面总面积不超过 1.0 m^2；

3）上层表面的长度不超过 2.0 m。

6. 屋面非金属物

不处在接闪器保护范围内的非导电性屋顶物体，当它没有突出由接闪器形成的平面 0.5 m 以上时，可不要求附加增设接闪器的保护措施，否则应该设置接闪器保护。

7. 接闪器保护范围计算

电力装置的独立接闪杆（线）用保护角折线法确定接闪器的保护范围，可参照《交流电气装置的过电压保护和绝缘配合设计规范》（GB/T 50064—2014）第 5.2 条计算。其他的独立接闪杆（线）用滚球法确定接闪器的保护范围，按 GB 50057—2010 附录 D 方法计算。

七、评价引下线

引下线应符合相关规范要求，可参考本规程第六章第二节。

1. 明确引下线做法(自然引下线、专设人工引下线),以及用途(直击雷引下线、防闪电感应引下线。);

2. 材型是否满足规范要求;

3. 数量和间距是否满足规范要求;

4. 接地电阻值是否满足规范要求;

5. 是否有防接触电压措施;

6. 专设人工引下线是否有防机械损伤措施;

7. 断接卡的设置是否满足规范要求;

8. 利用建筑物内钢结构或者其他金属结构作为引下线,做法是否满足规范要求;

9. 特殊规定:第二类防雷建筑物或第三类防雷建筑物为钢结构或钢筋混凝土建筑物时,在其钢构件或钢筋之间的连接满足规范规定并利用其作为引下线的条件下,当其垂直支柱均起到引下线的作用时,可不要求满足专设引下线之间的间距。

八、评价接地装置

接地装置应符合相关规范要求,可参考本规程第六章第三节。

1. 明确接地装置做法(自然接地体、人工接地体);

2. 明确接地用途(防雷接地、防闪电感应接地、电气系统接地、设备的保护接地、屏蔽接地、防静电接地、等电位接地、电子设备的信号接地及功率接地等);

3. 材型是否满足规范要求;

4. 是否有防跨步电压措施;

5. 自然接地体基础防雷网格是否满足规范要求;

6. 接地电阻值是否满足规范要求,参见本规程第四章第一节表 4-1-1。

7. 自然接地体基础钢筋利用率是否满足规范要求;

8. 人工接地装置敷设位置是否满足规范要求;

9. 人工接地装置埋设深度、间距是否满足规范要求;

10. 人工水平接地体的有效长度计算;

11. 接地装置间的连接是否满足规范要求;

12. 独立接闪器接地装置与被保护对象、其他金属管线的间隔距离是否满足规范要求。

九、评价侧击雷防护措施

防侧击雷应符合相关规范要求,可参考本规程第六章第四节。

(一)各类防雷建筑物是否采取了防侧击雷措施

1. 第一类防雷建筑物高于 30 m 的部分是否采取了防侧击雷措施,措施是否满足规范要求;

2. 高于 45 m 的第二类防雷建筑物(高于 60 m 的第三类防雷建筑物),水平突出外墙的物体是否采取相应防雷措施,措施是否满足规范要求;

3. 高于 60 m 的第二类、第三类防雷建筑物,其上部占高度 20% 并超过 60 m 的部分是否采取了防侧击雷措施,措施是否满足规范要求。

(二)均压环设置

1. 明确均压环做法;

2. 均压环材型是否满足规范要求;

3. 均压环设置的起始高度(楼层)是否满足规范要求;

4. 均压环垂直间距(相隔楼层)是否满足规范要求。

(三)外墙金属物

1. 第一类防雷建筑物高于 30 m 的外墙金属门窗、玻璃幕墙是否与防雷装置连接;

2. 高于 60 m 的第二类、第三类防雷建筑物,其上部占高度 20% 并超过 60 m 的外墙金属门窗、玻璃幕墙是否与防雷装置连接;

3. 竖直敷设的金属物上下两端是否与防雷装置连接。

十、审核防闪电感应、防闪电电涌(雷电波)侵入、防高电位反击、防雷击电磁脉冲措施

(一)间隔距离

1. 计算外部防雷装置与被保护物及与其有联系的管道、电缆等金属物之间的间隔距离是否满足规范要求。间隔距离的计算方法参见本规程第六章第一节第三条间隔距离要求(式 6-1-1~式 6-1-11),第一类防雷建筑物间隔距离不应小于 3 m,第二类防雷建筑物间隔距离不应小于 2 m。

2. 平行敷设的管道、构架和电缆金属外皮等长金属物,其净距是否满足规范要求,不满足时是否采取了相应跨接措施。

3. 防闪电感应的接地装置与独立接闪杆、架空接闪线或架空接闪网的接地装置之间的间隔距离是否满足规范要求。

4. 计算防止雷电流流经引下线和接地装置时产生的高电位对附近金属物或电气和电子系统线路的反击,它们之间的间隔是否满足规范要求,间隔距离计算见本规程第六章第七节式 6-7-1。

5. 当树木邻近建筑物且不在接闪器保护范围之内时,树木与建筑物之间的净距是否满足规范要求。

6. 计算磁场屏蔽安全距离是否满足规范要求。

(1)闪电击于建筑物以外附近时,安全距离应按下列公式计算:

当 $SF \geqslant 10$ 时:

$$d_{s/1} = \omega^{SF/10} \qquad \text{(式 8-2-7)}$$

当 $SF < 10$ 时:

$$d_{s/1} = \omega \qquad \text{(式 8-2-8)}$$

式中　$d_{s/1}$——安全距离(m);

　　　ω——格栅形屏蔽的网格宽(m);

　　　SF——屏蔽系数(dB)。

(2)在闪电直接击在位于 LPZ0$_A$ 区的格栅形大空间屏蔽层或与其连接的接闪器上的情况

下安全距离应按下列公式计算：

当 $SF \geqslant 10$ 时：

$$d_{s/2} = \omega \cdot SF/10 \qquad\qquad (式 8-2-9)$$

当 $SF < 10$ 时：

$$d_{s/2} = \omega \qquad\qquad (式 8-2-10)$$

式中　$d_{s/2}$——安全距离(m)。

7. 电子信息系统线缆敷设时，与建筑物中其他管线的净距是否满足规范要求；参见本规程第六章第八节表 6-8-1、表 6-8-2、表 6-8-3。

（二）屏蔽

1. 建筑物屏蔽

(1)建筑物的屋顶金属表面、立面金属表面、混凝土内金属和金属门窗框架等大尺寸金属件等是否采取等电位连接措施形成金属屏蔽网格，并与防雷装置相连。

(2)屏蔽效率的计算

按本规程第六章第八节第一条(一)建筑物屏蔽第 3 点的方法计算。

2. 线缆屏蔽

(1)光缆的金属接头、金属护层、金属挡潮层、金属加强芯等，是否接地。

(2)入户电缆，户外采用非屏蔽电缆时，是否采取穿管埋地措施，长度是否满足下式要求，且不小于 15 m。

$$l \geqslant 2\sqrt{\rho}(m) \qquad\qquad (式 8-2-11)$$

式中　ρ——埋地电缆处的土壤电阻率。

(3)相邻建筑物的电子信息系统之间采用电缆互联是否采用屏蔽电缆，不采用时，是否满足采取屏蔽敷设的措施。

(4)室内电力和弱电电缆是否屏蔽敷设。

3. 机房屏蔽

(1)了解机房所需的屏蔽指标；

(2)根据第六章第八节式 6-8-4 计算安装电子设备的机房是否达到设备电磁环境要求；

(3)达不到设备电磁环境要求的机房是否采取了室内法拉第笼屏蔽措施；

(4)室内法拉第笼屏蔽措施设置是否满足要求。

1)可在墙体内设置钢筋网屏蔽层或依设备所在空间设置屏蔽室，金属屏蔽网或金属屏蔽室应与等电位连接端子连接并接地；地板(和楼板)利用钢筋网设置屏蔽层，并与四周墙壁屏蔽网连接。

2)机房地面宜采用防静电地板，其金属支架间应互相可靠连接，或在金属支架底部采用铜带构成与支架一致的屏蔽网格。

3)门窗屏蔽宜采用截面积不小于 3 mm^2、网孔不大于 100 mm×100 mm 的铝合金网，金属门窗及其屏蔽层应与等电位连接端子或屏蔽网可靠连接并接地。

4)当无法得知设备抗扰度时，宜在墙体内设置钢筋网屏蔽层，钢筋网采用不小于 ϕ10 mm 的圆钢焊接成不大于 600 mm×600 mm 网格，并与主筋焊接连通。

4. 设备屏蔽

(1)了解设备设置所需要的环境屏蔽指标；

（2）连接到设备的线路是否屏蔽线缆或采取了屏蔽措施，屏蔽层或屏蔽外壳是否接地；

（3）包括信息设备的箱、盒、柜等壳体是否具有良好的电气贯通和电磁屏蔽性能，壳体是否设专用接地端子（板）。

（三）合理布线

（1）各种强、弱电缆等敷设时是否避开防雷引下线等 LEMP 强的区域，无法避开时，是否采取屏蔽措施。

（2）进出建筑物的电力线、通信线和信号传输线是否采用屏蔽电缆或采取屏蔽措施敷设。

（3）竖向布线是否采用电缆井敷设方式；水平布线是否采用电缆夹层敷设方式（吊顶夹层、活动地板夹层），是否分层分区设置电缆桥架或汇线槽，是否将电力电缆与弱电电缆分开敷设。

（4）电缆在同一通道中位于同侧的多层支架上敷设时，是否按电压等级由高至低的电力电缆、强电至弱电的控制电缆的顺序排列。

（5）沿墙架设电缆、光缆、信号线路与其他管线的最小净距离，电子信息系统线缆与配电箱、变配电房、电梯机房、空调机房、电力电缆及其他管线的净距，电子信息系统布线电缆与附近可能产生高电平电磁干扰的电动机、电力变压器设备之间的净距，是否符合本规程第六章第八节第三条表 6-8-1、表 6-8-2、表 6-8-3 的规定。

（6）布置电子信息系统信号线缆的路由走向时，是否减小由线缆自身形成的感应环路面积。室内线路敷设走线是否构成回路。

（四）等电位连接

等电位连接应符合相关规范要求，可参考本规程第六章第九节。

1. 建筑物等电位连接

（1）建筑物的金属框架、玻璃幕墙、天面金属物、结构钢筋是否全部做等电位连接构成等电位连接网络，做法是否满足规范要求；

（2）所有进出建筑物的金属管线，是否在各防雷区交界处做等电位连接，做法是否满足规范要求；

（3）所有电梯轨道、起重机、金属地板、金属门框架、设施管道、电缆桥架等大尺寸的内部导电物、结构钢筋是否全部做等电位连接，做法是否满足规范要求；

（4）电子系统的所有外露导电物是否做等电位连接，做法是否满足规范要求；

（5）建筑物总等电位连接端子（MEB）和局部等电位连接端子（LEB）设置的位置和做法是否满足规范要求；

（6）等电位连接部件材型是否满足规范要求。参见本规程第六章第九节第三条的规定。

2. 电子信息机房等电位连接

（1）根据《雷评报告》或者核算机房的设计等级是否满足要求；

（2）机房等电位连接网格结构形式（S 型、M 型等）是否满足机房设备频率要求，网络结构的做法是否满足规范要求；

（3）机房等电位连接网格材型和连接线是否满足规范要求；参见本规程第六章第九节第三条的规定。

（五）SPD 安装

SPD 应符合相关规范要求，可参考本规程第六章第十节。

1. 电气系统的 SPD

（1）防雷产品应当取得国务院气象主管机构授权的检验机构测试合格文件。

（2）根据电气施工图纸，确定电气线路进线方式（架空、埋地），是否采用屏蔽电缆或穿金属管进线，电气接地系统形式（TN、TT、IT），电气线路敷设形式（放射式、树干式），直流供电还是交流供电，单相还是三相。

（3）了解需要保护的电气设备的耐冲击电压额定值 U_w，参见本规程第六章第十节表 6-10-1。

（4）SPD 安装位置及相应类型、参数

1）户外线路进入建筑物处（总配电箱、变压器低压侧、低压配电屏出线端母线），即 $LPZ0_A$ 或 $LPZ0_B$ 进入 LPZ1 区，是否安装 SPD，所安装 SPD 的类型和参数是否满足规范要求。

2）楼层分配电箱处，是否安装 SPD，所安装 SPD 的类型和参数，与第一级 SPD 的级配和间距是否满足规范要求。

3）入户配电箱、需保护的机房配电箱、户外用电设备配电箱，是否安装 SPD，所安装 SPD 的类型和参数，与上一级 SPD 的级配和间距是否满足规范要求。

4）电涌保护器的类型和参数参见本规程第六章第十节表 6-10-4～表 6-10-8。

5）SPD 的相线及地线材型是否满足规范要求，参见本规程第六章第十节表 6-10-13。

2. 电子、信号、控制系统的 SPD

（1）信号线路 SPD 应根据线路的工作频率、传输介质、传输速率、传输带宽、工作电压、接口形式、特性阻抗等参数，选用电压驻波比和插入损耗小的适配 SPD。信号线路 SPD 的选用可参照第六章第十节第二条的规定。

（2）电子信息系统信号传输、控制线路中可根据设备的工作电压选择信号 SPD 的电压保护水平 U_p，常见各类信号线路的工作电压如表 8-2-6。

表 8-2-6　各类信号线路的工作电压

电压	信号网络
7.5 V	RS422，RS423，RS485，以太网，大多数 LANS 以太网，局域网
7.0 V	数据电话公司（信道服务单元/数据服务单元，DDS，T1，ISDN 等）
12 V	类别 5，100Base－T，ATM155(100 兆赫)
18 V	RS232，令牌环，数字式 4－20 毫安电流回路
27 V	ArcNet，模拟 4－20 毫安电流回路
60 V	模拟、租用专用线电话公司
240 V	拨号线、调制解调器和传真机

（3）各专业信号 SPD 的安装位置，导线材型及接地方式是否满足 GB 50343－2012 要求，是否满足各专业规范要求。

十一、审核施工工艺

如设计方案内包括施工工艺，则应对其进行评价：

（一）设计规范中的安装要求

参见本规程第六章第十一节。

（二）国家建筑标准设计图集中的要求

1. 建筑物防雷设施安装

应满足国家建筑标准设计图集《建筑物防雷设施安装》(99(07)D501－1)。

2. 等电位联结安装

应满足国家建筑标准设计图集《等电位联结安装》(02D501－2)。

3. 利用建筑物金属体做防雷及接地装置安装

应满足国家建筑标准设计图集《利用建筑物金属体做防雷及接地装置安装》(03D501－3)。

4. 接地装置安装

应满足国家建筑标准设计图集《接地装置安装》(03D501－4)。

第九章 防雷装置施工监督和竣工验收检测

第一节 防雷装置施工监督方法

一、施工监督一般要求和流程

（一）施工监督一般要求

1. 按照《广西壮族自治区防御雷电灾害管理办法》第十四条的规定，对建设中的防雷装置进行质量跟踪检测，督促整改不符合设计要求的施工。

2. 施工监督跟踪检测是指对新、改、扩建（构）筑物、设施的防雷装置隐蔽工程施工安装过程中的有关工序所进行的检测。

3. 防雷装置施工跟踪检测应以现行有效的国家、行业、地方等标准中的技术要求和气象主管机构审核核准的设计文件作为检测依据，主要检查是否按图施工，施工工艺及质量。防雷装置的施工安装应与设计文件相符，若不相符，应要求提供有效的变更依据。

4. 首次施工监督，应先通过查阅审核通过的防雷工程设计技术资料和技术评价意见，了解被检方的防雷装置设计的基本情况。落实防雷监督工作交底制度，负责将监督人员、监督内容、监督方式、监督频次以及相关技术标准等告知工程质量各方责任主体。

5.《新建建（构）筑物防雷装置施工质量检查手册》作为竣工检测的基础资料，应如实填写，每次检查都应填写检测项目内容、日期等情况（包括是否签发整改通知等），且须经建设单位或监理单位、施工单位、检测三方人员签字方为有效。按质量检测评定标准和实际检测的结果进行质量评定。

6. 对施工质量存在问题或未按图纸施工的，及时发出施工整改意见要求整改。当施工单位或建设单位对整改意见有异议时，应做好解释或组织阶段验收会审，落实整改。拒不整改的，报市（县）气象主管机构查处。

7. 对于部分隐蔽工程已经完成的工程项目，施工监督跟踪检测按本规程第十章规定进行。

8. 现场施工监督工作应有不少于两名持证检测员参加。

（二）施工监督流程

1. 受理并签订检测服务协议（或委托书），告知其施工监督跟踪检测的相关事宜（时间、节点、内容等）。

2. 受理建设单位提出的防雷装置施工跟踪检测申请或检测人员主动联系确定施工监督、

分段检测时间。

3. 调阅本次施工跟踪检测过程的防雷工程技术资料、图纸和防雷设计技术评价资料等，确定检测项目。根据检测项目，准备并检查检测仪器设备。

现场检查防雷装置的施工是否与设计相符，由检测人员根据相关规范的要求，对各环节的施工质量进行检查，视情况进行测试并记录数据。

4. 现场检测完毕，由检测人员对本次所检项目的数据及意见进行校对和复核并签字，施工单位、监理单位（或建设单位）代表对本次检测结果进行确认并签字。

5. 对检测的原始记录数据进行整理分析，根据相应的技术标准和设计文件进行判定，检测结果符合要求的准予隐蔽；检测结果存在不符合项的则出具防雷装置施工监督整改意见，由建设单位进行整改，整改完毕后提出复检申请，经复检符合要求的准予隐蔽。

6. 工程施工跟踪检测结束后，接受建设单位提出的防雷装置竣工检测申请，转入竣工阶段检测。

（三）施工监督流程见图 9-1-1。

二、施工监督方法

（一）施工监督环节（工序）

1. 基础：接地装置（包括桩、承台或筏板、地梁的钢筋、人工接地体）焊接安装完毕，未浇灌混凝土或砌砖、填土覆盖之前。

2. 相关楼层：

（1）裙楼层或转换层：裙楼顶或转换层防雷装置焊接完毕未浇灌混凝土之前。

（2）其他需要检查的楼层：根据设计内容及实际施工情况确定的需检测的环节（如设计需预留等电位及其他接地端子、设计有玻璃幕墙等），在其连接安装完毕浇灌混凝土或砌砖覆盖前。

3. 防侧击雷层（均压环）：各设置均压环及采取防侧击措施的相关楼层，在其相应工序（如楼层均压环、均压环与引下线连接、预留局部等电位、电气其他预留接地端子、外墙金属门窗、玻璃幕墙与均压环连接）安装完毕浇灌混凝土或砌砖覆盖前。

4. 封顶层面层：封顶、最顶层防雷装置（如引下线与梁筋、接闪器与引下线连接、暗敷接闪带、接闪网格、接闪短杆与接闪带或接闪网格、层面预留接地端子）焊接完成，浇灌混凝土之前。

5. 易燃易爆场所增加等电位连接带焊接；生产储存销售设备安装；防静电设备安装三个阶段。

（二）施工监督内容（包含施工工艺）

1. 自然接地体监督内容

检查自然接地体、接地线的材料规格、尺寸、形状、位置、连接方式与工艺质量、利用数量，标识是否清楚，是否按照设计施工图设置。

（1）桩：桩的埋设深度、桩主筋材料规格、桩主筋与承台或筏板连接材料（接地线）数量、规格、焊接质量。每根桩利用筋数，桩的利用系数。

（2）承台或筏板：承台或筏板主筋作为接地体的数量、材料规格及连接材料数量、规格、焊接质量；承台或筏板与桩主筋连接材料数量、规格、焊接质量；承台或筏板与引下线连接材料数

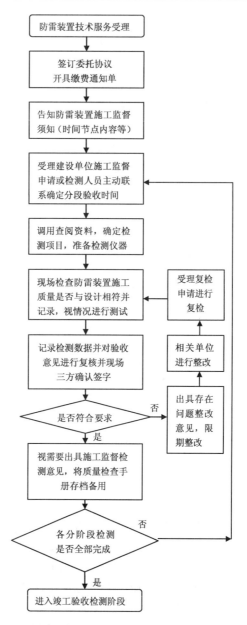

图 9-1-1　防雷装置施工监督流程图

量、规格、焊接质量;承台或筏板与地梁主筋连接材料数量、规格、焊接质量;等电位联结及电气预留接地端子预留情况、材型规格、焊接质量。水平接地体埋设深度及水平接地体网格尺寸、形状,防跨步电压措施。

　　(3)地梁主筋:地梁主筋作为接地体的数量、材料规格及连接材料数量、规格、焊接质量;地梁主筋与桩主筋连接材料数量、规格、焊接质量;地梁主筋与引下线连接材料数量、规格、焊接质量;电气预留接地端子预留情况、材型规格、焊接质量。水平接地体埋设深度及水平接地体网格尺寸、形状,防跨步电压措施。

　　2. 人工接地体监督内容

水平接地体、垂直接地体材型、规格、埋设深度、焊接质量、防腐措施；垂直接地体布置间距，人工接地体与引下线的连接方式、工艺及焊接质量，水平接地体网格尺寸、形状，防跨步电压措施。

其他注意事项：

(1)需要时对土壤电阻率进行测量。

(2)检查人工接地体是否与自然接地体连接(即是独立接地还是共用接地)。

3. 引下线监督内容

(1)检查引下线的敷设方式、位置、数量、材型规格，连接方式与工艺质量、标识是否清楚，是否按照设计施工图设置。检查是否预留接地电阻测试端子。

(2)检查引下线利用柱筋数量、材型规格、与接地装置的连接方式、工艺与焊接质量。

(3)检查混凝土柱内钢筋是否按工程设计文件要求采用土建施工的绑扎法、螺丝扣连接等机械连接或对焊、搭焊等焊接连接。

(4)明敷引下线应检查防接触电压措施。

4. 防侧击层(均压环)监督内容

(1)检查设置均压环起始层，均压环材型规格、网格尺寸、焊接质量，利用数量，均压环与引下线连接方式，施工工艺。

(2)检查从均压环钢筋预留的外墙金属门窗、栏杆、玻璃幕墙预留接地端子是否完整及焊接质量与工艺质量。

(3)检查外墙金属门窗、栏杆、玻璃幕墙与均压环的连接方式与工艺质量。

5. 等电位连接监督内容

(1)检查总等电位连接端子、电气预留接地端子、局部等电位连接端子的材型规格、数量是否按照施工图进行预留。

(2)检查等电位连接带、连接导体的材料规格、连接方式、连接工艺与焊接质量。

6. 接闪器监督内容

接闪器的施工监督主要是对天面暗敷接闪器的检查。同一天面层接闪器与引下线连接、暗敷接闪带、接闪网格、接闪杆与接闪带(网)连接，预留等电位，电气其他预留接地端子连接。

非易燃易爆场所建筑物，当其女儿墙以内的屋顶钢筋网以上的防水和混凝土层允许不保护时，可利用屋顶钢筋网作为接闪器；多层建筑，且周围通常无人停留时，可利用女儿墙压顶板内或檐口内的钢筋作为接闪器，即天面暗敷接闪器(包括接闪网格、接闪带)。

(1)接闪网格：检测接闪网格的材料和规格；检查接闪网格的敷设状况，包括安装位置、是否平正顺直无急弯。检查接闪网格尺寸和连接方式、工艺与质量及防腐措施。检查接闪网格与引下线的连接情况。

(2)接闪带：检测接闪带的材料和规格；检查接闪带的敷设状况，包括安装位置、是否按GB 50057—2010附录B的规定沿屋角、屋脊、屋檐和檐角等易受雷击的部位敷设、是否平正顺直无急弯；检查接闪带的连接方式、工艺与质量及防腐措施；检查接闪带与引下线及接闪网格的连接情况。

(3)接闪杆：检测接闪杆的材料和规格。检查接闪杆是否按GB 50057—2010附录B的规定沿屋角、屋脊、屋檐和檐角等易受雷击的部位敷设。检查接闪杆与接闪带(网)的连接方式、工艺与焊接质量及防腐措施。

第二节　防雷装置竣工验收检测方法

一、竣工验收检测一般要求和流程

(一)竣工验收检测一般要求

1. 按照《广西壮族自治区防御雷电灾害管理办法》第十五条规定,对各类防雷装置进行竣工验收检测。

2. 竣工验收检测是指在新、改、扩建建筑物、设施的所有防雷装置及有关设备安装完毕后进行的全面检测。

3. 防雷工程施工监督结束后,待建筑物防雷装置全部施工完毕,接受建设单位提出的防雷装置竣工验收检测申请,进入竣工验收检测阶段。由防雷专业机构对竣工的防雷装置进行总体检测。检测以防雷工程施工设计图纸和技术评价意见为主要依据,参考相应的国家技术规范,检测施工质量是否达到技术、工艺要求。

4. 根据检测项目、业务的相关规定,按先检测外部防雷装置、后检测内部防雷装置的顺序进行巡视检查,采集相关的技术数据。

5. 填写《新建建(构)筑物防雷装置施工质量检查手册》,所有检测记录、数据等相关检测资料,须经建设单位或监理单位、施工单位、检测三方人员签字方为有效。

6. 对验收检测不合格的防雷装置提出整改意见,督促建设单位或者施工单位整改。整改复检合格后出具防雷装置验收检测报告。

7. 对于隐蔽工程已经完成的工程项目,验收检测按本规程第十章规定进行。

现场施工监督工作应有不少于两名持证检测员参加。

(二)竣工验收检测程序

1. 受理建设单位竣工验收申请,确定现场检测时间。

2. 查阅本次检测对象的施工监督资料、技术评价意见、图纸、确定检测项目,并根据检测对象,准备并检查检测仪器设备。

3. 巡视检测对象及周边环境,了解现场情况,进行现场安全评估,根据现场布置检测仪器设备。

4. 进行现场检测并记录数据。根据确定的检测项目,按先检测外部防雷装置,后检测内部防雷装置的顺序,由检测人员根据相关规定,对建筑物、设施及其防雷装置的观感质量进行巡视检查,采集与本次防雷装置检测相关的技术参数,同时选择确定接地电阻、过渡电阻、SPD参数等测点。绘制相关平面示意图,对测点进行标注、编号并测量,测量结果经复核无误后按要求将原始记录记入《新建建(构)筑物防雷装置施工质量检查手册》。

5. 复核、确认并签字。现场检测完毕,对仪器设备再次进行检查,确认其正常后,由检测员对原始记录进行校核签字,施工单位、监理单位(或建设单位)代表对本次检测内容、结果进行确认并签字。

6. 对检测原始记录中的数据进行计算、整理和处理后,根据相应的技术标准进行判定,填写验收意见。验收意见符合要求的编制检测报告；验收意见存在不符合项的现场开具防雷装置竣工验收整改意见，经复检合格后出具检测报告。

7. 根据《新建建（构）筑物防雷装置施工质量检查手册》出具《建（构）筑物防雷装置验收检测报告》，对原始记录、验收检测报告进行三级审核（检测人员、校核人、授权签字人）、并进行质量差错考核。审核通过、确认进账后送盖章。

8. 检测报告发放、签收、登记、归档。

9. 对服务对象进行跟踪回访。

（三）竣工验收检测流程图

防雷装置施工监督和竣工验收检测业务流程如图 9-2-1。

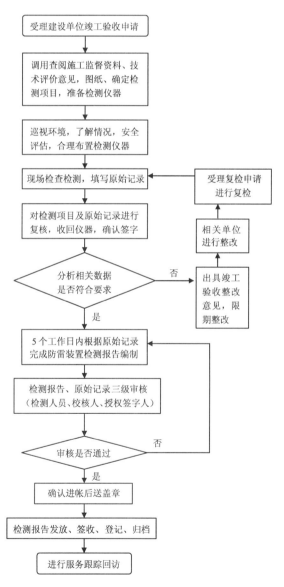

图 9-2-1　防雷装置施工监督和竣工验收检测业务流程图

二、竣工验收检测方法

（一）防雷装置竣工验收检测方法（包含施工工艺）

1. 检测方法

防雷装置竣工验收检测方法包括查阅资料、检查观感质量、测量技术参数、分析处理、抽检等。

（1）查阅资料

查阅资料指查阅设计图纸、隐蔽工程记录及竣工图等相关资料，所查阅的资料必须确认其可靠性、真实性、有效性。

施工跟踪检测应查阅经气象主管机构审核核准的设计施工图，及后续的设计变更单或变更图纸及防雷技术服务机构出具的防雷装置设计技术评价意见。在检测过程中，如现场施工与设计施工图纸不一致，应要求施工单位提供有效的设计变更单或变更图纸。

竣工阶段检测缺少的隐蔽工程记录项目，可以查阅相关的隐蔽工程记录或竣工图纸。隐蔽工程记录必须是经建设或监理单位签字盖章有效的记录，并按本规程第十章规定进行。

（2）检查观感质量（目测）

检查观感质量指对各种防雷装置及措施的外露部分观感质量进行检查并记录和判断其是否符合要求的过程。

观感质量主要是检查防雷装置施工安装工艺。如：检查接闪器、引下线是否平正顺直；检查 SPD 的连接导线是否平直、色标是否清晰、绝缘层有无破损、老化；铭牌检查；检查焊接固定的焊缝是否饱满无遗漏，焊接部分的防腐措施是否完整；螺栓固定是否有防松零件等。

（3）测量技术参数

测量技术参数指运用各种仪器、仪表设备对防雷装置各种技术参数进行测量、读数、记录的过程。包括长度量值、电涌保护器参数、接地电阻值、过渡电阻值、环路电阻值、土壤电阻率等，应该根据本技术规程第四章相关方法进行测量。

（4）分析处理

分析处理是指对测量的各种技术参数进行分析、计算并判断其是否符合要求的过程。测量数据为最终结果的可直接与标准要求比对并判定，测量数据不能直接与标准要求比对的需计算导出最终结果。需要进行计算导出结果的项目主要有年预计雷击次数、保护范围、间隔距离、冲击接地电阻值等。

（5）抽样检验

抽样检验法应符合《建筑工程施工质量验收统一标准》（GB 50300－2013）的相关抽样检验要求。抽样检验是在对所有被检对象检查观感质量的基础上，对于同一类型数量较多项目（如金属门窗）的测试，可以通过随机抽取一定比例样本测试的方法来反映整体情况。

1）第一类防雷建筑物所有测点必须全数检测，不得抽样检验。

2）幕墙的防雷抽检原则：有均压环的楼层，少于 3 层时应全数检查；多于 3 层时抽测数量不得少于 3 层，有女儿墙盖顶层必须测量；无均压环的楼层，抽测数量不少于 2 层，每层（面）至少检查 3 处。

3）第二、三类防雷建筑物防侧击措施的金属门窗、栏杆过渡电阻值或接地电阻值的测试抽样比例按相关规范、收费文件要求，或者按双方协议。

2. 防雷装置有关连接工艺与质量要求

(1)连接方式可采用放热焊接、电渣压力焊、搭接焊、卷边压接、缝接、绑扎、螺钉或螺栓连接等。

(2)接闪带、引下线敷设,拐角处应采取圆弧过渡,伸缩缝应采取补偿。

(3)焊接工艺质量具体应符合下列要求:

1)焊接固定的焊缝饱满无遗漏,严防脱焊、虚焊,焊接部分应除去焊渣,做防腐处理(混凝土中除外),不同金属间应有防电化腐蚀措施;

2)螺栓连接。应满足相关螺栓尺寸、个数和跨接的要求,保证电气贯通,同时螺栓固定的应备帽等防松零件齐全。

3)采用其他连接方法时应保证电气贯通。

4)防雷装置钢材焊接时的搭接长度及焊接方法应符合本规程第六章第十一节表 6-11-1 的要求。

(二)防雷装置竣工验收检测内容

1. 接闪器的验收检测

(1)独立接闪杆和架空接闪线(网)

1)检测被保护物是否处于接闪器保护范围内。测量接闪杆及被保护物相关数据,如接闪杆的高度、被保护物的几何尺寸、接闪器与被保护物的距离。接闪杆用材规格、防腐情况、电气连接情况等。然后用滚球法计算接闪器保护范围,确认被保护物是否处于接闪器保护范围内。

接闪器对排放爆炸危险气体、蒸气或粉尘的放散管、呼吸阀、排风管等的管口外空间的保护范围,符合第六章第一节表 6-1-7。

2)检查架空接闪线是否采用截面积≥50 mm² 的镀锌钢缆,两端是否接地。

3)检测第一类、第二类防雷建筑物的接闪器(网、线)与屋面及被保护物的间隔距离是否符合要求。

检查独立接闪杆和架空接闪线(网)的支柱及其接地装置至被保护建筑物及其有联系的管道、电缆等金属物之间的距离,应检测 R_i—独立接闪杆、架空接闪线或网支柱处接地装置的冲击接地电阻(Ω)(下同)、h_x—被保护建筑物或计算点的高度(m)、S_{a1}—空气中的间隔距离(m)。

第一类防雷建筑物根据第六章第一节公式 6-1-1、公式 6-1-2、公式 6-1-3 进行计算,且不得少于 3 m。

第二类防雷建筑物根据第六章第一节公式 6-1-8、公式 6-1-9、公式 6-1-10、公式 6-1-11 进行计算,不共用接地时不得少于 2 m。

检测架空接闪线至屋面和各种突出屋面的风帽、放散管等物体之间的间隔距离,应检测 R_i、S_{a2}—接闪线至被保护物在空气中的间隔距离(m)、h—接闪线的支柱高度(m)、l—接闪线的水平长度(m)。根据第六章第一节公式 6-1-4 和公式 6-1-5 进行计算,分析处理,且不得少于 3 m。

检测架空接闪网至屋面和各种突出屋面的风帽、放散管等物体之间的间隔距离,应检测 R_i、S_{a2}—接闪网至被保护物在空气中的间隔距离(m)、l_1—从接闪网中间最低点沿导体至最近支柱的距离(m)、n—从接闪网中间最低点沿导体至最近不同支柱并有同一距离 l_1 的个数。根据第六章第一节公式 6-1-6 和 6-1-7 进行计算,分析处理,且不得少于 3 m。

注:在确定接闪线的高度时,要考虑到弧垂的影响。在无法确定弧垂的情况下,可考虑架

空接闪线中点的弧垂。当等高支柱距离小于 120 m 时,弧垂取 2 m;当等高支柱距离为 120～150 m 时,弧垂取 3 m。

4)测量相关接地电阻。

(2)接闪短杆

1)检测接闪短杆的材型规格、长度是否符合本规程第六章要求;

2)检查焊接方式及防腐措施是否满足规范要求;

3)是否安装在 GB 50057－2010 附录 B 的建筑物雷击率最高的部位;

4)测量相关的接地电阻。

(3)接闪带的检测验收

1)检查接闪带敷设方式状况(明敷、暗敷),安装位置、是否平正顺直无急弯,伸缩缝处是否采取补偿措施,拐角处是否圆弧过渡、使用材料、规格、焊接质量(包括与引下线及天面金属物焊接)、防腐措施、接闪带到外墙的距离、支持卡高度、间距,固定情况。

2)检查接闪带上有无悬挂电话线、广播线、电视接收线及低压架空线等电气、通信线。

3)检查接闪带是否沿屋角、屋脊、屋檐、檐角、女儿墙等易受雷击部位敷设;当建筑物高度超过滚球半径时,检查是否首先沿屋顶周边敷设接闪带,接闪带应设在外墙外表面或屋檐边垂直面上(外)。接闪带宜明敷,并用支撑卡固定,支撑卡高度不宜小于 15 cm,支撑卡的间距应该满足第六章第一节表 6-1-4 的规定,接闪带应使用热镀锌钢材,优先采用圆钢。

4)检查明敷接闪带固定支架间距是否满足第六章第一节表 6-1-4 的要求。

5)测量接闪带的接地电阻。

(4)接闪网的检测验收

检查接闪网敷设方式状况(明敷、暗敷),安装位置、是否平正顺直无急弯,使用材料、规格、焊接质量(包括与引下线、天面金属物、接闪带的焊接)、防腐措施、网格尺寸。

(5)金属屋面做接闪器

检测第二类、第三类防雷建筑物利用屋面金属做接闪器时是否符合第六章第一节表 6-1-4 要求。

有爆炸危险的露天钢质气罐,当其壁厚不小于 4 mm 时,可不装接闪器,但应接地,且接地点不应少于两处,两接地点弧形距离不应大于 30 m。

(6)天面金属物

1)检查建筑物顶部孤立金属物是否处于接闪器保护范围内,若未处于保护范围内,则应检查其高出屋顶平面的高度、上层表面总面积及长度,确定是否要采取保护措施。

注:没有得到接闪器保护的屋顶孤立金属物的尺寸不超过下列数值时,可不要求附加的保护措施:①高出屋顶平面不超过 0.3 m。②上层表面总面积不超过 1.0 m²。③上层表面的长度不超过 2.0 m。

2)镀锌管道的防雷连接应采用抱箍式连接卡与系统连接。不得直接在镀锌管上焊接。

3)检测建筑物屋顶金属物体是否与防雷装置相连。

4)测量相关的接地电阻。

(7)屋面非金属物

检查建筑物屋面的非金属物体(如隔断墙、烟囱)是否处在防雷装置的保护范围之内。对于不处在接闪器保护范围内的非导电性屋顶物体,检测其是否突出由接闪器形成的平面高度

0.5 m。

2. 引下线的检测验收

(1)检查引下线根数、位置、材型规格、与接闪器、接地装置的连接方式、工艺与焊接质量及防腐措施。

(2)测量引下线的间距,计算其平均间距(按周长计算),应符合第六章第二节表 6-2-2 要求。

注:第二类防雷建筑物或第三类防雷建筑物为钢结构或钢筋混凝土建筑物时,在其钢构件或钢筋之间的连接满足 GB50057-2010 第 5.3.8 的规定并利用其作为引下线的条件下,当其垂直支柱均起到引下线的作用时,可不要求满足专设引下线之间的间距。

(3)检查引下线的敷设状况,包括布置是否沿建筑物外围和内庭院四周均匀对称、是否平正顺直无急弯、是否以最短路径接地、是否采取防机械损伤措施、是否与易燃材料的墙壁或墙体保温层距离大于 0.1 m。

(4)检查明敷引下线的断接卡设置情况,测量断接卡距地面距离,测试接地电阻值时应断开其连接后进行。检查引下线附近保护人身安全所采取的防接触电压措施。

(5)测量引下线接地电阻。

3. 接地装置的检测验收

(1)相关接地装置的检测验收在施工监督环节已经做好相关隐蔽施工记录,接地装置的验收主要检查供测量和等电位连接用的接地端子(测试点)数量、材型规格和位置是否符合设计要求。

(2)测试接地装置的接地电阻值。

(3)检查整个接地网外露部分接地线的规格、防腐、标识及防机械损伤措施。

(4)检查防直击雷与防闪电感应、电气设备和信息系统等接地是合设或分设。

注:第一类防雷建筑物防直击雷与防闪电感应、电气设备和信息系统等接地应分设,难以分设时可按 GB50057-2010 规范 4.2.4 条规定合设;第二、三类防雷建筑物接地应合设。

(5)检查第一类防雷建筑物接地装置及与其有电气联系的金属管线的间隔距离。

(6)检查在建筑物外人员可经过或停留的引下线与接地装置连接处 3 m 范围内,是否采用防止跨步电压措施或方法。

4. 防侧击雷的检测验收

(1)第一类防雷建筑物防侧击雷措施的检测验收

1)检查首条水平接闪带高度。

2)检查水平接闪带垂直距离。

3)检查水平接闪带及其与引下线间的连接方式、工艺与质量、引下线间距。

4)检查 30 m 及以上外墙上的栏杆、门窗等较大金属物与防雷装置的连接情况,测试其接地电阻值。

(2)第二、三类防雷建筑物防侧击雷措施的检测验收

1)检查对应滚球半径的球体从屋顶周边接闪带外向地面垂直下降接触到的突出外墙物体和上部占高度 20% 并超过 60 m 各表面上的尖物、墙角、边缘、设备以及显著突出的物体是否采取相应的防侧击措施。

2)检测接闪器及连接导体材料规格,检查相关连接方式、工艺与质量,是否按照设计施工

图设置;检查接闪器与引下线的连接方式与工艺质量,检查接闪器的防腐措施与现状,测试接闪器接地电阻值。

3)检测需采取防侧击措施的物体是否处于接闪器保护范围内。测量相关数据。

4)检查外墙内、外竖直敷设的金属管道及金属物的顶端、底端与防雷装置的连接状况。并测试其接地电阻。

5)检查上部占高度20%并超过60 m各表面外墙上的栏杆、门窗等较大金属物与防雷装置的连接情况,测试其接地电阻值。

5. 等电位连接措施的检测

(1)检查建筑物入户处总等电位连接(EMB)、局部等电位连接(LEB)设置情况,连接导体、接地端子的材料规格、连接方式、连接工艺与质量。

(2)检查建筑物顶部和外墙上的金属栏杆、旗杆、吊车梁、管道、设备、太阳能热水器、金属门窗、玻璃幕墙、广告牌等外露的金属物是否与防雷装置进行等电位连接。

(3)检查建筑物的地下室或地面层处下列物体是否与防雷装置做等电位连接:建筑物金属体、金属装置、建筑物内系统、进出建筑物的金属管线。

(4)检查穿过建筑物防雷区界面的所有导电物是否在相应界面处做等电位连接(LPZ0区与LPZ1区及各后续防雷区界面)。

(5)检查建筑物竖向金属管道、金属物顶端与底端与防雷装置等电位连接情况。

(6)检查各防雷区内应采取防雷击电磁脉冲措施的金属物(如箱体、壳体、机架、机柜、金属管、金属线槽(桥架)、静电地板支架、门窗等)是否与等电位连接带连接。

(7)测量第一类防雷建筑物中长金属物的弯头、阀门、法兰盘等连接处的过渡电阻是否不大于 $0.03\ \Omega$。

(8)变电所、高低压配电室内的接地干线应有不少于两处与接地装置引出干线连接。

(9)测试相关等电位连接过渡电阻值或接地电阻值。

6. 电气系统防雷检测验收

电气系统防雷检测验收包括进户方式、屏蔽、接地、电涌保护器安装等。

(1)检查低压配电线路引入敷设方式及供电系统接地形式。

(2)检测入户端电缆金属外皮、钢管是否接地并测量其接地电阻。

(3)检查室内低压配线布线情况:①低压配电线路的单芯线缆不应单独穿于金属管内;②不同回路、不同电压等级的交流和直流电线不应穿于同一金属管中,同一交流回路的电线应穿于同一金属管中,管内电线不得有接头。③爆炸危险场所所使用的电线(电缆)的额定耐受电压值还应低于 750 V,且应穿在金属管中。

检测低压配电保护线(PE线)的接地电阻值。

(4)检查并记录各级SPD的安装位置、型号、试验类型、安装的级数、安装数量、主要性能参数和安装工艺(连接导体的材质、导线截面和长度,连接导线的色标相线采用黄、绿、红色,中性线N用浅蓝色,保护线PE用绿黄双色线,连接牢固程度)。

电源SPD主要性能参数满足设计要求及第六章第十节第一条的规定,连接导体的材料规格符合第六章第十节表6-10-13规定。

检测低压配电SPD的接地电阻值。

(5)对SPD进行外观检查:SPD的表面应平整,光洁,无划伤,无裂痕和烧灼痕或变形,标识应完整和清晰,SPD 状态指示器是否正常。

（6）检测 SPD 与被保护设备之间的线路长度。

（7）检查 SPD 前端是否设置过电流保护器,检查安装的过电流保护器是否符合下列要求:如使用熔断器,其值应与主电路上的熔丝电流值相配合,即应当根据 SPD 产品手册中推荐的过电流保护器的最大额定值选择。

（8）根据需要进行电源 SPD 有关特性参数的测试。如泄漏电流（I_{ie}）、直流参考电压（U_{1mA}）、残压（U_{res}）值。

7. 电子系统及综合布线系统防雷验收检测

包括进户方式、屏蔽、接地、综合布线距离、电涌保护器安装等。

（1）检查室外线路类型（电话、电视、网络、消防、监控等）、数量及线路引入敷设方式。

（2）检查各种线路屏蔽是否符合要求。

（3）检查各种线路、设备相互之间的距离应满足综合布线要求,符合第六章第八节第三条的规定。

（4）当室外线路采用金属线时,检查其引入的终端箱处是否装设 SPD,如已设,检测 SPD 类型、相关参数及安装工艺。

信号 SPD 主要性能参数满足设计要求及第六章第十节第二条的规定,连接导体的材料规格符合第六章第十节表 6-10-13 规定。

（5）当室外线路采用光缆时,检查光缆金属物（金属接头、金属挡潮层、金属加强芯）在入户处是否接地,检查有无金属线路引出本建筑物至其他有自己接地装置的设备。

（6）检查光缆引入的终端箱处的电气线路侧是否装设 SPD,如已设,检测 SPD 类型、相关参数及安装工艺。

（7）测量相关接地电阻值。

第三节　检测报告和资料归档

一、检测报告编写

1. 经检测人员现场验收检测全部合格的建（构）筑物,出具《建（构）筑物防雷装置验收检测报告》,验收检测报告统一按顺序编号。

2. 验收检测报告各栏内容均应来自《建（构）筑物防雷装置施工质量检查手册》且填写准确,根据检测项目进行取舍选择录入。

3. 验收检测报告编号的构成如图 9-3-1。

图 9-3-1　验收检测报告编号的构成

4. 验收检测报告的三级审核及发放流程见图 9-3-2。

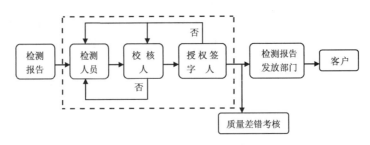

图 9-3-2　检测报告三级审核流程图

5. 检测人员是指该工程项目现场验收检测人员,校核人是指验收检测报告的校核人员。验收检测报告中的检测人员、校核人和技术负责人均应亲笔签名(用蓝黑墨水钢笔)。

6. 关于验收检测报告错误、补发相关要求:

(1)不合格项目或验收时只出具主体合格、电气防雷未安装的情况,整改合格后、再发的报告,在报告编号后面增加 ZG(整改)。

(2)报告遗失申请补发的报告,在报告编号后面增加 BF(补发)。

(3)已经签发的报告,发现错误(如业主名称变更、项目名称变更或其他错误等),收回错误报告,更改后重新发放的报告,在报告编号后面增加 GG(更改)。

二、新建建筑物验收资料归档

工程通过验收,签发《新建建(构)筑物防雷装置验收检测报告》后,相关的技术资料、图纸应及时整理送档案室归档。归档资料如下:

1. 防雷设计图纸;

2.《建设工程规划许可证》等复印件;

3.《防雷装置设计技术评价登记表》;

4.《防雷装置设计技术评价意见》;

5.《新建建(构)筑物防雷装置施工质量检查手册》;

6. 防雷装置竣工验收检测申请登记表;

7.《新建建(构)筑物防雷装置验收检测报告》;

8. 相关的《防雷装置验收检测整改意见》;

9. 相关隐蔽工程照片等。

第十章 已开工未竣工、已竣工新建建(构)筑物防雷服务补救方法

气象主管机构和防雷专业机构应关注当地建设项目动态,及时主动进行防雷管理和服务。已知建设项目已开工但未办理防雷报建手续的,应主动联系到现场提前介入该项目的防雷管理和技术服务,并督促建设方及时办理防雷报建手续。

由于建设方存在建筑项目已开工甚至已竣工才办理防雷技术服务的现象,为了保证项目防雷装置建设质量,减少或杜绝少服务或不服务行为,避免服务方与服务对象产生矛盾,应采取以下补救方法进行防雷技术服务。

一、业务受理

建设单位领取并填写《防雷装置设计技术评价及竣工验收检测申请登记表》,携带盖章的申请登记表和相关资料到防雷服务机构办理。受理人员应向办理人说明防雷收费的政策、项目和标准,同时说明因为办理防雷管理服务手续滞后,可能对已完工的隐蔽防雷装置检查检测会有一定影响,施工单位和监理单位应积极配合防雷专业机构对已隐蔽的防雷装置采取调查、查阅、说明,使用混凝土钢筋测试仪或直接开挖等方法进行检查检测。

二、雷电灾害风险评估

已开工未竣工的项目,根据设计文件进行雷电灾害风险评估。已竣工项目,根据设计文件和防雷装置现状进行雷电灾害风险评估。对于已竣工但建设方不能提供设计文件的项目,根据防雷装置现状进行雷电灾害风险评估。评估方法按本规程第七章和《广西雷电灾害风险评估业务工作手册》进行。

三、设计技术评价

已开工未竣工、已竣工的项目,按照规范标准对设计文件进行技术评价;对于已竣工但建设方不能提供设计文件的项目,根据防雷装置现状进行设计技术评价。如果设计单位对设计技术评价意见在 15 个工作日内没有答复或修改,则视同认可设计技术评价意见。技术评价按本规程第八章进行。

四、施工监督和竣工验收

1. 业务受理后,必须派技术人员到现场进行具体检查检测防雷装置(包括接地装置、引下线、接闪器、总等电位和局部等电位连接、均压环、外墙金属门窗、栏杆、幕墙等接地连接、金属管道接地连接、设备预留接地连接、SPD 等)的材型规格、数量、布置、间距、连接、防腐等施工质量。测量接地电阻。

2. 施工监督和竣工验收按本规程第九章进行。已竣工非隐蔽的防雷装置检查检测按正常程序和方法进行。

3. 已竣工且隐蔽的防雷装置,采取以下检查检测方法:

(1)向监理人员调查其防雷装置材型规格、数量、布置、连接、防腐等施工质量情况,将调查情况填写在原始记录上一起存档。

(2)向施工人员调查其防雷装置材型规格、数量、布置、连接、防腐等施工质量情况,将调查情况填写在原始记录上一起存档。

(3)施工单位出具隐蔽防雷装置材型规格、数量、布置、连接、防腐等施工质量情况说明,与原始记录一起存档。

(4)监理单位出具隐蔽防雷装置材型规格、数量、布置、连接、防腐等施工质量情况说明,与原始记录一起存档。

(5)查阅现场施工工程隐蔽记录,将隐蔽防雷装置的材型规格、数量、布置、连接、防腐等施工质量情况填写在原始记录上并存档。

(6)选点采用混凝土钢筋测试仪或开挖检查检测隐蔽防雷装置材型规格、数量、布置、连接、防腐等施工质量,并填写在原始记录上,核查其与设计文件、技术评价意见、施工工程隐蔽记录、调查结果和情况说明是否相符。

(7)开挖检查检测不能破坏防雷装置原来的结构、数量、位置、连接、防腐等,如有破坏,应恢复原状。由建设方协调施工方负责开挖和恢复。

核查以上调查、说明、查阅的结果是否符合设计文件、技术评价意见和规范标准要求,作为竣工验收检测的依据。如果有不相符的,应提出整改意见,整改完毕后,进行复检。

4. 后续施工的防雷装置检查检测按正常程序和方法进行。

5. 没有设计文件(图纸)的项目,按规范标准要求检查检测。

6. 检查检测发现有不符合设计文件、技术评价意见和规范标准要求的,应提出整改意见,整改完毕后,进行复检。对于已竣工的防雷装置验收检测,符合规范标准要求但不符合设计文件要求的,可以与建设方协商采取整改措施或者修改设计文件。

第十一章 防雷装置定期安全检测

防雷装置是否符合要求、防护效果及质量好坏关系到国家的财产和人民生命安全大事,对防雷装置检测结果的评价,只能以检测数据为依据。防雷装置检测均以现行的国家、行业及地方有关防雷技术规范、标准为准,检测项目有防直击雷、防侧击雷、防闪电感应、防闪电电涌侵入、防高电位反击、防雷击电磁脉冲(等电位连接、屏蔽、SPD)、防静电、接地电阻测试、安装工艺和防腐措施以及用材规格、布局、产品技术参数等,检测方法有外观检查和仪器测量。

第一节 检测程序和相关要求

一、防雷装置定期安全检测程序

1. 防雷装置定期安全检测流程如图 11-1-1。

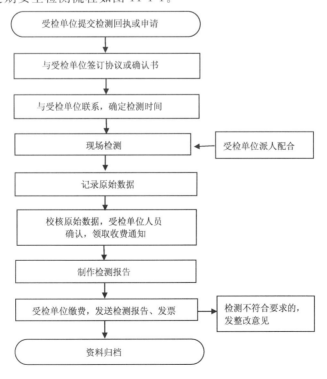

图 11-1-1 检测流程框图

2. 防雷装置定期安全检测程序

(1)与受检单位联系,确定检测时间。

(2)每次检测,检测人员至少有两名具备检测资格证书。

(3)检测时,检测人员应根据国家标准、技术规范,对检测时的工作环境(如温度、湿度、天气、土壤等)进行检查,并将环境条件记录在检测原始记录上。

(4)为保证检测接地电阻或土壤电阻率的原始数据准确、可靠,测量一般在晴天(雨后天晴一日)的天气条件下进行。如遇雨后土壤潮湿时,应用季节系数进行订正。

(5)检测工作前后检查一次所用的仪器,测前如仪器不正常应停止检测,检测后发现仪器不正常应改用好的仪器重新检测。

(6)检测人员应根据现行国家、行业及地方标准、技术规范,对防雷装置逐项进行检测,并将检测数据记录在检测原始记录上。每次测量必须重复两次或两次以上。

(7)开始检测前,应首先进行环境安全评估并填写安全评估表。检测工作结束后,检测人员应检查防雷装置连接件是否恢复检测前的状况。

(8)校核人全面核对原始记录、仪器等各项结果是否都有相应的记录。

(9)检测结束后,应由受检单位有关人员签署检测确认书,确定交费形式。

(10)检测结束后,检测人员应在规定的工作日内(有约定的除外)出具检测报告,检测人员应在检测报告上签字,经校核人全面核对并签字,经财务审查后,由授权签字人签发。

(11)检测报告一式两份,一份发给受检单位,另一份存档。

二、检测要求

1. 检测前首先查阅被测防雷装置设计图纸、竣工验收报告和往年的年度检测报告,了解防雷类别、隐蔽工程的参数、接闪器、引下线、接地装置的类型。

2. 了解防雷装置所处的环境、位置、建(构)筑物的使用性质、遭受雷击历史等,发生雷击事故的可能性及其后果。测量建(构)筑物的长度、宽度、高度、形状。

3. 检测防雷装置的布局、防雷方式(人工或自然)、材料、规格、数量、尺寸、间距、安装固定工艺、焊接质量、防腐措施及锈蚀等,并画出防雷装置平面示意图,记录于检测原始记录表。

4. 检测接闪器高度、位置、用材规格、网格尺寸、电气连接情况、独立接闪杆到被保护物的各种距离等,并作记录。

5. 检测引下线敷设方式、间距、断接卡、防机械损坏、防接触电压措施,并作记录。

6. 检测接地装置类型、接地线材料、防跨步电压措施等,测量各种接地电阻,并作记录。

7. 建(构)筑物高度超过滚球半径时,检测防侧击雷方式、位置、材料、外墙金属物接地等,并作出记录。

8. 检测电涌保护器类型、数量、安装位置、连接线材型、长度、性能参数、接地电阻等,并作出记录。

9. 检测等电位连接,并作记录。应接地的有:

(1)建(构)筑物屋顶及内部大型金属物、金属门窗、吊顶、金属隔墙、防静电地板架、金属扶梯。

(2)金属管道、电梯轨道。

（3）电缆屏蔽层、金属屏蔽管、走线架。

（4）设备金属外壳。

10. 检测防闪电感应措施，屏蔽方式（建筑物屏蔽、线路屏蔽、设备屏蔽），等电位连接、综合布线（布线方式、间距）、材料等，并作记录。

11. 检测生产、贮存液化石油气、可燃气体、易燃液体、易燃易爆产品的贮罐、管道等防闪电感应和防静电装置，并作记录。

12. 检测电气装置保护接地，应接地的有：

（1）电机、变压器及其他电器金属底座和外壳。

（2）电器设备传动装置。

（3）屋内外配电装置金属或钢筋混凝土构架以及靠近带电部分金属遮栏和金属门。

（4）配电、控制、保护用盘（台、箱）的框架。

（5）直流电力电缆的接地盒、终端盒的金属外壳和电缆的金属保护层、穿线钢管。

（6）电缆支架。

（7）装有接闪线的电力线杆。

（8）配电线路杆上的电力设备。

（9）非沥青地面的居民区内，无接闪线的小接地电流架空电力线路的金属杆、混凝土杆塔。

三、检测方法

1. 接地电阻值用接地电阻测试仪测量，土壤电阻率用四极接地电阻测试仪或土壤电阻率测试仪测量，大型地网特性参数使用异频大型地网接地特性测试系统进行测量。

2. 材型规格用游标卡尺测量。

3. 长、宽、高度用卷尺或激光测距仪测量，高度也可用测高仪（或经纬仪）测量。

4. SPD劣化指示外观检查，参数检查铭牌，必要时使用防雷元件测试仪或SPD巡检仪测量参数。

5. 等电位连接使用等电位连接测试仪或接地电阻测试仪测量。

6. 电源参数用万用表或电力质量综合测试仪测量，绝缘电阻用兆欧表测量。

7. 导静电地面的表面电阻或体积电阻用静电表面电阻测试仪进行测量。

8. 其他项目，外观检查或用仪器测量。

四、检测注意事项

1. 现场检测由委托方带路，检测人员熟悉环境状况，确认建筑物防雷类别，在无危险因素，确保检测人员和设备安全的情况下进行检测。

2. 高空作业要有充分的安全措施。

3. 需要从高处放线检测时，注意避开高、低压架空电线 5 m 以上。

4. 检测时若土建工程尚在施工，现场检测必须戴安全帽。

5. 对带电设备检测时要注意防止触电，对设备外壳要确认不带电时方可进行检测。

6. 在需要防静电区域必须穿防静电服装。

7. 下大雨过后必须待天晴一日后才能进行检测。

8. 检测过程中发生下列情况,应终止检测工作,待排除不利情况后方可继续检测:

(1)发现仪器设备损坏又无备份仪器设备时;

(2)天气发生变化,不符合检测工作要求时;

(3)发现有危及人身和仪器设备安全现象时;

(4)有电磁干扰现象影响到检测数据准确性时;

(5)有其他影响检测数据准确性环境干扰时。

第二节 建(构)筑物防雷装置检测方法

一、检测项目

1. 检测项目:建筑物防雷类别,防直击雷,防侧击雷,防闪电感应、防闪电电涌侵入、防高电位反击、防雷击电磁脉冲(间隔距离、跨接、等电位连接、屏蔽、SPD),防静电,接地电阻测试,材型规格,安装工艺和防腐措施等。

2. 防雷装置的要求、用材规格、参数按相关规范要求,可参考本规程第六章相关内容。

3. 测量建筑物的长度、宽度、高度、形状,并画出平面示意图。

二、检测准备

1. 查阅设计图纸、竣工验收报告和往年的年度检测报告,了解隐蔽工程的施工情况。

2. 了解防雷装置所处的环境、位置、建筑物的使用性质,发生雷击事故的可能性及其后果,遭受雷击历史等。

三、防直击雷检测

1. 接闪器

(1)独立接闪杆:测量高度、用材规格、独立接闪杆到被保护物的各种距离,检查防腐情况、电气连接情况。架空接闪线(网)还需要测量最高和最低高度、支柱的间距、接地方式和接地点数量。

测量、计算独立接闪杆和架空接闪线(网)的支柱及其接地装置至被保护建筑物及其有联系的管道、电缆等金属物之间的间隔距离。

测量、计算架空接闪线(网)至屋面和各种突出的风帽、放散管等物体之间的间隔距离。在确定接闪线的高度时,要考虑到弧垂的影响。在无法测量最低高度或确定弧垂的情况下,可考虑架空接闪线中点的弧垂。当等高支柱距离小于 120 m 时,弧垂取 2 m;当等高支柱距离为 120~150 m 时,弧垂取 3 m。

(2)接闪杆:测量高度、用材规格,检查安装位置。

（3）接闪线（网）：测量高度、用材规格、网格尺寸，检查敷设方式、防腐、固定情况。

突出屋面的金属物应与防雷装置连接。

（4）测量作为接闪器的金属板厚度、层数、搭接，当金属板下面有易燃物质时，检查金属板下是否有阻燃材料。

（5）有爆炸危险的露天钢质气罐，检查防雷方式、接地方式、是否有呼吸阀，测量壁厚、接地点数量和弧形距离。

（6）检查接闪器与引下线的连接情况、是否有附着线路。

2. 引下线

测量材料规格、数量、平均间距、断接卡或测试卡高度，检查防腐、连接、固定、位置、敷设方式、防接触电压、防机械损坏情况。

引下线应沿建筑物四周和内庭院四周均匀或对称布置，并宜设在拐角处，引下线间距按建筑物周长平均计算。

3. 接地装置

参考设计图纸，向受检单位了解接地装置情况，记录接地装置的数量、类型、布局，接地体和连线的材料、规格、网格尺寸、防跨步电压措施。

（1）第一类防雷独立接闪杆单独接地，电气设备接地、弱电设备接地、防闪电感应接地宜共用同一接地装置。独立接闪器接地装置与其他接地装置及地下金属物的距离。当接闪器安装在建筑物上时，防直击雷地、电气设备接地、弱电设备接地、防闪电感应接地宜共用同一接地装置，接地装置宜围绕建筑物敷设成闭合环形接地体。

（2）第二类、第三类防雷装置宜利用建筑物基础内的钢筋（$\geqslant \phi 10$ mm）作为防雷接地装置，防直击雷地、电气设备接地、弱电设备接地、防闪电感应接地宜共用同一接地装置。弱电设备接地为单独地时，与其他接地装置的距离不小于 10 m。

四、防侧击雷检测

当建筑物高度超过滚球半径（一类 30 m、二类 45 m、三类 60 m）时，应检查防侧击雷措施：

1. 高度超过滚球半径的建筑物，屋顶接闪器的位置，接闪带到外墙面的距离。

2. 对水平突出外墙的物体，如阳台、平（露）台等的防雷措施。

3. 高于 60 m 的建筑物，其上部占高度 20% 并超过 60 m 的部位的防侧击雷措施：

（1）在这些部位各表面上的尖物、墙角、边缘、设备以及显著突出的物体，如阳台、平（露）台等的保护措施；

（2）在这些部位外墙接闪器的布置和材型规格。

4. 第一类防雷建筑物滚球半径及以上外墙上的金属门窗、栏杆、玻璃幕墙金属框架、广告架及其他外露金属物与防雷装置的连接情况。第二类、第三类防雷建筑物高于 60 m 而且其上部占高度 20% 并超过 60 m 的部位外墙上的金属门窗、栏杆、玻璃幕墙金属框架、广告架及其他外露金属物与防雷装置的连接情况。

5. 竖直敷设的金属管道及金属物的顶端和底端与防雷装置等电位连接情况。

五、接地电阻测量

1. 接地电阻值要求按相关规范要求,参见本规程第四章第一节表 4-1-1。

2. 测量接地电阻:可按本规程第四章第一节方法测量。

3. 必要时将工频接地电阻换算成冲击接地电阻,当工频接地电阻小于 10 Ω(一、二类防雷)或 30 Ω(三类防雷)时可不用换算,在土壤电阻率高的地区,可适当增大冲击接地电阻值。

六、检测防闪电感应措施

(一)第一类防雷建(构)筑物:

1. 检查建筑物内的设备、管道、构架、电缆金属外皮、钢屋架、钢窗等较大金属物和突出屋面的放散管、风管等金属物与防闪电感应接地装置的等电位连接情况。金属屋面以及预制构件引下线间距。

2. 平行敷设或交叉的管道、构架和电缆金属外皮等长金属物的跨接情况。长金属物的弯头、阀门、法兰盘等连接处的过渡电阻,法兰盘螺栓的数量及金属线跨接情况。

3. 检测防闪电感应接地装置的工频接地电阻,屋内接地干线材型、与防闪电感应接地装置的连接数量不应少于两处。

4. 检测均压环间距,引下线、金属结构、装置等与均压环连接情况,均压环可利用电气装置的接地干线环路。

(二)第二、三类防雷建(构)筑物:

1. 检查建筑物内的装置、管道、构架等主要金属物与防直击雷接地装置或电气接地装置就近连接情况。

2. 检查竖直敷设的金属管道及金属物的顶端和底端与防雷装置连接情况。

3. 平行敷设的管道、构架和电缆金属外皮等长金属物与接地装置连接情况。长金属物弯头、阀门、法兰盘等连接处的连接情况。

4. 检测防闪电感应接地装置的工频接地电阻,屋内接地干线材型、与防闪电感应接地装置的连接数量不应少于两处。

七、检测第一类防雷建(构)筑物防闪电电涌侵入措施

1. 检查电源线路敷设方式、屏蔽情况、埋地长度、在电缆与架空线连接处装设电涌保护器情况,电涌保护器、电缆金属外皮、钢管和绝缘子铁脚、金具等接地情况和冲击接地电阻。

2. 检查架空金属管道,在进出建筑物处等电位连接情况,户外管道的接地间距和冲击接地电阻,埋地或地沟内的金属管道,在进出建筑物处亦应与防闪电感应的接地装置连接。

3. 检查输送火灾爆炸危险物质或具有阴极保护的埋地金属管道,当其从室外进入户内处的绝缘段及跨接的电涌保护器或隔离放电间隙,户内处的接地情况。

4. 检查电源引入的总配电箱处的电涌保护器参数、连接线材型、接地电阻。

八、检测防高电位反击措施

1. 在电气接地装置与防雷装置共用或相连的情况下,检查电源引入的总配电箱处或室内变压器装设电涌保护器情况、SPD 参数、连接线材型、接地电阻。

2. 检查电子线路装设电涌保护器情况、SPD 参数、连接线材型、接地电阻。

3. 检查输送火灾爆炸危险物质或具有阴极保护的埋地金属管道,当其从室外进入户内处的绝缘段及跨接的电涌保护器或隔离放电间隙,户内处的接地情况。

4. 对不是利用结构柱钢筋作为引下线和接地装置的建筑物,对金属物或电气线路到引下线的间隔距离进行检查。

5. 对金属物等电位连接进行检查。

6. 外敷引下线的绝缘管保护、防接触电压和防跨步电压措施。

7. 当树木高于建筑物且不在接闪器保护范围之内时,树木与建筑物之间的净距不应小于5 m。

九、检测防雷击电磁脉冲措施

1. 检查信息系统的屏蔽措施:建筑物和房间的外部屏蔽措施、线路屏蔽、设备屏蔽。

2. 检查信息系统的等电位连接情况:

(1)防雷区界面的金属物和系统,以及在一个防雷区内部的金属物和系统在界面处的等电位连接。

(2)所有电梯轨道、吊车、金属地板、金属门框架、设施管道、电缆桥架等大尺寸的内部导电物的等电位连接。

(3)等电位连接网络方式:S 型星形结构、M 型网形结构、混合型。

(4)等电位连接端子(板)材型、连接线材型、长度,接地电阻。

3. 检查入户信号线路敷设方式、屏蔽、装设电涌保护器情况、电涌保护器参数、连接线材型、接地电阻。室内线路屏蔽、综合布线情况。

4. 检查电源电涌保护器 SPD 的级数、参数、能量配合(距离、退耦措施)。

十、确定建(构)筑物防雷类别

首先按工程设计和竣工验收所确定的防雷类别。对防雷类别不明的防雷装置,根据建(构)筑物的高度、形状、地理位置计算年预计雷击次数,再结合建(构)筑物的使用性质、雷击后果确定建(构)筑物的防雷类别。

年预计雷击次数的计算方法按《建筑物防雷设计规范》(GB 50057—2010)附录 A。防雷分类按相关规范或本规程第五章第一节和第二节方法划分。

十一、计算保护范围

用滚球法确定接闪器的保护范围,计算方法按《建筑物防雷设计规范》(GB 50057-2010)附录 D。

提前放电避雷针的保护范围按滚球法确定。

(一)第一类防雷建(构)筑物

1. 独立接闪杆或架空接闪线(网),应使被保护的建筑物及风帽、放散管等突出屋面的物体均处于接闪器的保护范围内。

2. 排放爆炸危险气体、蒸气或粉尘的放散管、呼吸阀、排风管等,当无管帽时,应为管口上方半径 5 m 的半球体,接闪器与雷闪的接触点应设在上述空间之外。

3. 计算间隔距离,计算方法参照 GB 50057-2010 第 4.2.1 条第 5 款、第 6 款或本规程第六章第一节第三条。

(二)第二、三类防雷建(构)筑物

1. 金属物体的材料符合接闪器要求时,可不装接闪器,但应和屋面防雷装置相连。

2. 在屋面接闪器保护范围之外的非金属物体应装接闪器,并和屋面防雷装置相连。不处在接闪器保护范围内的非导电性屋顶物体,当它没有突出由接闪器形成的平面 0.5 m 以上时,可不要求附加增设接闪器的保护措施。

第三节　油气站防雷装置检测方法

一、检测项目

1. 检测项目主要有:建筑物防雷装置;罐区防雷装置;独立接闪器;钢油罐的型式、壁厚及安装方式、接地间距;呼吸阀;法兰盘;管道、鹤管、栈桥、钢轨接地;加油加气机;等电位连接;装卸防静电;接地线材型及接地电阻值;电源和信息系统防闪电感应措施。

2. 防雷装置的要求、用材规格、参数按相关规范要求,可参考本规程第六章相关内容。

3. 测量各需保护物的尺寸以及与防雷装置间的距离,画出平面示意图。

二、检测准备

1. 查阅设计图纸、竣工验收报告和往年的年度安全定期检测报告,了解隐蔽工程情况,了解钢油罐的型式、性能、壁厚及安装方式。

2. 了解防雷装置所处环境、地理位置、加油站、液化气站及油库的规模和油品,发生雷击事故的可能性后果,遭受雷击历史等等,确定各建(构)筑物的防雷类别。

3. 现场检测人员应穿戴防静电装备,遵守易燃易爆场所安全规定。

三、确定防雷分类

1. 罐区、加油棚、泵房、灌瓶车间等生产车间建筑物为第二类防雷建筑物。
2. 营业区、办公区、附属用房为第三类防雷建筑物。

四、防直击雷检测

1. 接闪器

(1)独立接闪杆:测量高度、用材规格、防腐情况、电气连接情况,以及到各被保护物的距离。架空接闪线(网)还需要测量最高和最低高度、支柱的间距、接地方式和接地点数量。

(2)接闪线(网),测量其高度及材料规格、分布情况,接闪网的网格尺寸,检查防腐措施。电气连接情况,并作详细记录。

(3)加油棚、泵房、灌瓶车间等生产车间建筑物按相关规范或本章第二节中第二类防雷建筑物标准检测。

(4)加油棚采用金属屋面时,测量金属板厚度、层数、搭接。当其顶面单层钢板厚度大于0.5 mm 且小于 4 mm、搭接长度大于 100 mm,且下面有不易燃的吊顶材料或采用双层金属板时,可不采用接闪带(网)保护。测量引下线之间的间距。

2. 引下线

测量材料规格、数量、平均间距、断接卡或测试卡高度,检查防腐、连接、固定、位置、敷设方式、防接触电压、防机械损坏情况。

当其垂直支柱均起到引下线的作用时,可不要求满足专设引下线间距要求。

3. 接地装置

参考设计图纸,向受检单位了解接地装置情况,记录接地装置的数量、类型、布局,接地体和连线的材料、规格、网格尺寸、防跨步电压措施。

五、接地电阻检测

1. 接地电阻值要求:

防雷接地装置冲击接地电阻≤10 Ω;

金属油罐冲击接地电阻≤10 Ω;

钢轨、鹤管、栈桥等冲击接地电阻≤10 Ω;

管路两端和每隔 200～300 m 处,以及分支处、拐弯处的冲击接地电阻:油库≤10 Ω,加油加气站≤30 Ω;

人工洞外的金属管道冲击接地电阻≤20 Ω,电缆金属外皮接地电阻不宜大于 20 Ω,电缆与架空线路的连接处接地电阻不宜大于 10 Ω;

防静电接地电阻≤100 Ω;

共用接地装置接地电阻≤4 Ω。

2. 按本规程第四章第一节方法测量。

六、金属油罐检测

（一）要求

1. 金属油罐顶部和高于 60 m 时的侧面壁厚＜4 mm 时，应有防直击雷装置。壁厚≥4 mm、呼吸阀装有阻火器时，不应装设接闪杆。

2. 金属油罐必须有环型防雷接地，接地点不少于两处，其弧形间距不大于 30 m，接地体距罐壁的距离≥3 m。

3. 浮顶金属罐不装设防直击雷装置，浮顶金属储罐应采用至少两根截面不小于 50 mm^2 的扁平镀锡软铜复绞线或绝缘阻燃护套软铜复绞线将浮顶与罐体作电气连接，其连接点不少于两处，连接点沿罐壁周长的间距不应大于 30 m。

4. 金属油罐的阻火器、呼吸阀、量油孔、人孔、透光孔等金属附件必须等电位连接。

5. 接地电阻检测，冲击接地电阻≤10 Ω。

（二）检测方法

1. 检测金属油罐壁厚、呼吸阀阻火器，检测金属油罐接地线材型、接地点数量和弧形间距，检测浮顶金属罐接地线材型、接地点数量和弧形间距。

2. 检测等电位连接、接地电阻。

七、非金属罐区和生产作业区防雷装置检测

（一）要求

1. 非金属油罐应装设独立接闪杆或架空接闪线（网），网格不宜大于 5×5 m 或 6×4 m，引下线间距不应大于 18 m。栏杆、阻火器、呼吸阀、量油孔、人孔、透光孔等金属附件必须接地并处于接闪器保护范围内。

2. 人工洞石油库罐的金属呼吸管和通风管的露出洞外部分，应有独立接闪杆，其保护范围应高出管口 2 m。

3. 汽车槽车和铁路槽车露天装卸作业，可不装设接闪器。在棚内装卸作业时，棚应装设接闪器，其保护范围应为爆炸危险区域 1 区。

（二）检测方法

检测独立接闪杆（线、网）及保护范围。

八、防闪电感应、防静电及电气接地检测

（一）要求

1. 金属油罐应有防静电接地。

2. 输油管路可用其自身作为接闪器，其弯头、阀门、金属法兰盘等连接处的过渡电阻大于 0.03 Ω 时，连接处应用金属线跨接，接线端子应压接。对有不少于五根螺栓连接的金属法兰盘，在非腐蚀环境下，可不跨接，但应构成电气通路。

3. 管路系统的所有金属件，包括护套的金属包覆层，应接地。管路两端和每隔 200～300 m

处，以及分支处、拐弯处均应有接地装置。接地点宜在管墩处。

4. 地埋管道上应设置接地装置，并经隔离器或去耦合器与管道连接。地埋管道附近有构筑物（高压线杆塔、变电站、电气化铁路、通信基站等）时，宜沿管线增设屏蔽线，并经去耦合器与管道连接。

5. 钢轨、鹤管、栈桥等应作电气连接并接地。

6. 加油机、充气磅秤应有防闪电感应和防静电接地。

7. 卸油场地应有防静电接地，加油站并宜设置静电接地检测仪。

8. 进出洞内的金属管道从洞口算起，当其洞外埋地长度超过 $2\sqrt{\rho}$（ρ 为埋地金属管道处的土壤电阻率，单位为 $\Omega \cdot m$），且不小于 15 m 时，应在进入洞口处做一处接地。在其洞外部分不埋地或埋地长度不足 $2\sqrt{\rho}$ 时，除在进入洞口处做一处接地外，应在洞外作两处接地，接地点的间距不应大于 50 m。

9. 电源应用铠装电缆或穿金属管埋地 ≥15 m 引入，将屏蔽层接地，并安装电源电涌保护器。

10. 信息系统线路应用铠装电缆或穿金属管敷设，宜埋地敷设，将屏蔽层两端接地，应安装电涌保护器。

11. 进入人工洞石油库的电力和信息线路应采用铠装电缆埋地引入洞内。洞口电缆的外皮应与洞内的油罐、输油管道的接地装置相连。若由架空线路转换为电缆埋地引入洞内时，从洞口算起，当其洞外埋地长度超过 $2\sqrt{\rho}$ 时，电缆金属外皮应在进入处作接地。当埋地长度不足 $2\sqrt{\rho}$ 时，电缆金属外皮除在进入洞口处作接地外，还应在洞外作两处接地，接地点间距不应大于 50 m。电缆与架空线路的连接处，应装设电涌保护器。电涌保护器、电缆外皮和瓷瓶铁脚，应做电气连接并接地。

12. 防雷接地、电气设备接地、防静电接地、防闪电感应接地宜共用同一接地装置。防雷地为单独接地时，与其他接地装置的距离不小于 3 m。接地体距地面不小于 0.5 m。

（二）检测方法

1. 检测管道弯头、阀门、金属法兰盘等连接处的过渡电阻、跨接、螺栓数量，检测接地情况。

2. 检测钢轨、鹤管、栈桥、加油机、充气磅秤接地情况。

3. 检测卸油（气）接地情况。

4. 检测电源、信息系统线路进线方式、屏蔽、SPD 安装级数、参数。

第四节　信息系统防雷装置检测方法

一、检测项目

1. 电子信息系统是由计算机、通信设备、处理设备、控制设备、电力电子装置及其相关的配套设备、设施（含网络）等的电子设备构成的，按照一定应用目的和规则对信息进行采集、加工、存储、传输、检索等处理的人机系统。

2. 检测项目主要有：(1)建筑物防直击雷装置；(2)机房的雷电防护区、防护等级和环境；(3)电源防闪电感应措施；(4)信号线防闪电感应措施；(5)接地系统(包括安全保护接地、工作接地、静电接地、防雷接地)；(6)等电位连接；(7)屏蔽；(8)综合布线。

3. 防雷装置的要求、用材规格、参数按相关规范要求，可参考本规程第六章相关内容。

二、检测准备

1. 查阅设计图纸、竣工验收报告和往年的年度安全定期检测报告，了解隐蔽工程情况。

2. 了解防雷装置所处的环境、位置、建筑物的使用性质，发生雷击事故的可能性及其后果，遭受雷击历史等等。

3. 了解电子信息系统的位置、使用性质、规模，发生雷击事故的可能性及其后果。

三、防雷分类和分级

1. 机房所在建筑物的防雷分类，按相关规范或参考本规程第五章第一节和第二节方法划分。

2. 电子信息系统的雷电防护等级，按相关规范或参考本规程第五章第三节方法划分为A，B，C，D 四级。

可以按防雷装置的拦截效率确定雷电防护等级，或者按电子信息系统的重要性、使用性质和价值确定雷电防护等级。对于重要的建筑物，宜采用两种方法进行雷电防护分级，并按其中较高防护等级确定。

重点工程可采用雷击风险评估方法。

四、防直击雷检测

机房所在建筑物的防直击雷检测按相关规范或本章第二节中第二类、第三类防雷建筑物的方法检测。

五、机房环境检测

(一)要求

1. 机房不宜设在建筑物的顶层或第一层，机房位置应避开强电磁场干扰，其设备应安置在高级别雷电防护区内，并与 LPZ 屏蔽层及结构柱有一定的安全距离。

2. 机房内的温度、湿度应满足表 11-4-1 条件：

表 11-4-1　机房开关机时温度、湿度条件

状态	项目	A 级	B 级	C 级
开机	温度	(24±1) ℃	(24±2) ℃	15～28 ℃
	相对湿度	40%～60%	35%～65%	30%～80%

续表

状态	项目	A 级	B 级	C 级
关机	温度	5~40 ℃		
	相对湿度	20%~80%		

注：表中级别为机房安全等级。

3. 电源参数应满足表 11-4-2 条件，零地电压应不大于 2 V。

表 11-4-2 机房电源参数指标

项目 ＼ 指标	A 级	B 级	C 级
稳态电压偏移范围(%)	±2	±3	±10
稳态频率偏移范围(Hz)	±1		
电压波形畸变率(%)	3	5	10
允许断电持续时间(ms)	<4	<10	不要求

4. 电磁环境

(1)主机房和辅助区内无线电干扰场强，在频率范围 0.15~1000 MHz 时不大于 126 dB。

(2)主机房和辅助区内磁场干扰场强不大于 800 A/m(相当于 10 Oe)。

(3)主机房和辅助区绝缘体的静电电位不应大于 1 kV。

(4)在停机时，主操作员位置噪声应小于 60 dB(A)。

(二)检测方法

1. 检查机房位置。

2. 按相关规范或本规程第四章第三节的方法检测：

(1)机房温度、湿度测量：将温湿度计挂在离地面 0.8 m 的墙上或置于桌子上，距设备 0.8 m 以外。在对角线选取 5 个不同位置进行测量，将所得数据进行平均。对于面积小于 50 m² 的机房，可以只选 2 个不同位置进行测量，将所得数据进行平均。

(2)零地电压测量：用万用表交流电压档在设备电源输入末端测量电源零线和地线之间的电压。

(3)电源参数用电力质量综合测试仪或万用表进行测量。

(4)电磁环境测量：

无线电干扰场强用干扰场强测试仪、频谱分析仪或其他设备进行测量。在机房内任选一点测量，取最大值。

磁场干扰场强用交直流高斯计、频谱分析仪或其他设备进行测量。在机房内任选一点测量，取最大值。

静电电位用静电电位测试仪进行测量，在测试区域对角线选取 5 个不同位置进行测量，每个测点测量 5 次，将所得数据进行平均为该点的数值。

噪声用声级计进行测量。

六、防雷击电磁脉冲检测

(一)要求

1. 电源防闪电感应措施

(1)机房内的电源应该是 50 Hz、220/380 V 三相五线制或单相三线制,交流配电系统按设备要求确定,由 TN 系统供电时,从建筑物内总配电箱开始引出的配电线路必须采用 TN-S 系统的接地方式。

(2)信息系统机房电源不宜采用架空线路,宜采用屏蔽电缆,非屏蔽电缆应穿金属管埋地进线,电缆埋地长度不应小于 15 m。电缆金属外皮或金属套管应在入户端接地。当采用架空线时,在进户处应安装电源电涌保护器。电源线应尽可能远离计算机信号线,并避免并排敷设,当不能避免时,应采取相应的屏蔽措施。

(3)在总配电箱处 SPD 的电压保护水平应不大于 2.5 kV,架空线宜安装 I 级分类试验的 SPD,埋地线路可安装 II 级分类试验的 SPD。在配电线路分配电箱(SB)、电子设备机房配电箱或插座(SA)上应设置 II 级或 III 级试验的限压型电涌保护器作为后级保护。后级保护的电涌保护器的 U_p 值应小于被保护设备的冲击耐受电压 U_w。使用直流电源的信息设备,视其工作电压要求,宜安装适配的直流电源线路电涌保护器。

(4)电源线路 SPD 的冲击电流 I_{imp} 或标称放电电流 I_n 的参数推荐值应符合相关规范或本规程第六章第十节表 6-10-4 规定。

(5)电压开关型 SPD 与限压型 SPD 之间的线路长度不宜小于 10 m,限压型 SPD 之间的线路长度不宜小于 5 m,否则,应采取退耦措施。当 SPD 具有能量自动配合功能时,SPD 之间的线路长度不受限制。SPD 应有过电流保护装置和劣化显示功能。电源 SPD 的连接线和接地线尽可能的短和直,宜小于等于 0.5 m。

2. 信号线防闪电感应措施

(1)信息系统机房进出的各种信号线(包括电话线、专线、网络线、同轴电缆、光纤等)宜采用屏蔽电缆,非屏蔽电缆应穿金属管埋地进线,电缆埋地长度不应小于 15 m,应安装信号 SPD。信号 SPD、分线箱外壳、电缆金属层应接地,空线对应短接并接地。

光纤进线端不安装信号 SPD,但金属保护层和加强芯应接地。在终端箱的输出端,当无金属线路引出本建筑物至其他有自己接地装置的设备时可安装 B2 类慢上升率试验类型的电涌保护器,其短路电流宜选用 75 A。

(2)机房内电子信息系统各种线缆宜采取屏蔽措施,屏蔽槽应接地。

(3)电子信息系统信号线路 SPD 宜设置在雷电防护区界面处。根据雷电过电压、过电流幅值和设备端口耐冲击水平,可设单级 SPD 保护,也可设多级 SPD 保护。一般宜在建筑物入口处和设备端口处设置 SPD。SPD 应满足能量配合要求。

(4)应根据线路的工作频率、传输速率、传输带宽、工作电压、接口形式和特性阻抗等参数选择插入损耗小,分布电容小和纵向平衡、近端串扰指标适配的 SPD。U_c 应大于线路上的最大工作电压,U_p 应低于被保护设备的冲击耐受水平(纵向、横向),插入损耗应小于等于 0.5 dB,同轴电缆 SPD 的驻波比应小于等于 1.3。信号线路 SPD 浪涌耐受能力的参数推荐值见相关规范或本规程第六章第十节表 6-10-11。天馈线路 SPD 的主要技术参数推荐值见符合相关规范或本规程第六章第十节表 6-10-9。

（二）检测方法

1. 检测电源进线方式、埋地长度、屏蔽情况、接地情况、配电接地型式、SPD 安装情况（级数、型号、数量、安装位置、间距、退耦措施、I_{imp} 或 I_n、U_p、接地线截面积和长度、接地电阻）。

2. 检测信号线类型和数量、进线方式、埋地长度、屏蔽情况、接地情况、SPD 安装情况（级数、型号、数量、安装位置、I_{imp} 或 I_n、U_p、插入损耗、驻波比、接地线截面积和长度、接地电阻）。

3. SPD 检查：对 SPD 的连接情况、劣化指示进行外观检查。SPD 的参数对照铭牌或产品合格证或产品说明书进行书面检查，还可以用防雷元件测试仪或 SPD 巡检仪或雷电电涌测试仪测量。对 SPD 的接地电阻进行测量。

七、接地系统检测

（一）要求

1. 工作接地（即信号地或逻辑地），其接地电阻不大于 4 Ω。

2. 安全保护接地（即 PE 线），同时可用于静电接地，其接地电阻应不大于 4 Ω。

3. 防雷地，其接地电阻应不大于 10 Ω。

4. 机房的防雷地、工作地、安全地宜采用共用地（即联合接地），共用地接地电阻应不大于 4 Ω。宜利用建筑物的自然基础地网作为共用接地系统，如建筑物没有地网，宜在建筑物四周埋设环型水平接地体加垂直接地体作为共用接地系统。防雷引下线与工作地、安全地的引下线接地点之间应相距 3～5 m。

5. 当电子设备接地与防雷接地系统分开时，两接地网的距离不宜小于 10 m。

6. 接地装置与总等电位连接端子之间的连接导体截面积，铜材不小于 50 mm²，钢材不小于 100 mm²。

机房内等电位连接带（排）宜使用截面积不小于 50 mm² 的铜材。

等电位连接端子之间的连接导体应使用截面积不小于 16 mm² 的多股铜绞线。

等电位连接网格应使用截面积不小于 25 mm² 的铜带或裸铜绞线，并在防静电地板下构成 0.6～3.0 m 的矩形网格。

7. SPD 的连接导线

（1）SPD 连接导线最小截面积应符合相关规范或参考本规程第六章第十节表 6-10-13 规定。

（2）天馈线路 SPD 的接地端应就近连接到 $LPZ0_A$ 或 $LPZ0_B$ 与 LPZ1 交界处的等电位接地端子板上，接地线应平直。

（3）信号线路 SPD 接地端与设备机房内局部等电位接地端子板连接，接地线应平直。

8. 信号线与地线不能并行，与地线保持一定的距离（一般大于 0.5 m）。

（二）检测方法

1. 检查接地装置的类型、形状、网格尺寸、是否共用接地，检测接地体材型规格、埋设深度、独立接地装置与其他接地装置在地下的距离。检测共用接地装置接地电阻，独立接地装置分别检测工作地、安全保护地、防雷地的接地电阻。

2. 检查接地线引出位置、引出方式、接地线数量，检测接地线材型规格、长度、接地电阻。

3. 可按本规程第四章第一节中的各项要求进行接地电阻的测量。

八、静电防护检测

1. 要求

机房地面应有抗静电地板或地面,工作台面宜采用防静电材料,导静电地面的表面电阻或体积电阻应为 $2.5×10^4～1.0×10^9$ Ω。抗静电地板架应进行接地,其接地电阻应不大于4 Ω,静电接地可以经限流电阻后接地,限流电阻的阻值为 1 MΩ。

2. 检测方法

检测防静电材料、表面电阻、接地线材型规格、接地电阻、限流电阻。导静电地面的表面电阻或体积电阻用静电表面电阻测试仪进行测量。

九、等电位连接检测

(一)要求

1. 进出信息系统机房的各种金属管道、电缆屏蔽层、机房内的设备外壳、屏蔽槽、金属门窗、吊顶等均须进行等电位连接并接地。

2. LPZ0 区和 LPZ1 区交界处应设置总等电位连接端子,每层楼宜设置楼层局部等电位连接端子,机房内应设局部等电位连接端子。总等电位连接端子与防雷装置的连接不少于 2 处。各类等电位接地端子板之间的连接导体宜采用多股铜芯导线或铜带,连接导体截面积不应小于 16 mm^2。

当建筑物的柱、梁、板钢筋结构电气连接不可靠时,宜另设专用垂直接地干线。垂直接地干线由总等电位接地端子板引出,同时与建筑物各层钢筋或均压带连通。各楼层设置的接地端子板应与垂直接地干线连接。楼层接地端子板通过连接导体与设备机房的局部等电位接地端子板连接。垂直接地干线宜采用多股铜芯导线或铜带,其截面积不应小于 50 mm^2,在竖井内敷设。

等电位连接导体最小截面积应符合相关规范或参考本规程第六章第九节表 6-9-2,等电位连接端子板(汇接排)最小截面积应符合相关规范或参考本规程第六章第九节表 6-9-3。

3. 将所有信息系统机房内的接地就近连接到等电位连接带上,连接方法应采用星形(S型)结构(适合于小于等于 300 kHz 的低频模拟电路)和网形(M 型)结构(适合于大于等于1 MHz的高频模拟电路和数字电路),可以采用星型和网型混合接地方法。每个机柜或网型结构采用 2 根长度不同且不等于四分之一波长奇数倍的接地线。

(二)检测方法

1. 检查等电位连接网络类型,敷设方式,与等电位连接端子的连接情况,等电位连接端子位置。

2. 检测等电位连接端子、等电位连接线的材型规格、接地电阻。

3. 测量机房内各种金属管道、电缆屏蔽层、机房内的设备外壳、屏蔽槽、金属门窗、吊顶的接地电阻。

4. 用游标卡尺测量等电位连接端子和连接线的截面积,用等电位连接测试仪测量等电位连接过渡电阻,或用接地电阻测试仪测量设备的接地电阻。

十、屏蔽检测

（一）要求

1. 建筑物的屏蔽宜利用建筑物的自然部件构成,例如金属框架、混凝土中的钢筋、金属墙面、金属屋顶、金属门窗、天花板、墙和地板的钢筋等,这些部件应与防雷装置连接构成格栅型大空间屏蔽。

2. 对于重要的敏感电子信息系统,当建筑物自然金属部件构成的大空间屏蔽不能满足机房设备电磁环境要求时,应采用磁导率较高的细密金属网格或金属板对机房实施六面屏蔽。机房的门应采用无窗密闭铁门并接地,机房窗户的开孔应采用金属网格屏蔽。金属屏蔽网、金属屏蔽板应就近与等电位接地网络连接。机房屏蔽不能满足个别设备屏蔽要求时,可用封闭的金属网箱或金属板箱对被保护设备实行屏蔽。

（二）检测方法

1. 检查屏蔽方式。

2. 检测屏蔽材料材型规格、接地方式、接地电阻。

3. 屏蔽效率可按本章第十二节的方法检测。

十一、综合布线检测

1. 要求

机房内设备的安装位置、信号线路与其他设备及线路的距离应符合相关规范或参考本规程第六章第八节表 6-8-3、表 6-8-4、表 6-8-5 规定。

2. 检测方法

检测机房内设备的安装位置、到外墙的距离,检测信号线路与其他设备及线路的距离、屏蔽情况。

第五节　通信局(站)防雷装置检测方法

一、检测项目

1. 通信局(站)包含:综合通信大楼、交换局、数据中心、模块局、接入网站、局域网站、移动通信基站、室外站、边界站、无线市话站、微波站、卫星地球站等。

2. 移动通信基站(含无线市话站)的检测按本章第六节规定。

3. 检测项目主要有:(1)建筑物防直击雷装置;(2)机房的雷电防护区、防护等级和环境;(3)接地系统,接地系统包括安全保护地、工作地、静电接地、防雷接地;(4)综合布线;(5)等电位连接;(6)过电压保护,包括电源防闪电感应措施、信号线防闪电感应措施。

二、检测准备

1. 查阅设计图纸、竣工验收报告和往年的年度安全定期检测报告,了解隐蔽工程情况。

2. 了解防雷装置所处的环境、位置、建筑物的使用性质,发生雷击事故的可能性及其后果,遭受雷击历史等。

3. 了解通信局(站)的位置、使用性质、规模,发生雷击事故的可能性及其后果。

三、通信局(站)防雷装置要求

通信局(站)防雷装置的要求、用材规格、参数按相关规范要求,可参考本规程第六章相关内容以及以下要求。

(一)防直击雷

1. 天线塔顶端应有接闪器,接收天线应在保护范围内,天线塔四个脚接地。

2. 房屋建筑物高度≥30 m 时,从 30 m 开始,应每向上隔一层设置一次均压环。天面接闪带网格和楼层均压带网格尺寸不大于 10×10 m。

(二)接地系统

1. 地网应围绕建筑物做成环形闭合网格状地网,铁塔地网网格尺寸不大于 3×3 m,建筑物地网网格尺寸不大于 10×10 m。铁塔地网、建筑物防雷地网、变压器地网应 3~5 m 连接一次,且连接点不少于两处。

2. 防雷地、工作地、防静电地、安全保护地、防闪电感应地必须共用同一接地装置。

3. 水平接地体埋设深度不小于 0.7 m,人行通道附近不小于 1.0 m,垂直接地体长度为 1.5~2.5 m,间距为 1~2 倍。人工接地体应使用热镀锌钢材。

在土壤电阻率较高的地区,应在地网外围增设一圈环形接地体,并应在地网或铁塔四角设置向外辐射的水平接地体,其长度宜为 20~30 m。接地体材料规格如表 11-5-1。

表 11-5-1　接地体材料规格

材料规格			
圆钢(mm)	扁钢(mm)	角钢(mm)	钢管(mm)
≥φ10	≥−40×4	≥∠50×50×5	≥φ50,壁厚≥3.5

4. 机房接地引入线宜使用截面积≥40×4 mm^2 的镀锌扁钢或截面积不小于 95 mm^2 的多股铜线,长度不宜超过 30 m。接地引入线不宜从铁塔塔脚或防雷引下线附近引入。高层通信大楼地网与垂直接地主干线连接的接地引入线,应采用截面积不小于 240 mm^2 的多股铜线,并应从地网的两个不同方向引接。

5. 接地汇集排(线)应使用截面积不小于 90 mm^2 的铜材或 160 mm^2 镀锌扁钢。高层建筑的垂直接地主干线应使用截面积不小于 300 mm^2 的铜材。

6. 当采用网型或混合型接地网络时,应使用多根垂直接地主干线,每个角落应有 1 根垂直接地主干线,垂直接地主干线与每层机房的水平接地汇集线连接,并与楼层均压环连接。作为垂直接地主干线的建筑物结构柱主钢筋应通长焊接。

7.接地汇集线、接地线应以逐层辐射方式进行连接,宜以逐层树枝型方式或者网状连接方式相连,并应符合下列要求:

(1)垂直接地主干线应贯穿于通信局(站)建筑体各层,其一端应与接地引入线连通,另一端应与建筑体各层钢筋和各层水平分接地汇集线相连,并应形成辐射状结构。垂直接地主干线宜连接在建(构)筑底层的环形接地汇集线上,并应垂直引到各机房的水平分接地汇集线上。到设备的距离超过 30 m 时,应增加垂直接地主干线数量。

(2)水平接地汇集线应分层设置,各通信设备的接地线应就近从本层水平接地汇集线上引入。

(三)综合布线

1.铁塔上的馈线和同轴电缆宜用双层屏蔽电缆或单层屏蔽电缆套金属管在铁塔中央敷设,屏蔽层应在铁塔上端和下端各接地一次,入户处再接地一次。馈线和同轴电缆长度超过 60 m 时在铁塔中间再接地一次。接地连接线应采用截面积不小于 10 mm² 的多股铜线。

2.各类缆线的入局方式

(1)各类缆线宜埋地引入。

(2)无金属外护层的电缆宜穿钢管引入,且钢管两端应做接地处理。

(3)出入通信局(站)的传输光(电)缆,各类缆线宜集中在进线室入局,且应在进线室用专用接地卡直接将金属铠装外护层作接地处理,光缆应将缆内的金属构件在终端处接地,各类缆线的金属护层和金属构件应在两端作接地处理,各类信号线电缆的金属外护层应在进线室内就近接地或与地网连接。

(4)各类缆线金属护层和金属构件的接地点应避免在作为防雷引下线的柱子附近设立或引入。

3.局内布线

(1)机房内的各种信号线应采取屏蔽措施,屏蔽槽应接地。

(2)局内射频同轴布线电缆外导体和屏蔽电缆的屏蔽层两端,应与所连接设备或机盘的金属机壳外表面保持良好的电气接触。

(3)通信局(站)地处雷害易发区或邻近有强电磁场干扰源时,机房内的架间布线宜采用金属槽道。

(4)当通信局(站)各类信号数据线垂直长度大于 30 m 时,应穿金属管或使用带屏蔽层的缆线,金属管两端、缆线的屏蔽层两端应就近与楼层的均压网或接地网连接。

(5)架空电缆吊线的两端和架空电缆线路中的金属管道应接地。

(6)空线对应短接并接地。

4.通信设备宜放置在距外墙楼柱 1 m 以外的区域,并应避免设备的机柜直接接触到外墙。计算机控制中心或控制单元必须设置在建筑物的中部位置,并必须避开雷电浪涌集中的雷电流分布通道。

5.配电系统

(1)从架空高压电力线终端杆引入通信局(站)的高压电力线宜采用铠装电缆,在进入通信局(站)配电变压器时高压侧的铠装电缆宜全程埋地引入。

(2)当配电变压器设在通信局(站)建筑物内部时,高压铠装电缆应埋地引入,且两端铠装层应就近接地。

（3）建在郊区和山区的微波站、移动通信基站的配电变压器，不宜与通信设备设在同一机房内。

（4）机房低压电源应采用屏蔽电缆或护套电缆穿金属管理地进线，电缆埋地长度不应小于 15 m（高压电源线已埋地时，可不考虑低压电源线埋地长度），电缆金属外皮或金属套管应在入户端接地。电源线应尽可能远离信号线，并避免并排敷设，当不能避免时，应采取相应的屏蔽措施。

（5）大（中）型通信局（站）电源供电必须采用 TN（TN-S 或 TN-C-S）系统，小型通信局（站）、移动通信基站及小型站点可采用 TT 供电方式。

（6）计算机严禁直接使用建筑物外墙体的电源插孔。

（四）等电位连接

1. 在机房内敷设环形等电位连接线，应使用截面积不小于 90 mm^2 的铜材或 160 mm^2 镀锌扁钢。

2. 通信局（站）内各类接地线应根据最大故障电流值和材料机械强度确定，宜选用截面积为 16～95 mm^2 的多股铜线。

3. 跨楼层或同层布设距离较远的接地线，应采用截面积不小于 70 mm^2 的多股铜线。

各层接地汇集线与楼层接地排或设备之间相连接的接地线，距离较短时，宜采用截面积不小于 16 mm^2 的多股铜线；距离较长时，宜采用不小于 35 mm^2 的多股铜线或增加一个楼层接地排，应先将其与设备间用不小于 16 mm^2 的多股铜线连接，再用不小于 35 mm^2 的多股铜线与各层楼层接地排进行连接。

4. 配电室、电力室、发电机室内部主设备的接地线，应采用截面积不小于 16 mm^2 的多股铜线。

设备机架接地线应使用截面积不小于 16 mm^2 的多股铜线。数据服务器、环境监控系统、数据采集器等小型设备较近时，可使用截面积不小于 4 mm^2 的多股铜线。

总配线架的接地线应采用截面积不小于 35 mm^2 的多股铜线直接引至总接地排或就近接至室外的环形接地体上。引入线应从地网两个方向就近分别引入。

5. 进出机房的各种金属管道、电缆屏蔽层、机房内的走线架、设备外壳、屏蔽槽、金属门窗、吊顶等均须进行等电位连接并接地。

通信局（站）各类等电位连接导体最小截面积应符合相关规范要求或参考本规程第六章第九节表 6-9-4。

（五）过电压保护

1. 在架空高压电力线终端杆与铠装电缆的接头处，三相电力线应分别就近对地加装额定电压为 12.7 kV（系统额定电压 10 kV）或 7.6 kV（系统额定电压 6.6 kV）的交流无间隙氧化锌避雷器。建在郊区或山区，地处中雷区以上的通信局（站），应采用标称放电电流不小于 20 kA 的交流无间隙氧化锌强雷电避雷器。

配电变压器高压侧应在靠近变压器处装设相应系统额定电压等级的交流无间隙氧化锌避雷器，变压器低压侧应加装 SPD。

2. 综合通信大楼交流供电系统的第一级 SPD（I/B 级）可根据实际情况选择在变压器低压侧或低压配电室电源入口处安装；第二级 SPD（II/C 级）可选择在后级配电室、楼层配电箱、机房交流配电柜或开关电源入口处安装；精细保护可选择在控制、数据、网络机架的配电箱内安装或使用拖板式防雷插座;直流保护 SPD 可选择在直流配电柜、列头柜或用电设备端口处安装;直流集中供电或 UPS 集中供电的通信综合楼,在远端机房的(第一级)直流配电屏或 UPS 交流配电箱(柜)内,应分别安装 SPD,集中供电的输出端也应安装 SPD;向系统外供电的端口,以及从外系统引入的电源端口应安装 SPD。

3. 当低压配电系统采用多个配电室配电,且总配电屏与分配电屏之间的电缆长度大于 50 m 时,应在分配电室电源入口处安装最大通流容量不小于 60 kA 的限压型 SPD。

4. 电缆线长度超过 30 m 或长度虽然未超过 30 m 但等电位连接情况不好或用电设备对雷电较为敏感时,应安装最大通流容量不小于 25 kA 的限压型 SPD。

5. 对建筑物上的彩灯、航空障碍灯以及其他楼外供电线路,应在机房输出配电箱(柜)内加装最大通流容量为 50 kA 的 SPD。−48 V 直流电源 SPD 的标称工作电压应为 65～90 V。

太阳能电池的馈电线路两端可分别对地加装 SPD,SPD 的标称工作电压应大于太阳能电池最大供电电压的 1.2 倍,SPD 的最大通流容量不应小于 25 kA。

6. 信号电缆进线处应安装信号电涌保护器。计算机网络接口、控制终端以太网口、RS232、RS422、RS485 等各类接口和缆线,应加装 SPD。

7. 天馈线较长且处于中雷区以上时,在机房入口处应安装天馈线电涌保护器。

8. 位于联合地网外或远离视频监控中心的摄像机,应分别在控制、电源、视频线两端安装 SPD,云台和防雨罩应就近接地。

(六)SPD 参数

1. 电源 SPD 的选择

(1)电源 SPD 的选择应符合相关规范要求或参考本规程第六章第十节表 6-10-5、表 6-10-6、表 6-10-7、表 6-10-8。

(2)不同配电电源线对应的 SPD 接地线截面积见表 11-5-2。

表 11-5-2　不同配电电源线对应的 SPD 连接线截面积

配电电源线截面积 $S(mm^2)$		$S{\leqslant}16$	$16{<}S{\leqslant}70$	$S{>}70$
多股铜线截面积	SPD 相线连接线	$=S$	${\geqslant}16$	${\geqslant}16$
(mm^2)	SPD 接地线	$=S$	${\geqslant}16$	${\geqslant}35$

(3)使用模块式电源 SPD 时,引接线长度应小于 1 m,SPD 接地线的长度应小于 1 m。使用箱式 SPD 时,引接线和接地线长度均应小于 1.5 m。

2. 信号 SPD 的选择

(1)信号 SPD 的选择应符合相关规范要求或参考本规程第六章第十节表 6-10-12。

(2)SPD 的启动电压应与设备的工作电压相适应,应为工作电压的 1.2～2.5 倍,SPD 的插入损耗不应大于 0.5 dB。同轴馈线 SPD,其插入损耗应小于等于 0.5 dB,驻波比不应大于1.2。

(七)接地电阻

通信局(站)接地电阻的数值不宜大于10Ω。当土壤电阻率大于 1000 Ω·m 时,可不对接地电阻值加以限制,但此时地网的等效半径应大于 10 m,并在地网四角敷设 10～20 m 长的辐射型水平接地体。

四、检测方法

1. 房屋建筑物可按本章第二节中二类防雷建（构）筑物标准检测。

2. 检测天线塔的高度、接地方式、接地点数量、接地线材型规格。

3. 检测接地装置的类型、形状、网格尺寸；检测是否共用接地，铁塔地、防雷地、变压器地的连接点数量、间距；检测接地体材型规格、埋设深度、独立接地装置与其他接地装置在地下的距离。检测共用接地装置接地电阻，独立接地装置分别检测工作地、安全保护地、防雷地的接地电阻。

4. 检测机房接地引入线、接地汇集排（线）、垂直接地主干线、水平接地汇集线的引出位置、引出方式、数量、材型规格、长度、与建筑物钢筋或预留端子连接情况、接地电阻。

5. 检测机房内敷设环形等电位连接线、设备接地线的引出位置、引出方式、材型规格、长度、与建筑物钢筋或预留端子连接情况，检测机房的各种金属管道、电缆屏蔽层、机房内的走线架、设备外壳、屏蔽槽、金属门窗、吊顶、地板等接地电阻。

6. 检测高压电源进线方式、高压电杆接闪器安装情况、电缆转换处高压避雷器安装情况、埋地长度、屏蔽情况、接地情况、变压器 SPD 安装情况。

7. 检测低压电源进线方式、埋地长度、屏蔽情况、接地情况、配电接地型式、SPD 安装情况（级数、型号、数量、安装位置、间距、退耦措施、I_{imp} 或 I_n、U_p、接地线截面积和长度、接地电阻）。

8. 检测天馈线布线方式、长度、屏蔽情况、接地情况；检测信号线类型和数量、进线方式、埋地长度、屏蔽情况、接地情况、空线对短接情况；SPD 安装情况（级数、型号、数量、安装位置、I_{imp} 或 I_n、U_p、插入损耗、驻波比、接地线截面积和长度、接地电阻）。

9. SPD 检查：对 SPD 的连接情况、劣化指示进行外观检查。SPD 的参数对照铭牌或产品合格证或产品说明书进行书面检查，还可以用防雷元件测试仪或 SPD 巡检仪或雷电电涌测试仪测量。对 SPD 的接地电阻进行测量。

10. 检测机房内设备的安装位置、到外墙的距离，检测信号线路与其他设备及线路的距离。

11. 接地电阻测量

（1）接地电阻测量：可按本规程第四章第一节中的各项要求进行接地电阻的测量。

（2）测量时电流极棒埋设位置到联合地网边缘之间的距离应不小于地网等效直径 4～5 倍，电压棒埋设位置位于电流棒到地网边缘距离的 0.5～0.6 倍处，电压棒沿连接线方向移动三次，每次移动的距离约为电流极与地网边缘距离的 5%。如果测量的电阻值的相对误差不超过 5%，则可以将中间位置的电阻值作为该地网的实测值。还可以进行多个方位的测量，任一方向测试的接地电阻合格即可认为该地网的接地电阻合格。

第六节　移动通信基站防雷装置检测方法

一、检测项目

检测项目主要有:(1)天线塔;(2)机房的雷电防护区、防护等级和环境;(3)接地系统,接地系统包括安全保护地、工作地、静电接地、防雷接地;(4)高压电源防闪电感应措施;(5)低压电源防闪电感应措施;(6)信号线防闪电感应措施;(5)等电位连接。

二、检测准备

1. 查阅设计图纸、竣工验收报告和往年的年度安全定期检测报告,了解隐蔽工程情况。

2. 了解防雷装置所处的环境、位置、建筑物的使用性质,发生雷击事故的可能性及其后果,遭受雷击历史等。

3. 了解移动通信基站(无线市话)的位置、使用性质、规模,发生雷击事故的可能性及其后果。

三、移动通信基站防雷装置要求

防雷装置的要求、用材规格、参数按相关规范要求,可参考本规程第六章及本章第五节相关内容以及以下要求。

1. 防直击雷

(1)天线塔顶端应有接闪器,接收天线应在其保护范围内。天线塔至少在两个不同方向接地。

(2)天线塔及房屋建筑物为第二类防雷建(构)筑物。

2. 接地系统

(1)地网应围绕建筑物做成环形闭合网格状地网,铁塔地网的网格尺寸不大于 3×3 m,铁塔地网、建筑物防雷地网、变压器地网应 $3\sim5$ m 连接一次,且连接点不少于两处。

(2)防雷地、工作地、防静电地、安全保护地、防闪电感应地必须共用同一接地装置。

(3)接地体距地面不小于 0.7 m,在人行道附近不小于 1.0 m。垂直接地体长度为 $1.5\sim2.5$ m,间距为 $1.5\sim2.5$ 倍。

在土壤电阻率较高的地区,应在地网外围增设一圈环形接地体,并应在地网或铁塔四角设置向外辐射的水平接地体,其长度宜为 $20\sim30$ m。

(4)机房接地引入线应使用截面积不小于 95 mm^2 的多股铜绞线或 $\geq40\times4$ mm^2 的镀锌扁钢,长度不宜超过 30 m。接地引入线从地网中心部位就近引出,引出点避开防雷引下线和铁塔塔脚。当基站建在办公楼或大型公用建筑上时,接地引入线可从机房柱筋或邻近预留接地端子引出。

3. 防闪电感应

（1）铁塔上的馈线和同轴电缆宜用双层屏蔽电缆或单层屏蔽电缆套金属管在铁塔中央敷设，屏蔽层应在铁塔上端和下端各接地一次，入户处再接地一次。馈线和同轴电缆长度超过 60 m 时在铁塔中间再接地一次。接地连接线应采用截面积不小于 10 mm² 的多股铜线。

（2）建在城市内孤立的高大建筑物或建在郊区及山区地处中雷区以上的基站，当馈线较长时，在机房入口处宜安装天馈线电涌保护器。

（3）架空电缆吊线的两端和架空电缆线路中的金属管道应接地。

（4）信号电缆应采用屏蔽电缆或护套电缆穿金属管理地进线，应安装信号电涌保护器。电涌保护器、电缆金属层应接地，空线对应短接并接地。光纤屏蔽层和加强芯应接地。

（5）机房内的各种信号线应采取屏蔽措施，屏蔽槽应接地。

（6）从架空高压电力线终端杆引入移动基站的高压电力线宜采用铠装电缆，在进入基站配电变压器时高压侧的铠装电缆宜全程埋地引入。当配电变压器设在基站建筑物内部时，高压铠装电缆应埋地引入，且两端铠装层应就近接地。建在郊区和山区的移动通信基站的配电变压器，不宜与通信设备设在同一机房内。

变压器高、底压侧还应安装电源电涌保护器。

（7）机房低压电源应采用屏蔽电缆或护套电缆穿金属管理地进线，电缆埋地长度不宜小于 15 m（如高压电缆已埋地则可不考虑低压电源线埋地长度），电缆金属外皮或金属套管应在入户端接地。在建筑物总配电房、楼层或机房配电箱、设备前端分级安装电源电涌保护器。塔灯也应安装电源电涌保护器。

（8）电源线应尽可能远离信号线，并避免并排敷设，当不能避免时，应采取相应的屏蔽措施。

4. 等电位连接

（1）进出机房的各种金属管道、电缆屏蔽层、机房内的走线架、设备外壳、屏蔽槽、金属门窗、吊顶等均须进行等电位连接并接地，走线架应保持电气连通，且不得与室外汇流排直接连接。所有接地线应短直。

（2）采用网形连接方式的机房，环行接地汇集线应使用截面积不小于 30×3 mm² 的铜排或 40×4 mm² 镀锌扁钢，四周就近与建筑钢筋多点连通。

（3）采用星形连接方式的机房，总汇流排应为不小于 400×100×5 mm 的铜排。接地汇集线、总接地排（接地参考点）应设在配电箱和第一级电源 SPD 附近。如采用二级接地汇流排的，第一级电源 SPD、配电箱、光缆金属加强芯和金属外护层应与第一个接地排（总接地排）连接；设备地、直流电源地、机壳、走线架等与第二个接地排连接。第一个接地排应直接与地网连通，两级汇流排之间的连接线应采用不小于 70 mm² 的多股铜线。

5. SPD 参数

（1）电源 SPD 应使用限压型 SPD，其标称放电电流应符合相关规范要求，可参考表 11-6-1。

（2）设在居民区的基站应在其建筑物的配电箱内加装 SPD，其最大通流容量不应小于 60 kA，并应在邻近建筑物的配电箱加装相应等级的 SPD。

（3）太阳能电池的馈电线路两端可分别对地加装 SPD，SPD 的标称工作电压应大于太阳能电池最大供电电压的 1.2 倍，SPD 的最大通流容量不应小于 25 kA。

（4）信号线 SPD 的标称放电电流不小于 3 kA。

（5）馈线 SPD 的标称放电电流不小于 15 kA。

表 11-6-1 移动通信基站电源 SPD 的标称放电电流

气象因素 环境因素			雷暴日(日/年)			安装位置
			<25	25～40	≥40	
第一级	L 型	易遭雷击环境因素	60 kA	80 kA		交流配电箱旁边或者交流配电箱内
		正常环境因素	60 kA			
	M 型	易遭雷击环境因素	80 kA		100 kA	
		正常环境因素	80 kA			
	H 型	易遭雷击环境因素	100 kA	120 kA		
		正常环境因素	100 kA			
	T 型	易遭雷击环境因素	120 kA*	150 kA*		
		正常环境因素	120 kA*			
第二级			—	40 kA		开关电源
直流保护			—	15 kA		直流输出端

注:1. 易遭雷击环境因素:1) 局(站)高层建筑、山顶、水边、矿区和空旷高地;2) 局(站)内设有铁塔或塔楼;3) 各类设有铁塔的无线通信站点;4) 无专用变压器的局(站);5) 虽然地处少雷区或中雷区,根据历年统计,时有雷击发生的地区; 6) 土壤电阻率大于 1000Ω·m 时。

2. 移动通信基站防雷等级可按下列要求分类:1) L 型(较低风险型)——闹市区、公共建筑物、专用机房且雷暴日为少雷或中雷区;2) M 型(中等风险型)——城市中高层孤立建筑物的楼顶机房、城郊、居民房、水塘旁以及无专用配电变压器供电的基站,且雷暴日为中雷区及多雷区;3) H 型(较高风险型)——丘陵、公路旁、农民房、水田中、易遭受雷击的机房,且雷暴日为多雷区及强雷区(包括中雷区以上有架空电源线引入的机房);4) T 型(特高风险型)——高山、海岛,且雷暴日为多雷区及强雷区。

6. 接地电阻

接地电阻的数值不宜大于 10 Ω。当土壤电阻率大于 1000 Ω·m 时,可不对接地电阻值加以限制,但此时地网的等效半径应大于 10 m,并在地网四角敷设 10～20 m 长的辐射型水平接地体。

四、移动通信基站防雷装置的检测

1. 天线塔

天线塔的高度、天线塔的接地方式、接地数量、接地线的材型,接地电阻值,计算天线是否在天线塔的保护范围内。

天馈线屏蔽层接地的次数、位置,电涌保护器安装的情况。

2. 接地系统

接地体的性质、布置方式。

接地引入线的材型、长度,接地汇集排(线)的截面积,工作地和安全保护地的材型及接地电阻。

3. 高压供电系统

高压电力线的进线方式、埋地长度、电涌保护器安装数量及位置。

变压器安装电涌保护器的情况、变压器接地电阻。

4. 低压供电系统

低压电缆的进线方式、走线方式、电涌保护器安装数量及位置。

5. 信号线

信号线的种类、进线方式、屏蔽层及空线对的接地、安装电涌保护器的情况。

光纤屏蔽层及加强芯的接地情况。

6. 等电位连接

机房内的各种金属管道、电缆屏蔽层、机房内的走线架、设备外壳、屏蔽槽、金属门窗、地板架、吊顶等进行等电位连接的情况。

五、无线市话基站防雷装置的检测

1. 天线杆的高度、接地方式、接地线的材型（不小于 $\phi 8\ mm$ 圆钢或 $35\ mm^2$ 多股铜绞线），接地电阻（不大于 $10\ \Omega$），计算天线是否在天线杆的保护范围内（接闪杆应高于天线至少 1 m）。天馈线屏蔽层接地的情况。

2. 低压电源线的屏蔽及电涌保护器安装情况。

3. 信号线的屏蔽及电涌保护器安装情况。

4. 接地汇集排的截面积（不小于 $40 \times 4\ mm^2$），机箱的接地电阻。

六、接地电阻测量

按本规程第四章第一节的规定测量时，电流极棒埋设位置到联合地网边缘之间的距离应不小于地网等效直径 4～5 倍，电压棒埋设位置位于电流棒到地网边缘距离的 0.5～0.6 倍处，电压棒沿连接线方向移动三次，每次移动的距离约为电流极与地网边缘距离的 5%。如果测量的电阻值的相对误差不超过 5%，则可以将中间位置的电阻值作为该地网的实测值。还可以进行多个方位的测量，任一方向测试的接地电阻合格即可认为该地网的接地电阻合格。

七、计算保护范围

用滚球法确定接闪器的保护范围，计算方法按《建筑物防雷设计规范》（GB 50057－2010）附录 D。

第七节　电力装置防雷装置检测方法

一、检测项目

检测项目主要有：(1)直击雷；(2)接地系统特性参数：包括接地阻抗、场区地表电位梯度测试，接触电位差、跨步电位差、转移电位、电气完整性测试；(3)防闪电感应措施；(4)设备等电位连接。

二、检测准备

1. 查阅设计图纸、竣工验收报告和往年的年度安全定期检测报告，了解隐蔽工程情况。

2. 了解防雷装置所处的环境、位置、建筑物的使用性质，发生雷击事故的可能性及其后果，遭受雷击历史等。

3. 了解电力装置的使用性质、电压等级、规模、接地网面积、故障电流大小、绝缘耐压等级，发生雷击事故的可能性及其后果。

三、电力装置防雷要求

防雷装置的要求、用材规格、参数按相关规范要求，可参考本规程第六章相关内容以及以下要求。

（一）直击雷

1. 发电厂、变电所的室外配电装置应有独立接闪杆或接闪线。发电厂和变电站配电装置构架上接闪杆（含悬挂接闪线的架构）的接地引下线应与接地网连接，并应在连接处加装人工接地装置。引下线与接地网的连接点至变压器接地导体（线）与接地网连接点之间沿接地极的长度，不应小于 15 m。

2. 主控制室、配电装置室和 35 kV 及以下变电站的屋顶上装设直击雷保护装置，且为金属屋顶或屋顶上有金属结构时，则应将金属部分接地；屋顶为钢筋混凝土结构时，则应将其焊接成网格并接地；结构为非导电的屋顶时，则应采用接闪带保护，该接闪带的网格应为 8～10 m，并应每隔 10～20 m 设接地引下线。该接地引下线应与主接地网连接，并应在连接处加装人工接地装置。

3. 主厂房装设直击雷保护装置或为保护其他设备而在主厂房上装设接闪杆时，应采取加强分流、设备的接地点远离接闪杆接地引下线的入地点、接闪杆接地引下线远离电气装置等防止反击的措施。

4. 建筑物的金属物均应接地。

5. 露天布置的 GIS 的外壳不需装设防直击雷装置，但应接地。

6. 高压输电线采用接闪线保护。

7. 6 kV 及以上无地线线路钢筋混凝土杆宜接地，金属杆塔应接地，接地电阻不宜超过 30 Ω。有地线的线路杆塔的工频接地电阻，不宜超过表 11-7-1 的规定。66 kV 及以上钢筋混凝土杆铁横担和钢筋混凝土横担线路的地线支架、导线横担与绝缘子固定部分或瓷横担固定部分之间，宜有可靠的电气连接，并应与接地引下线相连。主杆非预应力钢筋上下已用绑扎或焊接连成电气通路时，可兼作接地引下线。

表 11-7-1 有地线的线路杆塔的工频接地电阻

土壤电阻率 $\rho(\Omega \cdot m)$	$\rho \leqslant 100$	$100 < \rho \leqslant 500$	$500 < \rho \leqslant 1000$	$1000 < \rho \leqslant 2000$	$\rho > 2000$
接地电阻（Ω）	10	15	20	25	30

8. 低压线路接地

(1)单独电源中性点接地的 TN 系统的低压线路和高、低压线路共杆线路的钢筋混凝土杆塔,其铁横担以及金属杆塔本体应与低压线路 PE 或 PEN 相连接,钢筋混凝土杆塔的钢筋宜与低压线路的相应导体相连接。与低压线路 PE 或 PEN 相连接的杆塔可不另作接地。

(2)配电变压器设置在建筑物外其低压采用 TN 系统时,低压线路在引入建筑物处,PE 或 PEN 应重复接地,接地电阻不宜超过 10 Ω。

(3)中性点不接地的 IT 系统的低压线路钢筋混凝土杆塔宜接地,金属杆塔应接地,接地电阻不宜超过 30 Ω。

(4)架空低压线路入户处的绝缘子铁脚宜接地,接地电阻不宜超过 30 Ω。土壤电阻率在 200 Ω·m 及以下地区的铁横担钢筋混凝土杆线路,可不另设人工接地装置。当绝缘子铁脚与建筑物内电气装置的接地装置相连时,可不另设接地装置。人员密集的公共场所的入户线,当钢筋混凝土杆的自然接地电阻大于 30 Ω 时,入户处的绝缘子铁脚应接地,并应设专用的接地装置。

(二)接地装置

1. 发电厂、变电所的接地装置除利用自然接地体外,应敷设人工水平接地体和人工垂直接地体。自然接地体应采用不少于两根导线在不同地点与人工水平接地网相连接;6 kV 和 10 kV 变电站和配电站,当采用建筑物的基础钢筋作接地极,且接地电阻满足规定值时,可不另设人工接地。

2. 人工接地网的外缘应闭合,外缘各角应做成圆弧形,圆弧的半径不宜小于均压带间距的 1/2,接地网内应敷设水平均压带,接地网的埋设深度不宜小于 0.8 m。

3. 发电厂(不含水力发电厂)和变电站的接地网,应与 110 kV 及以上架空线路的地线直接相连,并应有便于分开的连接点。6~66 kV 架空线路的地线不得直接与发电厂和变电站配电装置架构相连。发电厂和变电站接地网应在地下与架空线路地线的接地装置相连接,连接线埋在地中的长度不应小于 15 m。

4. 独立接闪杆或接闪线的接地装置与发电厂、变电所的接地装置的距离不小于 3 m。

5. 发电厂、变电所接地装置的接地电阻要求如下:

(1)有效接地和低电阻接地系统:$R \leqslant 2000/I$(I 为最大故障电流),在高土壤电阻率地区,一般不大于 5 Ω。

(2)不接地、消弧线圈接地和高电阻接地系统:

① 高压与低压共用接地装置:$R \leqslant 120/I$,但不宜超过 4 Ω。

② 高压接地装置:$R \leqslant 250/I$,但不宜超过 10 Ω。

③ 高土壤电阻率地区,可以增大接地电阻值,电力设备的接地电阻可提高到 30 Ω,变电所接地装置的接地电阻可提高到 15 Ω,但是,接触电压和跨步电压不得超过规定值。

6. 室外配电变压器的接地装置宜围绕变压器台形成闭合环形。配电变压器在室内时,其接地装置应与建筑物基础钢筋等连接。

7. 配电系统接地装置的接地电阻要求如下:

(1)当配电变压器安装在室外,其高压侧工作于不接地、消弧线圈接地和高电阻接地系统且接地电阻不超过 4 Ω 时,低压系统电源接地点可与该变压器共用同一接地装置。当高压侧工作于低电阻接地系统时,低压系统电源接地点不得与该变压器共用同一接地装置。

(2)当配电变压器安装在室内,其高压侧工作于不接地、消弧线圈接地和高电阻接地系统且接地电阻不超过 4 Ω 时,低压系统电源接地点可与该变压器共用同一接地装置。

(3)当高压侧工作于低电阻接地系统,接地电阻不超过 4 Ω,并且建筑物内采用(含建筑物基础钢筋)总等电位连接时,低压系统电源接地点可与该变压器共用同一接地装置。

当建筑物内低压电气装置虽采用 TN 系统,但未采用(含建筑物钢筋的)保护总等电位连接系统,以及建筑物内低压电气装置采用 TT 或 IT 系统时,低压系统电源中性点严禁与该变压器保护接地共用接地装置,低压电源系统的接地应按工程条件研究确定。

(4)低压电力网中,电源中性点的接地电阻不宜超过 4 Ω。由单台容量不超过 100 kVA 或使用同一接地装置并联运行且总容量不超过 100 kVA 的变压器或发电机供电的低压电力网中,电力装置的接地电阻不宜大于 10 Ω。

8. 低压系统接地可采用以下几种型式:

(1)TN 系统:系统有一点直接接地,装置的外露导电部分用保护线与该点连接。按照中性线与保护线的组合情况,TN 系统有以下三种型式:

TN—S(图 11-7-1)整个系统的中性线与保护线是分开的;

TN—C—S(图 11-7-2)系统中有一部分中性线与保护线是合一的;

TN—C(图 11-7-3)整个系统的中性线与保护线是合一的。

(2)TT 系统(图 11-7-4):系统有一个直接接地点,装置的外露导电部分用保护线接到与该点无关的接地装置。

(3)IT 系统(图 11-7-5):系统不直接接地(经阻抗接地或不接地),装置的外露导电部分用保护线接到接地装置。

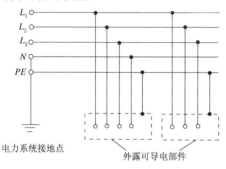

图 11-7-1 TN—S 结构

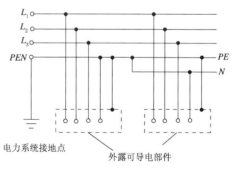

图 11-7-2 TN—C—S 结构

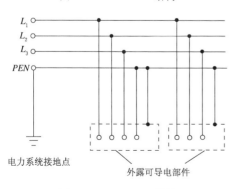

图 11-7-3 TN—C 结构

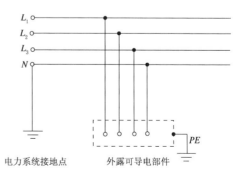

图 11-7-4 TT 结构

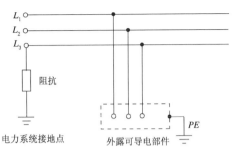

图 11-7-5　IT 结构

9. 建筑物内的低压系统应有总等电位连接,电源接地点、电气保护接地、总等电位连接的接地极等可与建筑物的防雷地共用同一接地装置。

(三)防闪电感应

1. 发电厂、变电所储存易燃易爆油气的露天储罐应设闭合环形接地体。输送易燃易爆油气管道的法兰盘、阀门连接处,应有金属跨接线。当法兰盘用 5 根以上螺栓连接时,法兰盘可不用金属线跨接,但必须构成电气通路。

2. 发电厂、变电所的变压器应有阀式电涌保护器保护。

3. 配电变压器高、低压侧都应有电涌保护器保护。架空线路转换为电缆时,转换处应安装电涌保护器。

4. 室外的断路器、负荷开关应有电涌保护器保护,电容器宜设电涌保护器保护。

5. 旋转电机应有电涌保护器保护。

6. 三(或四)芯金属铠装电缆的金属外层应在两端直接接地,单芯金属铠装电缆的金属外层应至少有一点直接接地,其他位置经氧化锌电涌保护器接地。

(四)电力系统、装置或设备应接地的部位

1. 有效接地系统中部分变压器的中性点和有效接地系统中部分变压器、谐振接地、低电阻接地以及高电阻接地系统的中性点所接设备的接地端子;

2. 高压并联电抗器中性点接地电抗器的接地端子;

3. 电机、变压器和高压电器等的底座和外壳;

4. 发电机中性点柜的外壳、发电机出线柜、封闭母线的外壳和变压器、开关柜等(配套)的金属母线槽等;

5. 气体绝缘金属封闭开关设备的接地端子;

6. 配电、控制和保护用的屏(柜、箱)等的金属框架;

7. 箱式变电站和环网柜的金属箱体等;

8. 发电厂、变电站电缆沟和电缆隧道内,以及地上各种电缆金属支架等;

9. 屋内外配电装置的金属架构和钢筋混凝土架构,以及靠近带电部分的金属围栏和金属门;

10. 电力电缆接线盒、终端盒的外壳,电力电缆的金属护套或屏蔽层,穿线的钢管和电缆桥架;

11. 装有地线的架空线路杆塔;

12. 除沥青地面的居民区外,其他居民区内,不接地、谐振接地和高电阻接地系统中无地

线架空线路的金属杆塔和钢筋混凝土杆塔;

13. 装在配电线路杆塔上的开关设备、电容器等电气装置;

14. 高压电气装置传动装置;

15. 附属于高压电气装置的互感器的二次绕组和铠装控制电缆的外皮。

四、检测方法

1. 房屋建筑物可按本章第二节方法检测。

2. 独立接闪杆:测量高度、用材规格、独立接闪杆到被保护物的各种距离,检查防腐情况、电气连接情况。架空接闪线(网)还需要测量最高和最低高度、支柱的间距、接地方式和接地点数量。测量接地电阻。

在无法测量接闪线的最低高度时,要考虑到弧垂的影响。可考虑架空接闪线中点的弧垂。当等高支柱距离小于 120 m 时,弧垂取 2 m;当等高支柱距离为 120～150 m 时,弧垂取 3 m。

测量、计算独立接闪杆和架空接闪线(网)的支柱及其接地装置至被保护建筑物及其有联系的管道、电缆等金属物之间的间隔距离。

独立接闪杆(线)的保护范围不按照 GB 50057－2010 滚球法计算,而是参照《交流电气装置的过电压保护和绝缘配合》(GB/T 50064－2014)第 5.2 条计算,用保护角折线法确定接闪器的保护范围。

3. 检测接地装置的类型、形状、网格尺寸;检测是否共用接地,防雷引下线与变压器接地线、设备接地线的距离;检测接地体材型规格、埋设深度;检测人工接地装置与自然接地装置的连接情况。检测接地电阻。

4. 检测高压、低压电涌保护器的安装情况、参数。

5. 测量杆塔、变压器、各种设备的接地电阻。

6. 接地电阻的测量:

(1)接地阻抗按本规程第四章第一节的方法测量。

(2)大型接地网特性参数按本章第十节的方法测量。

(3)电力线路杆塔接地电阻的测量方法。

电极的布置:电流极棒埋设位置一般取接地装置最长射线长度 L 的 4 倍,电压极取 L 的 2.5 倍。测量时接地装置与接闪线断开(有断接卡时应断开断接卡)。

(4)接地电阻值:

1)发电厂、变电所

①有效接地和低电阻接地系统:$R \leqslant 2000/I$(I 为最大故障电流);

在高土壤电阻率地区:$\leqslant 5 \ \Omega$。

②不接地、消弧线圈接地和高电阻接地系统:

高压与低压共用接地装置:$\leqslant 4 \ \Omega$;

高压接地装置:$\leqslant 10 \ \Omega$;

高土壤电阻率地区:电力设备 $\leqslant 30 \ \Omega$,变电所 $\leqslant 15 \ \Omega$。

2)配电变压器:$\leqslant 4 \ \Omega$。

3)输电杆塔:无接闪线 $\leqslant 30 \ \Omega$,有接闪线 $10～30 \ \Omega$。

4)低压线路:变压器在室内或外墙的中性线和 PE 线≤4 Ω;变压器在远处的中性线和 PE 线≤10 Ω。

第八节　石油化工企业防雷装置检测方法

一、检测项目

1. 检测项目主要有:(1)建筑物(厂房房屋);(2)独立接闪器;(3)户外装置(包括生产装置、罐区、放空管、管道、传输带等)的型式、壁厚及安装形式、防雷装置;(4)防闪电感应和防静电;(5)电源和信息系统防雷击电磁脉冲措施;(6)接地装置。

2. 防雷装置的要求、用材规格、参数按相关规范要求,可参考本规程第六章相关内容。

二、检测准备

1. 查阅设计图纸、竣工验收报告和往年的年度安全定期检测报告,了解隐蔽工程情况,了解钢油罐的型式、性能、壁厚及安装形式。

2. 了解防雷装置所处环境、地理位置,石化装置的规模、工艺流程、原料、中间产品、成品、发生雷击事故的可能性后果,遭受雷击历史等,确定各建(构)筑物的防雷类别。

3. 现场检测人员应穿戴防静电装备,遵守易燃易爆场所安全规定。

三、厂房房屋防雷分类

1. 石油化工企业的各种场所,应根据能形成爆炸性气体混合物的环境状况和空间气体的消散条件,划分为厂房房屋类或户外装置区。

2. 设有屋顶,建筑外围护结构全部采用封闭式墙体(含门、窗)构造的生产性(储存性)建筑物为厂房房屋。装置控制室、户内装置变电所等,均应作为厂房房屋类。有屋顶而墙面敞开的大型压缩机厂房应划为厂房房屋类。

3. 露天或对大气敞开、空气畅通的场所为户外装置区。设备管道布置稀疏的框架应划为户外装置区。

4. 当厂房房屋和户外装置区两类场所混合布置时,应按下列原则进行划分:

(1)上部为框架下部为厂房布置时,应符合户外装置区相关要求;

(2)上部为厂房下部为框架布置时,应符合厂房房屋类相关要求;

(3)厂房和框架毗邻布置时,应符合各自相关要求。

5. 厂房房屋类的防雷类别按相关规范要求划分,可参考本规程第五章相关内容。

四、厂房房屋防直击雷检测

1. 石油化工企业的建(构)筑物应有防直击雷装置。
2. 建(构)筑物防直击雷装置按本章第二节方法检测。

五、户外装置防雷要求

(一)防直击雷

1. 生产设备应利用金属外壳做接闪器,钢制设备的壁厚应大于或等于 4 mm。转动设备不应用作接闪器。放空口应处于接闪器保护范围内。

2. 可燃气体、液化烃、可燃液体的钢罐,必须有防雷接地,并应符合下列规定:

(1)装有阻火器的甲$_B$、乙类可燃液体的地上固定顶钢罐,当罐壁厚度≥4 mm 时,不设接闪杆(线)。

(2)装有阻火器的甲$_B$、乙类可燃液体的地上固定顶钢罐,当罐壁厚度<4 mm 时:应装设接闪杆(线)。接闪杆(线)的保护范围,应包括整个储罐和呼吸阀。

(3)丙类液体储罐可不设接闪杆(线),但必须设防雷接地。

(4)浮顶及内浮顶金属罐可不装设防直击雷装置,但必须至少有两根截面积≥50 mm^2 的软铜绞线将浮顶与罐体作电气连接,连接点不少于两处,连接点沿罐壁周长的间距不应大于 30 m。

(5)压力储罐不设接闪杆(线),但必须设防雷接地。

(6)覆土储罐当埋层大于或等于 0.5 m 时,罐体可不考虑防雷设施。储罐的呼吸阀露出地面时,应采取局部防雷保护,呼吸阀应处于接闪器的保护范围内。

3. 属于下列情况之一的放空口(如放散管、排风管、安全阀、呼吸阀、放料口、取样口、排污口等,以下称放空口),应设置接闪器加以保护。此时,放空口外的爆炸危险气体空间应处于接闪器的保护范围内,且接闪器的顶端应高出放空口 3 m,水平距离宜为 4～5 m。

(1)储存闪点低于或等于 45 ℃的可燃液体的设备,在生产紧急停车时连续排放,其排放物达到爆炸危险浓度者(包括送火炬系统的管路上的临时放空口,但不包括火炬)。

(2)储存闪点低于或等于 45 ℃的可燃液体的储罐,其呼吸阀不带防爆阻火器者。

4. 属于下列情况之一的放空口,宜利用金属放空管口作为接闪器。此时,放空管口的壁厚应大于或等于≥4 mm,且应在放空管口附近将放空管与最近的金属物体进行金属连接。

(1)储存闪点低于或等于 45 ℃的可燃液体的设备,在生产正常时连续排放的排放物可能短期或间断地达到爆炸危险浓度;

(2)储存闪点低于或等于 45 ℃的可燃液体的设备,在生产波动时设备内部超压引起的自动或手动短时排放的排放物可能达到爆炸危险浓度的安全阀等;

(3)储存闪点低于或等于 45 ℃的可燃液体的设备,停工或维修时需短期排放的手动放料口等;

(4)储存闪点低于或等于 45 ℃的可燃液体储罐上带有防爆阻火器的呼吸阀;

(5)在空旷地点孤立安装的排气塔和火炬。

5. 未装阻火器的排放爆炸危险气体或蒸气的放散管、呼吸阀和排风管等,当其排放物达不到爆炸浓度、长期点火燃烧、一排放就点火燃烧及发生事故时排放物才达到爆炸浓度时,接闪器可仅保护到管帽,无管帽时可仅保护到管口。位于附近其他的接闪器保护范围之内时可不再设置接闪器,应与防雷装置相连。

6. 高度不超过 40 m 的烟囱,可只设 1 根引下线,超过 40 m 时应设 2 根引下线。可利用螺栓连接或焊接的一座金属爬梯作为 2 根引下线用。金属烟囱应作为接闪器和引下线,金属火炬筒体应作为接闪器和引下线。

7. 非金属储罐应装设接闪器,使被保护储罐和突出罐顶的呼吸阀等均处于接闪器的保护范围之内。与塔体相连的非金属物体或管道,当处于塔体本身保护范围之外时,应在合适的地点安装接闪器加以保护。

8. 当利用生产设备金属外壳作为引下线,至少有两根引下线,引下线的间距不应大于 18 m。

9. 在高空布置较长的卧式容器和管道(送往火炬的管道)应在两端设置引下线,间距超过 18 m 时应增加引下线数量。

10. 生产设备通过框架或支架安装时,宜利用金属框架作为引下线。混凝土框架采用沿柱明敷的金属导体或直径不小于 10 mm 的柱内主钢筋作为引下线。

11. 露天装卸作业场所,可不装设接闪器,但应将金属构架接地。棚内装卸作业场所,应在棚顶装设接闪器。进入装卸站台的可燃液体输送管道应在进入点接地,冲击接地电阻不应大于 10 Ω。

(二)防闪电感应和防静电

1. 在户外装置区场所,所有金属的设备、框架、管道、电缆保护层(铠装、钢管、槽板等)和放空管口等,均应连接到防闪电感应的接地装置上。

2. 爆炸、火灾危险环境内可能产生静电危险的金属罐、设备、管道,均应有防静电接地。

3. 在聚烯烃树脂处理系统、输送系统和料仓库,均应有防静电接地,不得出现不接地的孤立导体。

4. 可燃气体、液化烃、可燃液体、可燃固体的管道在下列部位,应有防静电接地:

(1)管架上敷设输送可燃性介质的金属管道,在始端、末端、分支处,均应设置防闪电感应的接地装置,其工频接地电阻不应大于 30 Ω;

(2)进、出生产装置的金属管道,在装置的外侧应接地,并应与电气设备的保护接地装置和防闪电感应的接地装置相连接。

(3)爆炸危险场所的边界。

(4)管道泵及其泵入口永久过滤器、缓冲器等。

5. 可燃气(液)体管道的弯头、法兰盘、阀门的连接处的过渡电阻大于 0.03 Ω 时,连接处应用金属线跨接。对有不少于 5 根螺栓连接的法兰盘,在非腐蚀环境下,可不跨接。

6. 平行敷设的金属管道、框架和电缆金属保护层等,当其净间距小于 100 mm 时应每隔 30 m 用金属线连接。相交或相距处净距小于 100 mm 时亦应连接。

7. 装卸场地应有防静电接地,宜采用能检测接地状况的防静电接地仪器。

8. 铁路(或码头)油品装卸栈桥的首末端及中间处,应与铁路钢轨(作阴极保护的除外)、输油(气)管道、鹤管等相互作电气连接并接地。汽车(或火车)油罐车或油桶的灌装设施,应设置与油罐车或油桶跨接的防静电接地装置。

9. 油品装卸码头,应设置与油船跨接的防静电接地装置。此接地装置应与码头上的油品装卸设备的防静电接地装置合用。

（三）防雷击电磁脉冲

1. 可燃液体储罐的温度、液位等测量装置的信号线,应用铠装电缆或钢管屏蔽,电缆外皮和钢管应与罐体连接。

2. 电力和通信线路应用铠装电缆或钢管屏蔽埋地,电缆外皮和钢管应接地,宜安装电涌保护器。

（四）接地装置

1. 水平接地体埋设深度不小于 0.7 m,人行通道附近不小于 1.0 m,垂直接地体长度为 1.5～2.5 m,间距为 5.0 m。当垂直接地体敷设有困难时,可设多根环形水平接地体并互相连通。人工接地体应使用热镀锌钢材。

2. 静电接地干线应使用热镀锌钢材,圆钢≥φ10 mm、扁钢≥－25×4 mm;静电接地支线应使用热镀锌钢材,圆钢≥φ8 mm、扁钢≥－12×4 mm。

六、户外装置检测方法

1. 检测金属设备、管道的材料、厚度、阻火器、防雷方式。

2. 检测金属设备、管道的引下线数量、位置、间距、材型规格、敷设方式。

3. 检测户外装置区场所所有金属的设备、框架、管道、电缆保护层（铠装、钢管、槽板等）和放空管口的接地电阻或过渡电阻。

4. 检测管架上输送可燃性介质的金属管道在始端、末端、分支处的接地电阻或过渡电阻。

5. 检测可燃气（液）体管道的法兰盘、阀门的连接处连接螺栓数量、金属跨接线材型规格、过渡电阻。

6. 检测平行敷设的金属管道、框架和电缆金属保护层等,当其净间距小于 100 mm 时的跨接情况。

7. 检测装卸场地的防静电措施、防静电接地电阻。检测铁轨、鹤管、栈桥的接地电阻或过渡电阻。

8. 检测接地装置的类型、布局、网格尺寸、材型规格、接地电阻、接地线材型规格。

9. 检测电力和通信线路的敷设方式、屏蔽情况、接地电阻、安装电涌保护器情况及参数。

10. 接地电阻的检测

（1）按本规程第四章第一节的方法测量。

（2）大型接地网可划分为几个区域,按本章第十节的方法测量一个接地端子的接地电阻,然后采用等电位连接测试仪测量各点与该接地端子的过渡电阻。

（3）防雷接地电阻≤10 Ω,防闪电感应接地电阻≤30 Ω,防静电接地电阻≤100 Ω。

11. 计算保护范围

接闪器的保护范围应采用下列方法之一确定:

（1）用滚球法确定,计算方法按《建筑物防雷设计规范》（GB 50057－2010）附录 D,滚球半径取 45 m。

（2）接闪器顶部与被保护参考平面的高差和保护角应符合表11-8-1的规定或现行国家标准《雷电防护 第3部分：建筑物的物理损坏和生命危险》（GB/T 21714.3）的有关规定。

表 11-8-1　接闪器顶部与被保护参考平面的高差和保护角

高差（m）	0～2	5	10	15	20	25	30	35	40	45
保护角（°）	77	70	61	54	48	43	37	33	28	23

第九节　爆炸危险场所防雷装置检测方法

一、检测项目

1. 适用于烟花爆竹、打火机厂、民用爆破器材的生产、储存场所防雷装置的检测。

2. 检测项目主要有：（1）防直击雷；（2）防闪电感应和防静电；（3）电源和信息系统防雷击电磁脉冲措施；（4）间隔距离、（5）接地装置。

3. 防雷装置的要求、用材规格、参数按相关规范要求，可参考本规程第六章相关内容。

二、检测准备

1. 查阅设计图纸、竣工验收报告和往年的年度安全定期检测报告，了解隐蔽工程情况，了解钢油罐的型式、性能，壁厚及安装形式。

2. 了解防雷装置所处环境、地理位置、爆炸危险场所的规模、工艺流程、原料、中间产品、成品、发生雷击事故的可能性后果，遭受雷击历史等，确定各建（构）筑物的防雷类别。

3. 现场检测人员应穿着防静电服装，遵守易燃易爆场所安全规定。

三、防直击雷检测

1. 根据建（构）筑物的使用性质（火灾爆炸危险性）、地理位置、气候、建（构）筑物形状等确定该建（构）筑物的防雷类别。

建筑物防雷类别按《建筑物防雷设计规范》（GB 50057—2010）第3章、《烟花爆竹工程设计安全规范》（GB 50161—2009）第12.1条、《地下及覆土火药炸药仓库设计安全规范》（GB 50154—2009）第7.1条、《民用爆破器材工程设计安全规范》（GB 50089—2007）第12.1条确定。各种建（构）筑物防雷类别可参考本规程第五章。

2. 建筑物防直击雷装置、独立接闪器按本章第二节的方法进行检测。

3. 用滚球法确定接闪器的保护范围，计算方法按《建筑物防雷设计规范》（GB 50057—2010）附录D。

四、防闪电感应和防静电检测

（一）要求

1. 变压器低压侧中心点接地电阻不应大于 4 Ω。

2. 变电所、厂房配电室、电机间、控制室与危险场所相毗邻的隔墙应为不燃烧体密实墙，且不应设门、窗与危险场所相通。

与配电室、电机间、控制室无关的管线不应通过配电室、电机间、控制室。

设在黑火药生产厂房内的配电室、电机间、控制室除应满足上述要求外，配电室、电机间、控制室的门、窗与黑火药生产工作间的门、窗之间的距离不宜小于 3 m。

3. 无关的电气线路和通信线路严禁穿越、跨越危险品生产区和危险品总仓库区。当在危险品生产区或危险品总仓库区围墙外敷设时，10 kV 及以下电力架空线路和通信架空线路与危险性建筑物外墙的水平距离应不小于杆高的 1.5 倍，应不小于 35 m。

4. 引入危险性建筑物的 1 kV 以下低压线路的敷设应符合下列规定：

（1）从配电端到受电端宜全长采用金属铠装电缆埋地敷设，在入户端应将电缆的金属外皮、钢管接到防闪电感应的接地装置上。

（2）当全线采用电缆埋地有困难时，可采用钢筋混凝土杆和铁横担的架空线，并应使用一段金属铠装电缆或护套电缆穿钢管直接埋地引入，其埋地长度应符合下式的要求，但不应小于 15 m。

$$L \geqslant 2\sqrt{\rho} \qquad\qquad （式 11-9-1）$$

式中　L——金属铠装电缆或护套电缆穿钢管埋于地中的长度（m）；

　　　　ρ——埋电缆处的土壤电阻率（Ω·m）。

（3）在电缆与架空线换接处尚应装设电涌保护器 SPD。SPD、电缆金属外皮、钢管和绝缘子的铁脚、金属器具等应连在一起接地，其冲击接地电阻不应大于 10 Ω。

（4）引入黑火药生产工房的 1 kV 以下低压线路，从配电端到受电端应全长采用铜芯金属铠装电缆埋地敷设。

5. 变电所引至危险性建筑物的低压供电系统宜采用 TN-C-S 接地形式，从建筑物内总配电箱开始引出的配电线路和分支线路必须采用 TN-S 系统。

6. 危险性建筑物总配电箱应安装防爆型电涌保护器或安装在防爆箱内。将金属铠装层、电涌保护器作电气连接并接地。

信息系统防雷应符合《建筑物电子信息系统防雷技术规范》（GB 50343—2012）的规定。

7. 危险性建筑物内电气设备的工作接地、保护接地、防闪电感应接地、除独立接闪器外的防雷装置接地、防静电接地、信息系统接地等应共用接地装置，接地电阻值应取其中最小值。

当危险场所设有多台需要接地的设备且位置分散时，工作间内应设置构成闭合回路的接地干线。接地体宜沿建筑物墙外埋地敷设，并应构成闭合回路，且每隔 18～24 m 室内与室外连接一次，每个建筑物的连接不应少于两处。

8. 危险性建筑物内穿电线的钢管、电缆的金属外皮可作为接地辅助线。输送危险物质的金属管道不能作为接地装置。

9. 输送危险物品的各种室外架空管道，距离建筑物 100 m 内应每隔 25 m 接地一次。平行敷设的管道,当净距小于 100 mm 时,管道之间应每隔 25 m 设跨接线。当交叉净距小于 100 mm 时,交叉处也应设跨接线。管道的法兰、阀门的连接处,应有金属跨接线。当管道进入危险性建筑物时,还应与建筑物的防闪电感应接地装置连接。

10. 危险场所中可导电的金属设备、金属管道、金属支架及金属导体均应进行直接静电接地。不能直接接地的金属物应通过防静电材料间接接地。危险性建筑物内有可能积聚静电的非金属物应间接接地。当危险场所采用防静电地面及工作台面时,其静电泄漏电阻值应控制在 0.05～1.0 MΩ。

危险性建筑物的出入口,应有消除人体静电的接地装置。

11. 危险场所需要采用空气增湿方法泄漏静电时,其室内空气相对湿度宜为 60%。黑火药生产的危险场所空气相对湿度应为 65%。当工艺有特殊要求时可按工艺要求确定。

(二)检测方法

1. 检测建筑物防闪电感应措施,检测金属门窗、栏杆、设备、管道、货架接地线材型规格、接地电阻或过渡电阻。

2. 检测消除人体静电措施、接地电阻。

3. 检测电源、信号线路进线方式、间隔距离、屏蔽情况、接地情况、SPD 安装情况及参数、接地电阻。

五、接地电阻测量

按本规程第四章第一节的方法测量。

建筑物接地电阻:≤10 Ω;

变压器低压侧中心点接地电阻:≤4 Ω;

架空线换接处接地电阻:≤10 Ω;

管道接地电阻:≤20 Ω;

单独防静电接地电阻:≤100 Ω;

静电泄漏电阻值:0.05～1.0 MΩ。

第十节　大(小)型接地装置检测方法

一、检测项目

检测项目主要有:(1)接地网的用途、形状、长宽或对角线、网格尺寸、接地体的材料、埋深、焊接情况、防腐措施、防接触电压措施、防跨步电压措施;(2)土壤电阻率、降低接地电阻的措施;(3)预留接地端子、共用地网的连接措施、电气完整性测试;(4)接地系统特性参数包括接地阻抗、场区地表电位梯度测试,接触电位差、跨步电位差、转移电位。

二、检测准备

1. 查阅设计图纸、竣工验收报告和往年的年度安全定期检测报告,了解隐蔽工程情况。

2. 了解防雷装置所处的环境、位置、建筑物的使用性质,发生雷击事故的可能性及其后果,遭受雷击历史等。

3. 了解电力接地装置的使用性质、接地网面积、接地电阻设计值、故障电流大小、绝缘耐压等级,发生雷击事故的可能性及其后果。

三、接地装置要求

1. 大型接地装置包括:110 kV 及以上电压等级变电所的接地装置,装机容量在 200 MW 以上的火电厂和水电厂的接地装置,或者等效面积在 5000 m² 以上的接地装置。

2. 接地装置的要求、用材规格、参数按相关规范要求,可参考本规程第六章相关内容。

3. 水平接地体埋设深度不小于 0.7 m,人行通道附近不小于 1.0 m,垂直接地体长度为 1.5～2.5 m,间距为 5.0 m。当垂直接地体敷设有困难时,可设多根环形水平接地体并互相连通。人工接地体应使用热镀锌钢材。

接地体材料见表 11-5-1。

4. 通信局(站)接地网的网格宽度不大于 10×10 m,通信铁塔接地网的网格宽度不大于 3×3 m。

5. 接地引入线应使用热镀锌钢材,圆钢≥φ10 mm、扁钢≥－40×4 mm;长度不宜大于 30 m。通信局(站)可使用截面积不小于 95 mm² 的多股铜绞线或≥40×4 mm 的扁钢。信息系统接地装置与总等电位连接端子之间的连接导体截面积,铜材不小于 50 mm²,铁材不小于 160 mm²。

6. 接地引入线在地网的接入点宜与防雷引下线接地点分开。

7. 除第一类防雷装置及第二类中爆炸危险场所防雷装置独立接闪器为单独地与其他接地装置的间隔距离不小于 3 m 外,防雷接地、电气设备接地、防静电接地、防闪电感应接地应共用同一接地装置。

四、小型接地装置检测方法

1. 小型接地装置用普通接地电阻测试仪,按本规程第四章第一节的方法测量。

2. 各类接地体接地电阻值应符合相关规范要求,可参考表 11-10-1。

表 11-10-1　各类接地体接地电阻值

接地类型	接地电阻(Ω)			备注
防雷地(冲击接地电阻)	一类	二类	三类	GB 50057—2010
	≤10	≤10	≤30	
防闪电感应接地	≤10		≤30	
架空线换接处接地	≤30			
电气设备接地	≤4			GB/T 50065—2011
TN 系统 PE 线重复接地	≤10			
TT 系统 PE 线重复接地	≤4			
SPD 接地	≤10			
通信局(站)接地	≤10			GB 50689—2011
石化装置	≤10			GB 50650—2011
管道接地	≤20 或 ≤30			
金属罐接地	≤10			GB 50160—2008
防静电接地	≤100			
弱电设备接地	≤4			GB 50311—2007
共用接地	≤1 或 ≤4			JGJ 16—2008
共用接地	按 50 Hz 电气装置的接地电阻确定,不应大于按人身安全所确定的接地电阻值			GB 50057—2010

五、大型接地装置特性参数检测方法

(一)大型接地装置特性参数的检测项目

1. 大型接地装置的特性参数测试应该包含以下内容:电气完整性测试,接地阻抗测试,场区地表电位梯度测试,接触电位差、跨步电位差及转移电位的测试。除了电气完整性,其他参数为工频特性参数。在其他接地装置的特性参数测试中应尽量包含以上内容。

2. 使用异频大型地网接地特性测试系统进行测量,推荐采用异频电流法测试大型接地装置的工频特性参数,试验电流宜在 3~20 A,频率宜在 40~60 Hz 范围,异于工频又尽量接近工频。

(二)电气完整性测试

1. 电气完整性测试使用导通测量仪。

2. 首先选定一个与主地网连接良好的设备的接地引下线为参考点,再测试周围电气设备接地部分与参考点之间的直流电阻。如果开始即有很多设备测试结果不良,宜考虑更换参考点。

3. 测试的范围

(1)变电所的接地装置:各个电压等级的场区之间;各高压和低压设备,包括构架、分线箱、汇控箱、电源箱等;主控及内部各接地干线,场区内和附近的通信及内部各接地干线;独立接闪杆及微波塔与主地网之间；其他必要部分与主地网之间。

（2）电厂的接地装置：除变电所部分按第（1）点进行外，还应测试其他局部地网与主地网之间；厂房与主地网之间；各发电机单元与主地网之间；每个单元内部各重要设备及部分；接闪杆、油库、水电厂的大坝；其他必要的部分与主地网之间。

4. 测试中应注意减小接触电阻的影响。当发现测试值在 50 mΩ 以上时，应反复测试验证。各接地装置之间的直流电阻参考值见表 11-10-2。

表 11-10-2　各接地装置之间的直流电阻参考值

直流电阻（mΩ）	连接状况	备注
＜50	连接良好	—
50～200	连接尚可	重要设备应适时检查
＜200～1000	连接不佳	重要设备尽快检查，其他设备在适当时检查
＞1000	未连接	尽快检查
＞500	未连接	独立接闪杆

（三）接地阻抗的测量

使用功率变频信号源、耦合变压器、高精度多功能选频万用表进行测量。根据电流极的电阻情况，选择合适的测试电流和电压，电流宜在 5～15 A，电压尽可能低。

1. 三极直线法

地网测量时电流极棒埋设位置到联合地网边缘之间的距离应不小于地网等效直径 4～5 倍，电压棒埋设位置位于电流棒到地网边缘距离的 0.5～0.6 倍处（见图 11-10-1），电压棒沿连接线方向移动三次，每次移动的距离约为电流极与地网边缘距离的 5%。电流极棒和电压棒位置使用 GPS 定位仪确定。

在测量工频接地电阻时，如 d_{GC} 取（4～5）D 值有困难，当接地装置周围的土壤电阻率较均匀时，d_{GC} 可以取 2D 值，而 d_{GP} 取 D 值；当接地装置周围的土壤电阻率不均匀时，d_{GC} 可以取 3D 值，d_{GP} 值取 1.7D 值。

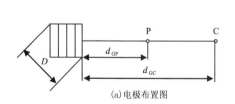 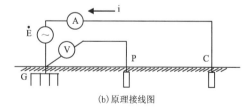

| (a)电极布置图 | (b)原理接线图 |

图 11-10-1　三极法的原理接线图

G—被测接地装置；P—测量用的电压极；C—测量用的电流极；Ė—测量用的工频电源；A—交流电流表；
V—交流电压表；D—被测接地装置的最大对角线长度。

大型接地装置一般不宜采用直线法测试。如果条件所限而必须采用时，应注意使电流线和电压线分开保持尽量远的距离，以减小互感耦合对测试结果的影响。

2. 三极夹角法

只要条件允许，大型接地装置接地阻抗的测试都采用电流—电位线夹角布置的方式。d_{CG} 一般为 4D～5D，对超大型接地装置则尽量远；d_{PG} 的长度与 d_{CG} 相近，夹角为 29°～30°（见图

11-10-2）。接地阻抗可用式 11-10-1 修正。

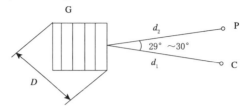

图 11-10-2　三极夹角法的原理接线图

$$Z = \frac{Z'}{1 - \dfrac{D}{2}\Big[\dfrac{1}{d_{PG}} + \dfrac{1}{d_{CG}} - \dfrac{1}{\sqrt{d_{PG}^2 + d_{CG}^2 - 2d_{PG}d_{CG}\cos\theta}}\Big]} \qquad \text{（式 11-10-1）}$$

式中　θ——电流线和电压线的夹角；

　　　Z'——接地阻抗的测试值。

如果土壤电阻率均匀，可采用 d_{CG} 和 d_{PG} 相等的等腰三角形布线，此时使 θ 约为 $30°$，$d_{CG} = d_{PG} = 2D$。

接地阻抗的修正计算公式仍为式 11-10-1。

3. 在电压极每个测试位置，宜在 40～60 Hz 范围变换频率 3 次，每次频率变换都在 50 Hz 两边对称测量接地阻抗。取三次频率变换测量值的平均值或最小值作为电压极每个测试位置的实测值。如果 3 个测试位置测量的阻抗值的相对误差不超过 5%，则可以将中间位置的阻抗值或 3 次测试的平均值作为该地网的实测值。

接地阻抗值按设计文件要求，无法确定时一般小于等于 0.5 Ω。可以进行多个方位的测量，任一方向测试的接地阻抗合格即可认为该地网的接地阻抗合格。

4. 电力线路杆塔接地电阻的测量方法

电极的布置：电流极棒埋设位置一般取接地装置最长射线长度 L 的 4 倍，电压极取 L 的 2.5 倍。

5. 接地装置的特性参数大都与土壤的潮湿程度密切相关，因此接地装置的状况评估和验收测试应尽量在干燥季节和土壤未冻结时进行；不应在雷、雨、雪中或雨、雪后立即进行。

（四）场区地表电位梯度测试

1. 将被试场区合理划分，场区电位分布用若干条曲线来表述，曲线根据设备数量、重要性等因素布置，一般情况下曲线的间距不大于 30 m。

2. 按接地阻抗的测试方法连接，电流极保持不变；在曲线路径上中部选择一条与主网连接良好的设备接地引下线为参考点；电压极 P 在场区内作为移动测试点。测试示意图见图 11-10-3。

测试电流宜在 3～10 A。

3. 电压极 P 可采用铁钎，如果场区是水泥路面，可采用包裹湿抹布的直径 20 cm 的金属圆盘，并压上重物。测试线较长时应注意电磁感应的干扰。从曲线的起点，等间距（间距 d 通常为 1 m 或 2 m）测试地表与参考点之间的电位梯度 U，直至终点。

4. 绘制各条 U—x 曲线，即场区地表电位梯度分布曲线。

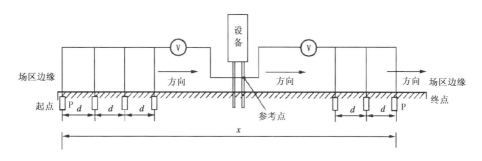

图 11-10-3　场区地表电位梯度测试示意图

P—电位极；d—测试间距。

5. 状况良好的接地装置的电位梯度分布曲线表现比较平坦，通常曲线两端有些抬高；有剧烈起伏或突变通常说明接地装置状况不良。当该接地装置所在的变电所的有效接地系统的最大单相接地短路电流不超过 35 kA 时，折算后得到的单位场区地表电位梯度通常在 20 V 以下，一般不宜超过 60 V，如果接近或超过 80 V 则应尽快查明原因予以处理解决。当该接地装置所在的变电所的有效接地系统的最大单相接地短路电流超过 35 kA 时，参照以上原则判断测试结果。

6. 大型接地装置场区地表电位梯度典型参考曲线见图 11-10-4，曲线 1 表明电位梯度分布较均匀，地下接地装置状况较好；曲线 2 的尾部明显快速抬高，曲线 3 起伏很大，均表明接地装置状况可能不良；曲线 4 有两处异常剧烈凸起，尾部急速抬高，地下接地装置很可能有较严重的缺陷。

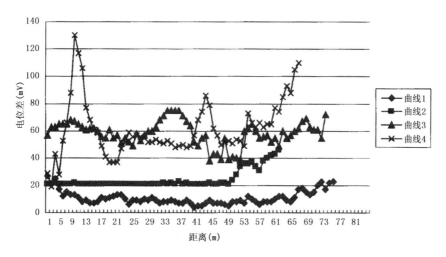

图 11-10-4　大型接地装置场区地表电位梯度分布曲线

（五）跨步电压、接触电压测试

1. 跨步电压测试

（1）跨步电位差数值上即单位场区地表电位梯度，可直接在场区地表电位梯度曲线上量取折算，也可根据定义（见图 11-10-5（b））在所关心的区域，如场区边缘测试。

（2）按接地阻抗的测试方法连接，电流极保持不变；两个测试电极相距 1 m，可用铁钎紧密插入土壤中,如果场区是水泥路面,可采用包裹湿抹布的直径 20 cm 的金属圆盘,并压上重物。

(3)测试电流宜在 3~10 A。

2.接触电压测试

(1)如图 11-10-5(a)所示,根据定义可测试设备的接触电位差,重点是场区边缘的和运行人员常接触的设备,如隔离开关、接地开关、构架等。

(2)按接地阻抗的测试方法连接,电流极保持不变;设备为测试点,电压极作为移动测试点。两个测试电极相距 1 m。电压极可用铁钎紧密插入土壤中,如果场区是水泥路面,可采用包裹湿抹布的直径 20 cm 的金属圆盘,并压上重物。

(3)测试电流宜在 3~10 A。

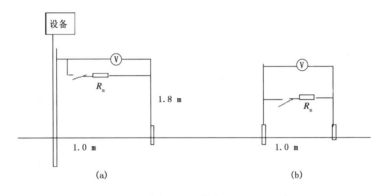

图 11-10-5　接触电压、跨步电压测量示意图

3.结果判断

当该接地装置所在的变电所的有效接地系统的最大单相接地短路电流不超过 35 kA 时,跨步电位差一般不宜大于 80 V;一个设备的接触电位差不宜明显大于其他设备,一般不宜超过 85 V;转移电位一般不宜超过 110 V。当该接地装置所在变电所的有效接地系统的最大单相接地短路电流超过 35 kA 时,参照以上原则判断测试结果。

(六)注意事项

大型接地装置的交接试验应进行各项特性参数的测试;电气完整性测试宜每年进行一次;接地阻抗场区地表电位梯度、跨步电位差、接触电位差、转移电位等参数,正常情况下宜每 5~6 年测试一次;遇有接地装置改造或其他必要时,应进行针对性测试。

第十一节　SPD 检测方法

一、检测项目

1.防雷产品 SPD 测试是指通过外观检查和仪器测量,对 SPD 的性能参数进行检测,以确定它是否符合有关标准要求,包括型式试验、常规试验、验收试验和年度检测。

2.型式试验:一种新的 SPD 设计开发完成时所进行的试验,通常用来确定典型性能,并用来证明它符合有关标准。

3. 常规试验：按要求对每个 SPD 或其部件和材料进行的试验,以保证产品符合设计规范。

4. 验收试验：经供需双方协议,对订购的 SPD 或其典型试品所做的试验。

5. 定期检测：对在用的 SPD 进行定期安全检测时所做的试验。

6. SPD 的要求、参数按相关规范要求,可参考本规程第六章第十节相关内容。

二、定期检测方法

对 SPD 的检测有外观检查和参数测试。

（一）外观检查

1. 外观检查主要检查 SPD 的型号、铭牌或产品说明书或产品合格证标示的主要性能参数（包括最大持续运行电压 U_c、冲击放电电流 I_{imp}、标称放电电流 I_n、电压保护水平 U_p、插入损耗、驻波比、泄漏电流 I_{ie}、直流参考电压 U_{1mA}、状态指示、外壳完整性等。

2. SPD 的参数应符合相关规范要求,可参考本规程第六章第十节表 6-10-1～表 6-10-13。电源 SPD 的冲击放电电流 I_{imp} 在无法确定时取 12.5 kA。

电压保护水平 U_p 应低于被保护设备的耐冲击过电压额定值（U_w）,且必须加上 20％的安全余量,即 $U_p+\triangle U$（SPD 两端的引线上产生的感应电压降）$\leqslant 0.8U_w$。U_w 值可参考本规程第六章第十节表 6-10-1。$\triangle U$ 可设定为 1 kV/m。

（二）参数测试

参数测试,即测量泄漏电流、直流参考电压（或直流击穿电压）及其变化率等,这些参数可说明在连续的工作电压下 SPD 是否工作正常,会不会发热甚至热崩溃。对于在雷电过电压下 SPD 能否正常工作则需进行动态测试,即定期对 SPD 进行冲击试验,掌握其残压变化情况,确保残压处在系统的保护水平之内。

1. 测试仪器

（1）防雷元件测试仪、SPD 巡检仪。

（2）雷电电涌测试仪,例如 LST－6KV/3KA。

2. 参数测量

压敏电压（U_{1mA}）或直流击穿电压 V_{sdc}、泄漏电流 I_{ie}、绝缘电阻、残压的测量按本规程第四章第二节相关方法。

（三）SPD 后备保护测试

SPD 如果有后备保护（热熔丝、热熔线圈或热敏电阻）,应测试后备保护器件两端是否导通。

三、其他检测

1. 能量配合检查。

电压开关型 SPD 与限压型 SPD 之间的线路长度不宜小于 10 m,限压型 SPD 之间的线路长度不宜小于 5 m,否则,应采取退耦措施。当 SPD 具有能量自动配合功能时,SPD 之间的线路长度不受限制。

2. SPD 连接线的检查

电源 SPD 的连接线和接地线尽可能的短和直,长度宜不大于 0.5 m,如有实际困难,可采用凯文接法(也称 V 型连接)。SPD 的接地铜芯线截面积见表 11-11-1。

表 11-11-1　SPD 的接地线截面积

SPD 安装类型			接地线截面积(mm²)
建筑物	电气系统	Ⅰ 级试验	≥6
		Ⅱ 级试验	≥2.5
		Ⅲ 级试验	≥1.5
	电子系统	D1 类	≥1.2
		其他	可小于1.2
信息系统	第一级	开关型或限压型	≥10
	第二级	限压型	≥6
	第三级	限压型	≥4
	第四级	限压型	≥4
	信号		≥1.5
	天馈		≥6
通信局(站)	电源线截面积≤70 mm²		≥16
	电源线截面积>70 mm²		≥35

3. 电涌保护器接地电阻测量

按本规程第四章第一节的方法检测接地电阻。各类 SPD 接地电阻值见表 11-11-2。

表 11-11-2　各类 SPD 接地电阻值

SPD 安装类型	接地电阻(Ω)
低压架空线与埋地电缆转换处	≤30
TN 系统低压架空线入户处	≤10
变压器低压端	≤4
TT 系统、IT 系统	≤4
建筑物共用接地	≤4
信息系统	≤4
通信局(站)	≤10

第十二节　屏蔽的检测方法

一、检测项目

检测项目主要有:(1)建筑物屏蔽、机房屏蔽、线路屏蔽、设备屏蔽的方式;(2)屏蔽材料、厚度、直径、网格尺寸;(3)接地情况、接地电阻;(4)机房内磁场强度或屏蔽效率(可以通过计算或测试获得）。

二、检测准备

1. 查阅设计图纸、竣工验收报告和往年的年度安全定期检测报告，了解隐蔽工程情况。
2. 了解屏蔽装置所处的环境、位置、使用性质。
3. 了解屏蔽装置的屏蔽方式、材料、接地方式。

三、屏蔽要求

屏蔽装置的要求、用材规格、参数应符合相关规范要求，可参考本规程第六章第八节第一条相关内容以及以下要求。

（一）磁场强度指标

1. 电子计算机机房内磁场干扰环境场强不应大于 800 A/m。

注：本磁场强度是指在电流流过时产生的磁场强度。

由于电流元 $I\Delta s$ 产生的磁场强度可按式 11-12-1 计算：

$$H = I\Delta s/4\pi r^2 \qquad\qquad （式 11-12-1）$$

距直线导体 r 处的磁场强度可按式 11-12-2 计算：

$$H = I/2\pi r \qquad\qquad （式 11-12-2）$$

磁场强度的单位用 A/m 表示，1 A/m 相当于自由空间的磁感应强度为 1.26 μT。T（特斯拉）为磁通密度 B 的单位。Gs 是旧的磁场强度的高斯单位，新旧换算中，1 Gs 约为 79.5775 A/m，即 2.4 Gs 约为 191 A/m，0.07 Gs 约为 5.57 A/m。

2. 在存放媒体的场所，对已记录的磁带，其环境磁场强度应小于 3200 A/m；对未记录的磁带，其环境磁场强度应小于 4000 A/m。

3. 主机房和辅助区内无线电干扰场强，在频率范围 0.15～1000 MHz 时不大于 126 dB。

4. 可按表 11-12-1 规定的等级进行脉冲磁场试验。

表 11-12-1　脉冲磁场试验等级

等　　级	1	2	3	4	5	×
脉冲磁场强度 A/m（适于首次雷击的磁场(25 kHz)）	—	—	100	300	1000	特定
脉冲磁场强度 A/m（适用于后续雷击的磁场(1 MHz)）	—	—	10	30	100	特定

注：1.脉冲磁场强度取峰值。

2.脉冲磁场产生的原因有两种，一是雷击建筑物或建筑物上的防雷装置；二是电力系统的暂态过电压。

3.等级 1,2：无需试验的环境；

等级 3：有防雷装置或金属构造的一般建筑物，含商业楼、控制楼、非重工业区和高压变电站的计算机房等；

等级 4：工业环境区中，主要指重工业、发电厂、高压变电站的控制室等；

等级 5：高压输电线路、重工业厂矿的开关站、电厂等；

等级×：特殊环境。

5. 信息系统电子设备的磁场强度要求

1971 年美国通用研究公司 R.D 希尔的仿真试验通过建立模式得出：由于雷击电磁脉冲的干扰，对当时的计算机而言，在无屏蔽状态下，当环境磁场强度大于 0.07 G_S 时，计算机会误动作；当环境磁场强度大于 2.4 G_S 时，设备会发生永久性损坏。按新旧单位换算，2.4 G_S 约为 191 A/m，此值较第 1 点的中 800 A/m 低，较表 11-12-1 中 3 等高，较 4 等低。

（二）屏蔽方式

1. 屏蔽方式有：建筑物屏蔽（结构钢筋、金属门窗、金属框架）、房间屏蔽（金属网、金属板）、线路屏蔽（屏蔽电缆、金属管、金属槽）、设备屏蔽（金属机柜）。

2. 格栅形大空间屏蔽：由诸如金属支撑物、金属门窗、金属框架或钢筋混凝土的钢筋等自然构件组成一个建筑物或房间的格栅形大空间屏蔽。

3. 在 $LPZ0_A$ 与 LPZ1 区交界处的屏蔽材料厚度应满足对接闪器材料的要求。

（三）屏蔽接地

1. 屏蔽体单点或多点接地。

2. 线路屏蔽层至少两端接地（对于双层屏蔽线，里层要求单端接地时，外层应多点接地），在防雷区分界处应接地。屏蔽层应保持电气连通。

3. 屏蔽接地电阻值：≤4 Ω。

（四）屏蔽效能

1. 屏蔽效能（SE），也称屏蔽效率、屏蔽系数：是没有屏蔽体时接收到的信号值与在屏蔽体内接收到的信号值的比值，即发射天线与接收天线之间存在屏蔽体以后造成的插入损耗。或者是指：将特定的模拟信号源置于屏蔽室外时，接收装置在同一距离条件下在室外和室内接收的磁场强度之比。

2. 屏蔽效能（SE）的计算：

（1）测量数据使用线性单位时：

$$SE = 20\lg(X1/X2) \qquad （式 11-12-3）$$

式中　$X1$——没有屏蔽的磁场强度（$H1$）、电场强度（$E1$）、功率（$P1$）、电压（$V1$）；

　　　$X2$——有屏蔽的磁场强度（$H2$）、电场强度（$E2$）、功率（$P2$）、电压（$V2$）；

　　　SE——屏蔽效率（能），单位为 dB。

（2）测量数据使用对数单位时：

$$SE = X1 - X2 \qquad （式 11-12-4）$$

3. 屏蔽效率与衰减量的对应关系可参考表 11-12-2：

表 11-12-2　屏蔽效率与衰减量的对应表

屏蔽效率（dB）	原始场强	屏蔽后的场强比	衰减量（%）
20	1	1/10	90
40	1	1/100	99
60	1	1/1 000	99.9
80	1	1/10 000	99.99
100	1	1/100 000	99.999
120	1	1/1 000 000	99.999 9

四、检测方法

(一)检测屏蔽情况

1. 检查屏蔽方式(建筑物屏蔽、机房屏蔽、线路屏蔽、设备屏蔽)。

2. 检查屏蔽材料,测量厚度、直径、网格尺寸。

3. 检查接地情况(接地方式、数量、位置),测量接地线材型规格、接地电阻。

(二)建筑物格栅形大空间屏蔽效率的计算

按本规程第六章第八节第一条第(一)小条第 3 点的方法计算。

(三)屏蔽效率测量方法

按本规程第四章第三节第八条方法测量。

第十二章　防雷工程设计与施工

第一节　防雷工程勘查设计

一、现场勘查

（一）现场勘查程序

1. 为保证防雷工程设计和施工的质量，必须进行现场勘查，掌握第一手资料，为设计和施工提供客观依据。必要时进行雷电灾害风险评估。

2. 现场勘查的基本流程可概括为确定勘查内容和人员→现场勘查→资料整理→移交设计人员四个步骤（见图 12-1-1）。

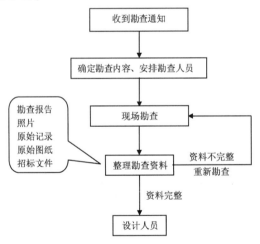

图 12-1-1　勘查工作流程图

（二）现场勘查内容

防雷工程的勘查应收集以下相关资料，

1. 地形地貌：包括地形、地物状况，建筑物所处地理环境、气象条件（如雷暴日）、地质条件（如土壤电阻率等）和雷击历史等。

2. 建筑物的基本情况：长、宽、高度及位置分布，相邻建筑物的高度、接地等情况。

3. 电子信息系统情况：线路进入建筑物的方式、设备的类型、功能及性能参数（如工作频率、功率、工作电平、传输速率、特性阻抗、传输介质及接口形式等）、耐受冲击电压水平、分布状况、网络结构、信号的传输方式。

4. 电源线路的情况:线路进入建筑物的方式、配电系统接地型式、安全距离。

5. 综合布线和屏蔽情况。

6. 现有防雷装置情况:防直击雷、防侧击雷、接地情况、等电位连接情况、SPD 安装情况、屏蔽。

(三)现场勘查要求

1. 勘查可分为用于设计预算的初步勘查、设计方案的详尽勘测、技术交底的施工勘查。

2. 在现场勘查之前,应组织有关人员,根据防护对象的性质和特点,作好勘查计划,确定现场勘查记录表,确定勘查内容和人员。勘查期间,应严格按记录表实施,做到准确、无遗漏。勘查结束后,及时整理勘查结果,经勘查负责人审定。

3. 勘查人员勘查完毕后,将勘查报告,原始记录,建筑图纸(或电子文档),招标文件,技术要求等资料交设计负责人归档,由设计负责人安排设计人员进行设计。

4. 勘查人员包括:设计负责人、设计人员;施工负责人、施工员、工程技术专业人员;业务部负责人及业务人员;公司负责人;指定的办事人员;其他专业技术人员。

二、防雷工程设计

(一)设计要求

1. 设计人员必须本着高度负责的态度,求真务实,根据勘查资料,严格按规范标准进行设计,从设计上把好工程的安全、质量、成本控制关。

2. 工程设计必须切实考虑施工安全等因素,要因地制宜,方便施工,又要符合国家标准要求。

3. 在工程施工过程中,设计人员必须深入一线工地指导施工,及时处理工程施工中出现的技术问题,以确保施工工程顺利运行;并在保证质量的同时,对能够节省成本的施工方案,及时提出,进行修改。

4. 发现设计方案存在设计隐患时,设计人员应及时报告,迅速修正设计。

5. 设计人员不得向外人泄露设计的工程项目、设计方案及其他有关技术内容。

6. 设计资料一般内部掌握,不对外公开,确因工作需要公开的,也需对公开的内容严格审查,并报主管领导审批。

(二)设计方案内容

1. 雷电引起灾害的原理简介(可选);

2. 本公司简介:包括公司历史、实力、人员、技术等;

3. 客户工程名单:本公司以往的工程,尤其是与本工程相同行业的;

4. 现场勘查情况:包括地理位置、建筑物基本数据、现有防直击雷设施、电源和信号线进线方式、信号线种类和数量、屏蔽、SPD、接地情况、接地电阻、等电位连接等;

必要时进行雷电灾害风险评估。

5. 设计依据;

6. 防直击雷方案:接闪器、引下线、接地装置、防侧击雷措施;

7. 电源防雷击电磁脉冲措施:SPD 安装级数、位置、参数(主要是放电电流、电压保护水

平、响应时间);

8. 信号线防雷击电磁脉冲措施:SPD 安装位置、参数(主要是放电电流、电压保护水平、响应时间、插入损耗、驻波比)、屏蔽;

9. 接地系统,接地系统包括交流工作地、安全保护地、直流工作地、静电接地、SPD 接地、屏蔽接地、防雷接地,主要有接地线和接地汇集排(线)材料、截面积、接地网格、接地方式(柱筋、人工接地体)、人工接地体的施工方法(水平和垂直材料、网格、埋深、降阻措施、与原地网连接)、接地电阻等;

10. 等电位连接:各种金属管道、电缆屏蔽层、机房内的设备外壳、屏蔽槽、金属门窗、吊顶等要接地,接地线材料、截面积;

11. SPD 的性能参数、型式试验测试报告;

12. 预算:包括工程预算和验收费;

13. 双方协议:工程内容、工期、甲方提供的便利、付款方式、验收方式、保密要求等;

14. 售后服务:保修期、保修范围、响应时间、定期维护、培训等;

15. 保险:质量保险、雷击损害赔偿等;

16. 其他。

三、设计复核

1. 设计时根据设计内容及工程量大小,制作相应的防雷设计方案,设计图及预算。如原有设计方案预算的,需保留原有方案,同时,作好新方案记录。

2. 如遇重大工程项目、特殊的工程项目及设计难点,可主动提出,由设计负责人重新安排或增加设计人员。

3. 设计人员在完成设计后,必须进行自查。自查内容主要包括设计方案、设计图纸、预算、招投标文件等资料。

4. 设计人员自检完毕后,必须将勘查资料、设计方案、设计图纸、工程预算、成本初估算等全套资料,提交设计负责人进行初步审核;初审完成后,由设计负责人报领导复核。

5. 领导审核确定后,设计负责人对方案进行细致核对并打印,设计人员、校核人、审核人、批准人在方案封面、预算封面及设计图纸处签字、盖章。电子文档和纸质文档按规定程序存档。

6. 设计完毕后,需及时按规定归还借阅的资料。

四、设计审核

1. 向当地防雷专业机构申请进行技术评价。设计方案完成后,向当地防雷专业机构提出设计文件技术评价,根据《防雷装置(专项)设计技术评价意见》,不合格的,进行设计修改后再次技术评价;在施工期间,如需对设计方案进行更改时,必须重新审核,直至合格。

设计技术评价流程参见本规程第八章。

2. 向当地气象主管机构申请进行设计审核。根据防雷专业机构出具的《防雷装置(专项)设计技术评价意见》,向县级以上当地气象主管机构提出设计审核申请。

设计工作流程见图 12-1-2。设计审核流程参见本规程附录一。

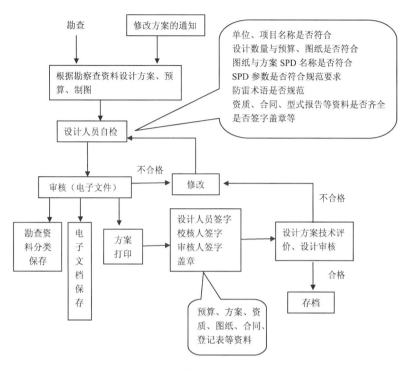

图 12-1-2　防雷工程设计工作流程图

五、设计变更

在施工过程中,因设计或其他原因,需对原设计变更的,由施工负责人向设计负责人提出,设计负责人审核,报领导同意后,由设计负责人安排设计人员对设计方案进行更改,并将更改内容以书面形式重新报审后交施工负责人,按照更改后的施工方案进行。

第二节　防雷工程施工

一、施工程序

1. 防雷工程施工的步骤

防雷工程施工的步骤可分为:准备阶段→进入施工现场→施工阶段→竣工验收四个阶段。

2. 准备阶段:在接到设计方案、图纸以后必须进行人力、资金、技术等充分准备;根据工程特点确定现场施工人员。施工人员必须全面了解施工现场情况,对有安全隐患的施工场所要做到心中有数,并应有必要的安全保障措施,具备必要的消防、安全及防护、急救知识。

3. 进入施工现场阶段:施工前应组织施工员及各类技术人员,了解并熟悉工程环境,拟定施工方案。

4. 施工阶段:根据施工作业计划书(设计方案、施工图),由施工员按图纸设计要求,调配物质、人员,按既定的工程进度,实施防雷工程作业。

5. 竣工验收阶段:隐蔽工程在隐蔽前应经当地防雷专业机构进行随工检测。所有作业完成,组织初验后,再报当地防雷专业机构进行验收检测。获得合格的防雷装置验收检测报告后,报当地气象主管机构进行竣工验收,通过所有的验收程序,获得防雷工程验收意见书后,施工才告结束。

二、施工管理

(一)施工组织方案

应根据本公司的人员、设备情况,自行组织制订施工方案,以保证能按工期、要求完成施工任务。施工方案包含以下内容:

1. 根据勘查内容、设计方案等资料制定计划开、竣工日期和施工进度;

2. 工程拟分工情况、劳动力计划表及人员配置(含技术人员及防雷和特种资格证书);

3. 施工组织管理(包括组织管理、施工组织、登记制度、申述管理制度、文件管理等);

4. 施工质量保证措施、施工质量保证体系及技术标准;

5. 施工纠纷处理;

6. 施工安全及保障措施;

7. 竣工验收。

(二)工程材料购置、保管、领取

1. 工程材料采购,需先填报采购审批表、工程材料采购计划单等,经审批后才能进行工程施工材料采购。所购材料必须是合格的产品,并填写材料清单后交仓库保管员入库。

2. 施工人员领用材料应填写工程材料出库单,经核实审批后,由仓库保管员出库。仓库管理员必须与领料人办理交接,当面点交清楚并签字确认。

3. 施工人员在领取材料时,不得多领和冒领,所领材料不得用于与工程无关的用途。工程未用完的材料必须及时送交仓库保管员,经清点核定无误并履行必要的手续后,方可入库。

(三)施工管理

1. 现场施工人员应对设计室交付的设计方案、图纸及设计交底做详细了解,制定施工方案,确定开工时间,施工地点,联系人,施工工期等。

2. 施工前,领取施工资料、工具,材料、签证单,施工日志等。

3. 进驻施工现场后,必须严格按设计方案及图纸施工,施工人员无权修改设计图纸和施工组织方案,如遇特殊情况,需对设计方案进行更改时,必须向设计负责人汇报,由设计负责人进行变更。具体参见本章第一节第四条;施工时遇到雨季或其他原因而不能施工时,必须报请同意,并在施工日志中反映。

4. 工程施工必须按施工进度及时填写工程日志等资料,工程结束后,要将工程施工资料交资料室存档。

5. 对于施工中部分隐蔽工程施工情况,必须详细记录,并用照片的方式保存存档。对于重要部位的隐蔽工程,在隐蔽前应经当地防雷专业机构进行随工检测后,方能进行后续施工。

三、施工质量

1. 施工人员要对自己所承担的工程质量负责。如出现因施工质量或不按照方案进行施工的,经检查或防雷检测不合格,存在问题的由施工人员承担。

2. 施工现场质量检查应指定专业技术人员负责,严格按照国家规范标准进行检查,不得马虎从事,更不允许弄虚作假,伪造检验结果。

质检人员必须亲临现场,对照施工进度,按照工程设计的技术要求,随时随地对施工情况进行检查,检查的内容应包括材料是否合格、施工工艺是否符合技术要求等。质检过程中发现问题,应进行登记,并及时上报施工负责人或公司负责人,督促进行技术处理,确保施工质量达到设计要求。

3. 施工责任人要定期检查工程质量。针对施工的焊接质量,工艺等质量进行检查,对出现的问题,要积极研究对策,及时解决。

4. 工程施工人员在施工过程中,发现设计上的安全隐患,需及时报告;施工人员要熟练掌握各类规范、规定、规则;学习先进的施工技术,提高施工质量。并定期组织施工人员进行技术学习。

四、竣工验收

1. 自查:工程竣工后,施工员必须将施工的全套竣工资料报施工负责人,施工负责人组织有关工程技术人员和施工员,对所实施的防雷工程,进行全面技术质量摸底检查。

2. 复核:在自查完成后,施工负责人应将自查情况上报审查,由设计人员对所实施的防雷工程进行全面的技术、质量复核,并准备好相关的验收资料及报验手续。

3. 竣工验收:

(1)复核完成后向当地防雷专业机构申请进行验收检测。施工完成后,向当地防雷专业机构提出验收检测,根据防雷装置验收检测报告,不合格的,进行整改后再次验收检测,直至合格。

(2)向当地气象主管机构申请进行竣工验收。根据防雷专业机构出具的合格防雷装置验收检测报告,向县级以上当地气象主管机构提出竣工验收。

竣工验收流程参见本规程附录一。

4. 工程评审:在验收结束后,对照以往工程,就所实施工程的施工工艺、施工的质量、新技术的应用、施工安全等方面进行全面评价。

第三节　资料交接和保管

一、设计资料交接和保管

1. 经审核回复的防雷工程设计资料需由专人负责管理、保存,在工程实施时能够及时查找。设计文档或资料为电子文档的,需由专人进行登记并存储。

2. 设计资料(如招投标资料、勘查资料、甲方检测报告、设计图纸、合同等)交接必须有完备的交、接手续,如移交人、接收人的签名及移交时间等。

3. 设计人员因设计需要,查阅有关设计资料和手册、书籍等资料,必须履行借阅手续;完成设计后,必须及时归还资料并办理好交还手续。资料管理员必须填写好资料出库时间和入库时间。

4. 设计资料应根据设计人员,设计日期进行分类整理、保存,除在计算机上保留外,另需纸质备份。

5. 将完整设计档案资料进行汇总及编写目录,并按照"文档－设计人名－设计日期－设计单位－修改日期"进行保存,以便提高查阅效率。

二、施工资料交接和保管

1. 施工的工程进度表、工程质量报告、现场质检报告、工程材料使用记载、隐蔽工程记录表、施工日志、分项分部工程验收记录、完整性测试、接地电阻自检测试记录、签证单等施工资料,填写人员和核查人员签名,并交资料管理员存档。

2. 需更换施工人员时,必须将全套施工资料进行移交。

3. 所有施工的书面材料必须经施工员签名后,方可交资料档案室归档。资料管理员在接到施工的书面材料后,必须准确登记进入资料档案室的时间。工程施工人员需要查询施工的书面报告材料,必须履行必要的借阅手续。

4. 向建设方提供全套的竣工资料,包括防雷竣工方案、竣工图纸、设备清单、产品说明书(合格证)、各装置的安装、调试、运行和维护说明书、型式试验测试报告、防雷验收检测报告、防雷工程合格证等资料。

第十三章　雷电监测预警和雷灾技术调查

第一节　雷电监测业务流程

一、雷电监测流程

1. 利用 ADTD 雷电探测仪进行雷电活动实时监测,将监测数据传输至中心数据处理站。
2. 利用大气电场仪对地面大气电场实时监测,将监测数据传输至中心数据处理站。
3. 利用雷电资料实时定位系统软件(ADTD6.0)对雷电监测数据进行分析、统计,并制作各种形式的雷电监测产品。
4. 将制作的雷电监测产品向社会公众发布并提供给政府及气象部门相关业务处室。

二、雷电监测流程图

雷电监测流程如图 13-1-1 所示。

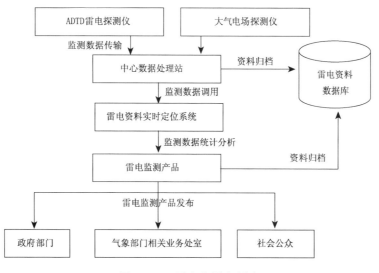

图 13-1-1　雷电监测流程图

三、雷电监测产品

雷电监测产品有雷电监测快报、雷电监测周报、雷电监测月报、雷电监测公报,内容包括雷电空间分布、时间分布、雷电参数、雷电灾害报告等。

第二节 雷电预警预报业务流程

一、雷电预警预报流程

1. 气象台、气象服务中心、防雷中心,对气象要素、天气图、数值预报、卫星云图、多普勒天气雷达回波、闪电定位资料、大气电场强度等进行综合分析、判断。

2. 通过雷电预警预报业务平台和雷电预警预报业务系统,针对公众安全、特殊行业(电力、通信、交通、航空、石化、危爆)的需求、重点地区、重大活动等提供雷电天气潜势以及雷电危险等级、雷电演变和移动趋势、雷电活动强度等雷电预警预报服务产品。

3. 将制作的雷电预警预报产品向社会公众发布并提供给政府及相关专业用户。

二、雷电预警预报流程图

雷电预警预报流程如图 13-2-1。

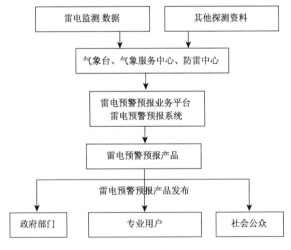

图 13-2-1 雷电预警预报流程图

三、雷电预警预报产品

1. 雷电预警产品

0～3 小时雷电活动发生概率预警、重点区域雷电危险度等级预警、雷电活动区域移动趋势预警、雷电发生概率的精细化落区预警。

2. 雷电天气潜势预报产品

未来 0～12 小时、12～24 小时、24～72 小时内雷电天气落区预报、雷电天气出现概率预报、雷电活动强度概率预报。

第三节　雷灾技术调查流程

一、雷灾技术调查流程

1. 雷电灾害调查遵循及时、科学、公正、完整的原则，由气象主管机构组成的调查组负责实施。调查组成员应不少于三人，现场勘察应不少于两人。

2. 雷电灾害调查流程：

(1)制定调查计划；

(2)按照《雷电灾害调查技术规范》(QX/T 103)第五章的要求进行调查；

(3)按照《雷电灾害调查技术规范》(QX/T 103)第六章的要求进行分析与评估；

(4)编写调查报告；

(5)全部资料归档。

3. 雷电灾害调查过程中需要技术鉴定的应由气象主管机构委托具有独立法人和相应能力的单位开展并出具技术鉴定报告。

二、雷灾技术调查流程图

雷灾技术调查流程如图 13-3-1。

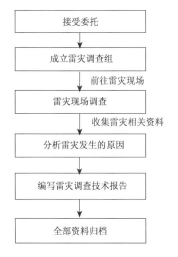

图 13-3-1　雷灾技术调查流程图

第四节　雷灾技术调查方法

一、现场调查

现场调查内容包括听取在场人员对雷击事件描述、勘查周边地理环境、查找雷击痕迹、检测防雷装置及测量剩磁。详细记录调查情况,对重要证据要拍照、录像。

（一）听取现场相关人员的口头描述并笔录

向雷灾当时在场人员详细了解雷灾发生的时间、地点、雷电发生的情形和过程、人畜伤亡（含当时雷击地点、相对位置、所持物品等）、财产损坏、直接和间接经济损失等情况。注意收集受灾单位的相关原始记录。

（二）勘查地理环境

勘查雷击点周边的地理环境,是否位于山区、平原、水边,是否属于高大突出物或孤立建筑物,是否有大树,是否有地下矿产或大型金属物,勘查土壤特性和土壤电阻率。

确定雷击点位置,测量雷击点的经纬度、所在建筑物尺寸、与雷击点有关的周围物体的尺寸、相互方位和距离等,并绘制示意图。

（三）查找雷击痕迹

查找房屋裂痕、雷击凹坑、树木折痕或枯萎、金属熔痕、放电痕迹、设备损坏点、人畜伤痕等雷击痕迹。

（四）检测防雷装置

1. 检测外部防雷装置,包括接闪器、引下线、接地装置、防侧击雷设施。

2. 检测内部防雷装置,主要是电源及信号线路的进线方式、架空高度、线路屏蔽、SPD 安装等情况;还有建筑物及设备的屏蔽,金属门窗、设备的等电位连接;以及线路的走线、间距等综合布线的情况。

3. 测量防雷接地和机房的接地电阻,等电位连接的过渡电阻等。

4. 了解易燃易爆场所的生产工艺流程,产品特性。

（五）剩磁检测

测量雷击现场钢筋、铁器等铁磁体的剩磁,铜、铝没有剩磁,多数不锈钢的剩磁较弱。测量位置（或试样）主要有接闪器、引下线、接地线、支撑卡、固定件、设备外壳、机房接地线、汇接排,测量点主要是铁钉、铁丝、铁管和钢筋的两端(不要测量钢筋的中段)、铁板的角部、杂散铁件的棱角及尖端部位等。

二、收集相关资料

（一）查找气象台站资料

查找雷击点邻近气象台(站)的地面气象观测记录,包括:雷电发生的日期及初始和终止时间、雷电方位、风向、风速、云的类型,当时的天气形势、天气系统、天气过程、天气预报,以及气象台站的经纬度、与发生雷电灾害地点的水平距离、方位等。

（二）查找气象卫星云图资料

查找雷灾发生时间前后多时次的卫星云图，分析云图的亮度、云顶温度、云系、移动方向和速度。

（三）查找天气雷达回波资料

查找雷灾发生时间前后多时次的天气雷达回波，分析回波强度、高度、移动方向和速度。

（四）查找闪电定位系统资料

查找雷灾发生时间前后半小时或 1 小时、雷击点半径 5 km 内的闪电定位系统资料，包括闪电发生的时间、位置、强度、极性、定位方式、定位误差等，找出时间和位置最接近的闪电数据。

（五）查找大气电场仪记录

雷击点附近安装有大气电场仪的，则查找大气电场仪记录的时间、电场强度、电场变化曲线等资料。

三、分析雷灾原因

根据现场调查结果及相关资料，结合雷电流的热效应、机械效应、电磁效应，以及剩磁法、金相法等来判定是否发生雷击。

（一）防雷装置分析

根据防雷装置检测的结果，计算接闪器的保护范围，找出防雷装置存在的问题。并根据雷击点位置、雷击痕迹、建筑物和设备损坏情况，判断防雷装置存在的问题与雷灾的因果关系。

（二）剩磁检测结果分析

首先需要判定具有剩磁数据的设施上通过的导线是否曾发生过短路。当导线曾发生过短路，则剩磁数据不能作为发生雷击的判据。然后根据剩磁检测的结果，判断是否有雷电电流通过。在没有其他外界干扰时，剩磁可以保持一年以上。除直接通过雷电流会产生剩磁外，附近雷击造成的雷电感应也会产生剩磁。测量的剩磁数据越大，定性越准确，但也不能只依据个别数据判定，只有在较多数据的事实下，才可做出判定。一般自然环境里钢筋的剩磁< 0.4 mT，以下是一些不同试样剩磁的判据。

1. 试样为铁钉和铁丝等

测量的剩磁数据小于 0.5 mT，不作为雷击发生的判据使用；测量的剩磁数据为 1.0～1.5 mT，可作为判定雷击的参考值；测量的剩磁数据大于 1.5 mT，作为确定雷击的判据。

2. 试样为铁管和钢筋等

测量的剩磁数据小于 1.0 mT，不作为发生雷击的判据；测量的剩磁数据为 1.0～1.5 mT 之间，作为判断雷击发生的参考值；测量的剩磁数据大于 1.5 mT，作为发生雷击的判据。

3. 试样为铁板

1 m×2 m 的铁板，四角测量的剩磁数据大于 2.0 mT，宜作为发生雷击的判据。

4. 试样为接闪杆

接闪杆尖端测量的剩磁数据为 0.6～1.0 mT 宜作为发生雷击的判据。

5. 试样为接闪带支持卡

当接闪带通过 20 kA 电流时,支持卡的剩磁数据为 2.0～3.0 mT。

(三)周边环境分析

根据周边环境现场勘查的结果,分析雷击点是否属于孤立突出建筑物,是否处于土壤电阻率突变的地方,周围是否有引雷物体,是否处于容易遭受雷击位置。根据周边物体与雷击点的相互位置及距离,分析周边物体对雷击点及雷灾事故的影响。

(四)相关资料分析

分析气象观测资料、卫星云图、雷达回波、闪电定位系统资料、大气电场资料,查找与雷灾的因果关系。

当气象观测资料的雷暴时间、方位与雷击事故相符时,说明当地出现过雷暴天气。当雷达回波强度达到 40 dBZ,高度达到 7 km 以上时,表明很有可能出现雷雨天气。

当闪电定位系统的闪击点与雷击点距离在 1 km 以内,时间在半小时以内时,可以认定为当时出现过雷击事件。

当大气电场强度大于 5 kV/m 时,有可能会发生闪电;大于 10 kV/m 时,很有可能会发生闪电。但大气电场探测的范围不超过 15 km。

根据地面观测的风向风速、雷达回波和闪电探测数据区域的移动方向和速度,可以判断雷击出现的时间顺序、方位及周围物体对雷击点的影响。

(五)雷击痕迹分析

通过对雷击痕迹的分析,可以判断雷击类型。雷击类型分为直接雷击和雷电电磁脉冲两种。当出现建筑物外表爆裂、地表凹坑、树木折断或焦痕时,可以认为是直接雷击。当金属、设备出现熔痕或焦痕时,说明出现雷电高电位放电;当出现铁丝、电线、通信线折断、熔断、脱落等现象时,说明这些线路有过雷电流,因雷电流的高温或电动力造成损害。根据设备故障位置,可判断是电源还是信号线路引起的。

(六)目击者证言分析

目击者的证言是确定雷灾原因的重要证据,但受各种因素影响,其证言可能会有不全面、不完善之处,需要通过其他现场勘查结果、相关资料、科学原理来分析、判断。

(七)雷电灾害结论

根据雷灾原因分析,得出雷电灾害的结论,分为是、不是和不能确定三种。雷电灾害一般应分为由直接雷击和雷电电磁脉冲造成的灾害,雷电电磁脉冲又可分为空间电磁场、电源线路、通信线路三种情况。

四、雷灾调查技术报告

防雷专业机构对雷灾调查结束后,根据现场勘查资料、相关资料、雷灾原因分析和雷灾结论,出具雷灾调查技术报告,内容包括:

1.雷电灾害发生的时间、地点、受灾单位(人)、灾害情形、损失情况;

2.雷电灾害的报告人(单位)、报告时间、调查单位、调查组的组成人员、调查时间;

3.现场调查情况、防雷装置现状及检测结果,剩磁检测数据;

4.地面气象观测资料、卫星云图、雷达回波、闪电定位系统资料、大气电场资料、相关图片、分析结果,与雷灾的因果关系;

5.雷灾原因分析及结论；

6.提出雷电灾害隐患及整改建议。

必要时,还包括附件:(1)检测、检查、测试的技术报告;(2)相关鉴定、分析技术报告。

五、雷电灾害调查报告

雷电灾害调查报告由气象主管机构出具,应当包括下列内容:

1. 雷电灾害发生地概况；

2. 雷电灾害受灾概况；

3. 雷电灾害承灾体概况；

4. 雷电灾害造成的人员伤亡情况及直接经济损失；

5. 雷电灾害发生的原因；

6. 雷电灾害调查结论。

参考标准列表

CJJ 149—2010《城市户外广告设施技术规范》

CJJ 45—2006《城市道路照明设计标准》

CJJ 89—2012《城市道路照明工程施工及验收规程》

DB45/T 446—2007《防雷装置检测技术规范》

DL/T 381—2010《电子设备防雷技术导则》

DL/T 475—2006《接地装置特性参数测量导则》

GA 173—2002《计算机信息系统防雷保安器》

GB 12476.3—2007《可燃性粉尘环境用电气设备　第 3 部分:存在或可能存在可燃性粉尘的场所》

GB 14050—2008《系统接地的型式及安全技术要求》

GB 15599—2009《石油与石油设施雷电安全规范》

GB 18802.1—2011《低压配电系统的电涌保护器(SPD) 第 1 部分:性能要求和试验方法》

GB 3836.14—2000《爆炸性气体环境用电气设备　第 14 部分:危险场所分类》

GB 50016—2014《建筑设计防火规范》

GB 50028—2006《城镇燃气设计规范》

GB 50030—2013《氧气站设计规范》

GB 50031—91《乙炔站设计规范》

GB 50054—2011《低压配电设计规范》

GB 50057—2010《建筑物防雷设计规范》

GB 50058—2014《爆炸危险环境电力装置设计规范》

GB 50065—2011《交流电气装置接地设计规范》

GB 50074—2014《石油库设计规范》

GB 50089—2007《民用爆破器材工程设计安全规范》

GB 50154—2009《地下及覆土火药炸药仓库设计安全规范》

GB 50156—2012《汽车加油加气站设计与施工规范》

GB 50157—2013《地铁设计规范》

GB 50160—2008《石油化工企业设计防火规范》

GB 50161—2009《烟花爆竹工程设计安全规范》

GB 50169—2006《电气装置安装工程接地装置施工及验收规范》

GB 50174—2008《电子信息系统机房设计规范》

GB 50177—2005《氢气站设计规范》

GB 50183—2004《石油天然气工程设计防火规范》

GB 50194—2011《建筑工程施工现场供用电安全规范》

GB 50195—2013《发生炉煤气站设计规范》

GB 50257—96《电气装置安装工程爆炸和火灾危险环境电气装置施工及验收规范》

GB 50300—2013《建筑工程施工质量验收统一标准》

GB 50303—2011《建筑电气工程施工质量验收规范》

GB 50343—2012《建筑物电子信息系统防雷技术规范》

GB 50348—2004《安全防范工程技术规范》

GB 50578—2010《城市轨道交通信号工程施工质量验收规范》

GB 50592－2013《农村民居雷电防护工程技术规范》

GB 50601－2010《建筑物防雷工程施工与质量验收规范》

GB 50611－2010《电子工程防静电设计规范》

GB 50650－2011《石油化工装置防雷设计规范》

GB 50689－2011《通信局(站)防雷与接地工程设计规范》

GB 50944－2013《防静电工程施工与质量验收规范》

GB 8408－2008《游乐设施安全规范》

GB 12158－2006《防止静电事故通用导则》

GB/T 17949.1－2000《接地系统的土壤电阻率、接地阻抗和地面电位测量导则　第 1 部分：常规测量》

GB/T 18802.12－2006《低压配电系统的电涌保护器(SPD)第 12 部分：选择和使用导则》

GB/T 18802.21－2004《低压电涌保护器 第 21 部分：电信和信号网络的电涌保护器(SPD)性能要求和试验方法》

GB/T 18802.22－2008《低压电涌保护器 第 22 部分：电信和信号网络的电涌保护器(SPD)选择和使用导则》

GB/T 19856.1－2005《雷电防护　通信线路 第 1 部分：光缆》

GB/T 19856.2－2005《雷电防护　通信线路 第 2 部分：金属导线》、

GB/T 21431－2008《建筑物防雷装置检测技术规范》

GB/T 21714.1－2008《雷电防护　第 1 部分：总则》

GB/T 21714.2－2008《雷电防护　第 2 部分：风险管理》

GB/T 21714.3－2008《雷电防护　第 3 部分：建筑物的物理损坏和生命危险》

GB/T 21714.4－2008《雷电防护　第 4 部分：建筑物内电气和电子系统》

GB/T 2887－2011《计算机场地通用规范》

GB/T 3482－2008《电子设备雷击试验方法》

GB/T 50064－2014《交流电气装置的过电压保护和绝缘配合设计规范》

GB/T 50311－2007《综合布线系统工程设计规范》

GB/T 50314－2006《智能建筑设计标准》

GB/T 9361－2011《计算站场地安全要求》

GBT 12190－2006《电磁屏蔽室屏蔽效能的测量方法》

GBZ 25427－2010《风力发电机组 雷电防护》

GJB 5080－2004《军用通信设施雷电防护设计与使用要求》

HG/T 20675－1990《化工企业静电接地设计规程》

JGJ 102－2013《玻璃幕墙工程技术规范》

JGJ 16－2008《民用建筑电气设计规范》

JGJ/T 139－2001《玻璃幕墙工程质量检验标准》

QX 2－2000《新一代天气雷达站防雷技术规范》

QX 3－2000《气象信息系统雷击电磁脉冲防护规范》

QX 30－2004《自动气象站场室防雷技术规范》

QX 4－2000《气象台(站)防雷技术规范》

QX/T 103－2009《雷电灾害调查技术规范》

QX/T 105－2009《防雷装置施工质量监督与验收规范》

QX/T 106－2009《防雷装置设计技术评价规范》

QX/T 109－2009《城镇燃气防雷技术规范》

QX/T 110－2009《爆炸和火灾危险环境防雷装置检测技术规范》

QX/T 85－2007《雷电灾害风险评估技术规范》

SH/T 3164—2012《石油化工仪表系统防雷工程设计规范》

TB 10006—2005《铁路通信设计规范》

TB 10621—2009《高速铁路设计规范》

TB/T 2311—2008《铁路信号设备用浪涌保护器》

YD/T 1235.1—2002《通信局(站)低压配电系统用电涌保护器技术要求》

YD/T 1429—2006《通信局(站)在用防雷系统的技术要求和检测方法》

附录一　防雷行政许可

附录一仅供参考,各地应当根据法律、法规、规章,以及当地政府有关行政许可的相关规定,结合相关实际工作情况,从依法、便民、高效的原则出发,制定本地防雷行政许可规定。

一、防雷装置设计审核

1. 设定依据

(1)《中华人民共和国气象法》

(2)《气象灾害防御条例》

(3)《国务院对确需保留的行政审批项目设定行政许可的决定》(国务院第 412 号令)第 378 项

(4)《广西壮族自治区气象条例》

(5)《广西壮族自治区气象灾害防御条例》

(6)《防雷减灾管理办法》(中国气象局 24 号令)

(7)《防雷装置设计审核和竣工验收规定》(中国气象局 21 号令)

(8)《广西壮族自治区防御雷电灾害管理办法》

(9)《广西壮族自治区实施〈气象灾害防御条例〉办法》

2. 许可条件

(1)申请单位提交《防雷装置设计审核申请书》。

(2)提交材料齐全,符合法定形式。

(3)设计单位和设计人员取得国家规定的资质和资格(仅限专项防雷工程提供)。

(4)有符合相关法律、法规、规章要求的防雷专业机构出具的《防雷装置设计技术评价意见》。

(5)防雷装置符合国家防雷法规政策、防雷技术规范和国务院气象主管机构规定的使用要求。

3. 应提交的材料见附表 1-1。

附表 1-1　防雷装置设计审核应提交的材料

序号	材料名称	份数	材料形式	备注
1	《防雷装置设计审核申请书》	1	原件	在政务服务中心气象局窗口领取或在网站下载打印填写,页与页之间需加盖申请单位骑缝公章
2	设计单位和人员的资质证和资格证(仅限专项防雷工程提供)	1	复印件(加盖公章)	中国气象局批准颁发的防雷工程专业设计资质证(公司)、防雷工程设计资格证书(个人)
3	《防雷装置设计技术评价意见》	1	原件	由符合相关法律、法规、规章要求的防雷专业机构出具

4. 办结应发许可文件:《防雷装置设计核准意见书》。

5. 办理期限:法定办理时限为 10 个工作日;承诺提速时限为 5 个工作日。

6. 核准数量:无数量限制。

7. 收费标准:不收费。

8. 办事机构及办事地址:办事机构为气象局;办事地址为政务服务中心气象局窗口。

9. 防雷装置设计审核流程图如附图 1-1。

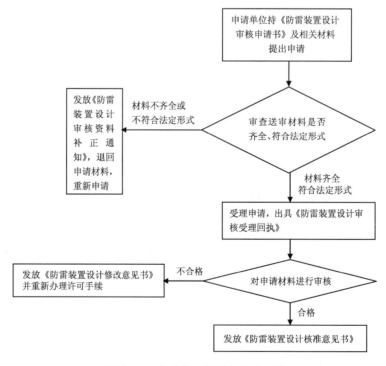

附图 1-1　防雷装置设计审核流程图

二、防雷装置竣工验收

1. 设定依据

(1)《中华人民共和国气象法》

(2)《气象灾害防御条例》

(3)《国务院对确需保留的行政审批项目设定行政许可的决定》(国务院第 412 号令)第 378 项。

(4)《广西壮族自治区气象条例》

(5)《广西壮族自治区气象灾害防御条例》

(6)《防雷减灾管理办法》(中国气象局 20 号令)

(7)《防雷装置设计审核和竣工验收规定》(中国气象局 21 号令)

(8)《广西壮族自治区防御雷电灾害管理办法》

(9)《广西壮族自治区实施〈气象灾害防御条例〉办法》

2. 许可条件

(1)申请单位提交《防雷装置竣工验收申请书》。

(2)提交材料齐全,符合法定形式。

(3)施工单位和施工人员取得国家规定的资质和资格(仅限专项防雷工程)。

(4)有符合相关法律、法规、规章要求的防雷专业机构出具的《防雷装置验收检测报告》。

(5)防雷装置施工按照核准的施工图完成。

(6)防雷装置符合国家防雷法规政策、防雷技术规范和国务院气象主管机构规定的使用要求。

3. 应提交的材料见附表 1-2。

附表 1-2　防雷装置竣工验收应提交的材料

序号	材料名称	份数	材料形式	备注
1	《防雷装置竣工验收申请书》	1	原件	在政务服务中心气象局窗口领取或在网站下载打印填写,页与页之间需加盖申请单位骑缝公章
2	《防雷装置设计核准意见书》	1	复印件(加盖公章)	项目名称或申请单位发生变更的,需提供变更说明
3	《防雷装置验收检测报告》	1	原件	由符合法律、法规、规章规定条件的防雷专业机构出具
4	施工单位资质证和施工人员资格证(仅限专项防雷工程)	1	复印件(加盖公章)	防雷装置施工单位和人员需取得国家规定的资质和资格。取得资格证的施工人员不少于三人

4. 办结应发许可文件:《防雷装置竣工验收意见书》。

5. 办理期限:法定办理时限为 10 个工作日;承诺提速时限为 5 个工作日。

6. 核准数量:无数量限制。

7. 收费标准:不收费。

8. 办事机构及办事地址:办事机构为气象局;办事地址为政务服务中心气象局窗口。

9. 防雷装置竣工验收流程图如附图 1-2。

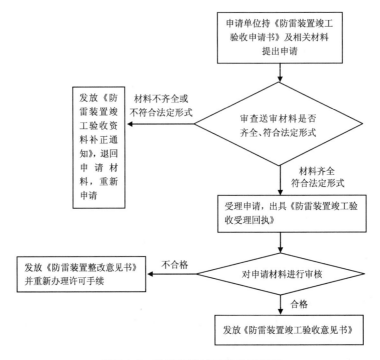

附图 1-2　防雷装置竣工验收流程图

三、设计审核和竣工验收申请书

防雷装置设计审核

申　请　书

（　　）雷审字〔　　〕第　　号

申请单位（公章）：＿＿＿＿＿＿＿＿＿＿＿＿

申请项目：＿＿＿＿＿＿＿＿＿＿＿＿＿＿＿

申请日期：＿＿＿＿年＿＿＿＿月＿＿＿＿日

项目情况	名 称					
	地 址					
	《防雷装置技术评价意见》编号					
	建设规模	建筑单体_____栋(座);总建筑面积_____平方米; 最高建筑高度_____米;总占地面积_____平方米。				
	使用性质					
建设单位	名 称					
	地 址			邮政编码		
	联系人			联系电话		
设计单位	名 称					
	地 址			邮政编码		
	资质证编号			资质等级		
	联系人			联系电话		

易燃易爆品、化学危险品情况

品 名	数量(吨/年)				
	生产	使用	储存	运输	经营

电子信息系统情况

系统名称	系统结构及设备配置	

项目概况

建筑物名称	建筑面积(平方米)	层数(地上/地下)	高度(米)	结构类型(见说明一)	使用类别(见说明二)	电源情况(见说明三)	土壤情况(见说明四)	防雷类别

续表

送审材料	1. 设计单位资质证和设计人员资格证(仅限专项防雷工程提供,复印件加盖单位公章) 2.由符合法律、法规、规章规定条件的防雷专业技术机构出具的《防雷装置设计技术评价意见》(原件)
填写说明	一、结构类型填写:A.砖木;B.混合;C.钢筋混凝土;D.钢结构 二、使用类别填写: 　　A1.甲类厂房、仓库　　　　B1.教育、医疗、科研、体育馆　　C1.高级综合建筑　　　D1.一般综合建筑 　　A2.乙类厂房、仓库　　　　B2.影剧院、会堂、俱乐部、旅游　C2.高层住宅　　　　　D2.住宅、公寓 　　A3.丙类仓库　　　　　　　B3.金融、商业、宾招、娱乐场所　C3.大型厂房、丙类厂房　D3.一般厂房、仓库 　　A4.油、气罐站(区)、锅炉房　B4.交通、通讯、供水、供电、供气　C4.特殊地形建筑物　　　D4.其他 三、电源情况填写:A.架空进线　B.自设变配电室　C.埋地进线 四、土壤情况填写:A.岩石　B.坚土　C.普通土　D.软土

申请单位(公章):　　　　　　　　　　经办人:　　　　　　　　　　年　　月　　日

许可意见

　　　　　　　　　　　　　　　　　　经办人:　　　　　　　　　　年　　月　　日

办理结果:

气象主管机构(公章):　　　　　　　　批准人:　　　　　　　　　　年　　月　　日

防雷装置竣工验收

申　请　书

（　　　）雷验字〔　　　〕第　　　号

申请单位（公章）：＿＿＿＿＿＿＿＿＿＿＿＿＿＿＿

申请项目：＿＿＿＿＿＿＿＿＿＿＿＿＿＿＿＿＿

申请日期：＿＿＿＿年＿＿＿＿月＿＿＿＿日

项目名称				
项目地址				
《防雷装置设计核准意见书》编号				
《防雷装置验收检测报告》编号				
开工时间			竣工时间	
建设单位	名　称			
	地　址		邮政编码	
	联系人		联系电话	
设计单位	名　称			
	地　址		邮政编码	
	联系人		联系电话	
	资质证编号		资质等级	
施工单位	名　称			
	地　址		邮政编码	
	资质证编号		资质等级	
	主要施工人员资格证编号（不少于三人）			
	项目负责人及资格证编号		联系电话	
送审材料	1. 当地气象主管机构出具的《防雷装置设计核准意见书》（复印件加盖单位公章） 2. 由符合法律、法规、规章规定条件的防雷专业技术机构出具的《防雷装置验收检测报告》（原件） 3. 施工单位和人员的资质、资格证书（仅限专项防雷工程提供，复印件加盖单位公章）			

项目概况					
建筑物名称	层数(地上/地下)	高度(m)	占地面积(m²)	建筑面积(m²)	防雷类别

申请单位(公章):　　　　　　　　　　经办人:　　　　　　　　　　年　月　日

许可意见

　　　　　　　　　　　　　　　　　　经办人:　　　　　　　　　　年　月　日

办理结果:

气象主管机构(公章):　　　　　　　　批准人:　　　　　　　　　　年　月　日

附录二　雷电灾害风险评估报告格式

一、布局

1. 封面
2. 风险评估工作人员组成
3. 编制说明
4. 目录
5. 正文(雷评报告主要内容)
6. 附录

二、字号及字体

1. 正文标题
(1)章标题采用小二号黑体;
(2)节、项目标题采用三号仿宋体加粗。
2. 正文内容
(1)文字表述部分采用三号仿宋体字;
(2)表格表述部分可选择采用五号,注释用小五号仿宋体字。
3. 纸张、排版
(1)纸张采用 A4 白色胶版纸(70 g 以上);
(2)排版左边距 28 mm,右边距 20 mm,上边距 25 mm,下边距 20 mm;
(3)章标题居中,章节之间空一行;
(4)节、项目标题顶格,正文空两格;
(5)行间距 1.5 倍;
(6)表格居中。
4. 印刷
双面或单面打印文本。
5. 封页
用评估单位公章对雷电灾害风险评估报告进行封页。

三、雷评报告主要内容

1　概述

1.1　雷电灾害风险评估概述

1.2　雷电灾害风险评估依据

1.3　名词解释

1.4　有关雷电灾害风险评估管理的法律法规

2　评估项目所在区域雷电活动规律分布特征

2.1　项目所处地理位置（注：GPS 定位精度取 2 位小数）

2.2　项目所处行政区地理位置、气候概况及雷电气候

2.3　项目所处行政区气象观测雷电日数据

2.4　项目所处行政区广西雷电监测定位系统监测的雷电活动规律

3　数据采集及整理分析

3.1　评估项目所在区域落雷密度计算

3.2　评估项目测量情况概述

3.3　评估项目场地条件概述

3.4　土壤电阻率的数据采集及影响因素分析

3.5　设计文件分析

4　雷电灾害风险评估（按单体评估）

5　雷电风险管理

5.1　项目风险总述

5.2　防雷装置设计安装指导意见

5.3　项目建设过程中防雷安全指导意见

5.4　项目投入使用后防雷应急措施

6　雷电灾害应急预案（范本）

6.1　总则

6.2　组织机构及各部门职责

6.3　应急响应

6.4　后期处置

结束语

附录 1　雷电灾害风险评估算法

四、现场勘查记录

项目基本情况描述

项目名称				
地　址				
天气情况	□积水；□晴；□阴；□小雨；□其他			
项目所在位置坐标 （注：GPS取 4 位小数）	纬度（北纬）		经度（东经）	
项目环境因子	C_e	环境		C_e
		具有高层建筑的市区		0
		市区		0.1
		郊区		0.5
		农村		1
项目单体数量				
项目单体名称				
项目施工进度				
竣工日期				
备注				

勘察人：＿＿＿＿＿＿＿＿　　　　工地代表：＿＿＿＿＿＿＿＿　　　　日期：＿＿＿＿＿＿＿＿

项目周边环境及单体分布情况

周边环境及单体分布示意图
□ 为建筑物单体，◪ 为线路 A 端建筑物，△ 为土壤电阻率测量点，○ 为 GPS 测量点。

建筑单体具体情况

单体名称					
建筑物结构		□框架结构；□框架剪力墙结构；□钢结构； □砖混结构；□木结构；□其他：_____			
内存物品					
建筑物位置因子	C_d		相对位置		C_d
			被更高的对象所包围		0.25
			被相同或更矮的对象所包围		0.5
			孤立对象:附近没有其他的对象		1
			小山顶或山丘上的孤立对象		2
人身伤亡	建筑物类型	$L_f=$	医院、旅馆、民用建筑		0.1
			工业建筑、商业建筑、学校		0.05
			公共娱乐场所、教堂、博物馆		0.02
			其他		0.01
	特殊性质	$L_o=$	易燃易爆		0.1
			医院		0.001
地表类型	土壤类型	$r_a=$	表面类型	接触电阻（kΩ）	
			农地,混凝土	≤1	0.01
			大理石,陶瓷	1～10	0.001
	地板类型	$r_u=$	沙砾,毛毯,地毯	10～100	0.0001
			沥青,油毡,木头	≥100	0.00001
防火措施		$r_p=$	灭火器、固定的人工灭火装置,人工报警装置, 消防栓,防火隔间,逃生通道		0.5
			固定的自动灭火装置、自动报警装置		0.2
火灾危险		$r_f=$	爆炸		1
			高		0.1
			一般		0.01
			低		0.001
			无		0
特殊伤害的种类		$h_z=$	无		1
			低度惊慌		2
			一般程度的惊慌		5
			疏散困难		5
			高度惊慌		10
			对周围或环境造成危害		20
			对四周环境造成污染		50

入户线路情况

线路类型	位置因子 C_d	相对位置	取值	架设方式	线路长度（米）
供电线路		被更高的对象所包围	0.25	架空：□ 埋地：□	$L=$ $H=$
		被相同高度的或更矮的对象所包围	0.5		
通讯线路		孤立对象：附近没有其他的对象	1	架空：□ 埋地：□	$L=$ $H=$
		小山顶或山丘上的孤立对象	2		

注：1. 土壤电阻率 ρ 的最大值为 $500\Omega \cdot m$，L 的最大值为 1000 m。

2. 对于全部穿行在高密度网格形接地装置中的埋地电缆，$A_l=A_i=0$（A_l—雷电服务设施的截收面积，A_i—雷击服务设施附近大地的截收面积）。

土壤电阻率测量表

间距（m）	测试值（Ω·m）			
	测试走向：			
	土壤类型：			
	干湿度：□干燥 □正常 □潮湿			
	校正系数：			
	仪器信息			
□ 仪器型号：	仪器编号：		在有效期：□是 □否	
□ 仪器型号：	仪器编号：		在有效期：□是 □否	

注：土壤电阻率 ρ 的测试值按实测值填写，计算时最大取值为 $500\ \Omega \cdot m$。

附录三　防雷装置设计技术评价表格式

防雷装置设计技术评价及竣工验收检测申请登记表

建设单位 （公章）			经办人		
项目名称			联系电话		
项目地址			预计开工时间		
总建筑面积（m²）			预计竣工时间		
项目使用性质			单体栋数		
设计单位		资质证书号		联系人	
				联系电话	
施工单位		资质证书号		联系人	
				联系电话	

提 交 材 料 及 相 关 说 明	一、须提交的纸质材料： （一）电施部分（为避免漏图，请带齐全套电气施工图给受理人员挑选） 1. 电气设计说明； 2. 天面、基础、标准层防雷平面图； 3. 配电系统图（高压、低压、照明、动力系统）、进线层的电气平面图； 4. 弱电系统图（电视、电话、网络、消防、安防、综合布线）、进线层的电气平面图； 5. 均压环（等电位）设置图； 6. 地下室电气图（含地下室平面图）。 （二）建施部分 1. 总平面图（盖规划局审批章）； 2. 正、侧立面图（4 个立面）、剖面图； 3. 建筑设计总说明。 须提交以上材料电子光盘一份 （三）其他材料 1. 工业建筑物应有生产工艺流程图、物料存储方式、危险品场所分布等资料； 2. 储罐材质、壁厚、储存物形态、储存工作压力数据等资料； 3. 必须进行雷电灾害风险评估的项目，须提交雷电灾害风险评估报告或相关资料； 4. 由建设主管部门核定的建筑面积相关证明材料（原件或加盖申请单位公章的复印件）。 二、特别提示 （一）请将建筑物楼高、层数、面积等详细信息填写在背面表格中，层数须填地上和地下层数； （二）若建筑物超过 15 层或 45 米（含 15 层或 45 米），请将超出部分的建筑面积填到背面表格中； （三）本申请登记表须提交一式两份。

资料齐备，同意受理。编号：（　　）雷技评〔　　〕第　　号。

经办人：　　　　　　　　　　　　　　　　　　　　　　　　　年　月　日

建筑物名称	层数（地上/地下）	高度（m）	占地面积（m²）	建筑面积（m²）	15层或45米以上（含15层或45米的超出部分建筑面积)(m²)	防雷类别	是否需要做雷评

受理单位：

单位地址：

联系电话：

防雷装置（专项）设计技术评价申请登记表

（　）雷专评〔　〕第　号

建设单位（公章）		
工程名称	投资总额（万元）	
工程地址	接地网面积	
联系人	单体数	
电话	楼高	
设计内容	防雷类别	
□外部防雷；□内部防雷；□综合防雷	机房数量	
设计依据	机房面积	

设计单位	名称	
	地址	
	资质证书号	
	设计人员	
	电话	

施工单位	名称	
	地址	
	资质证书号	
	施工人员	
	电话	

需交资料情况：

1. 专项防雷工程设计方案（一式两份，盖设计单位骑缝章）；
2. 防雷工程中标书或合同书；
3. 设计单位资质证书复印件（盖公章）；
4. 施工单位资质证书复印件（盖公章）；
5. 设计人员资格证书复印件（盖公章）；
6. 所使用的SPD产品合格证、产品合格检验报告复印件；
7. 本表格需提交一式两份。

受理人：　　　　电话：（审核科）　　　（服务窗口）　　　受理时间：　　年　月　日

受理单位：

单体名称	防雷工程内容	地上/地下层数	高度（m）	防雷类别

防雷装置设计技术评价意见

（　　　）雷技评〔　　　〕第　　号

建设单位		联系人	
建设项目名称			
项目地址			
设计单位		设计人	
设计资质证号		送评时间	年　月　日
技术评价依据			

项目	图号	评价意见	

评价人		校核人		批准人	
评价时间	年　月　日	评价单位		（章）	
备　注	1. 请按本意见修改设计方案，并在 15 日内将修改后的设计方案再次送评。 2. 联系电话：				

防雷装置(专项)设计技术评价意见

( )雷技评〔 〕第 号

建设单位			联系人	
建设项目名称				
设计单位			设计人	
设计资质证号		送评时间	年 月 日	
技术评价依据				
评价意见				
评价人		校核人		批准人	
评价时间	年 月 日	评价单位	(章)	
备注	1. 请按本意见修改设计方案,并15日内将修改完的设计方案再次送评。 2. 联系电话:			

附录四　原始记录格式

建（构）筑物防雷装置检测原始记录

_____雷检记[　　　]　　　号

受检测单位：　　　　　　　　　　　　　　　　　　地址：

检测日期：　　年　月　日　天气状况：　　　　　土壤状况：　　　　被测件是否恢复原状：

仪器状况测前：　　测后：　　电磁干扰：　　　　接地电阻测试仪检定有效期至：　　　　年　月　日

检测仪器型号及编号：

建筑物名称			建筑物高度		地理环境		使用性质		雷灾历史		
接闪器	杆	类型	规格(mm)	高度(m)	防锈	锈蚀	焊接	保护范围	独立杆距离(m)		
	带(线)	类型	规格(mm)	高度(cm)	防锈	锈蚀	网格(m)	支持卡间距(m)	焊接	伸缩缝	
	屋面金属物接地电阻(Ω)	金属管	广告牌	天线	热水器	金属棚	非金属物保护措施				
引下线	规格(mm)	敷设	根数	平均间距(m)	固定	断接卡高度(m)	外敷防接触电压保护措施	焊接	防腐		
接地体	接地线规格(mm)	接地体类型	人工地网防跨步电压措施	架空金属管道接地电阻(Ω)	防雷接地电阻(Ω)	1	2	3	4	5	6	7	8
						9	10	11	12	13	14	15	16
防侧击雷措施	到外墙面的距离(cm)	突出外墙物体接闪器安装	接闪器材型、规格	接闪器敷设方式	防侧击雷电阻(Ω)						
电源	电源线材料	进线方式	SPD型号	安装位置	安装数量	接地线截面(mm²)	接地电阻(Ω)	放电电流(kA)	Up电压kV	状态指示	
信号	信号线种类	进线方式	SPD型号	安装位置	安装数量	接地线截面(mm²)	接地电阻(Ω)	放电电流(kA)	Up电压kV	状态指示	

防雷装置平面示意图(尺寸单位:m)　　　　　　　　　　　备注

被检单位签字：　　　　　检测人员：　　　　　记录员：　　　　　校核人：

油 气 站 防 雷 装 置 检 测 原 始 记 录

_____雷油记〔   〕   号

受检测单位：   地址：

建筑物名称：   高度：   m   检测日期：   年   月   日

天气状况：   土壤状况：   电磁干扰：   被测件是否恢复原状：

仪器状况 测前：   测后：   接地电阻测试仪检定有效期至：   年   月   日

检测仪器型号及编号：

	杆规格（mm）	杆高度（m）	杆防腐	杆锈蚀	带规格（mm）	带网格（m）	带固定	带防腐	带锈蚀
接闪器									
	支持卡高度（cm）	支持卡间距（m）	敷设方式	焊接质量长度	转弯角	屋面金属物	非金属物防雷	独立杆高度（m）	独立杆距离
引下线	规格（mm）	根数	敷设方式	平均间距（m）	固定情况	焊接质量长度	防腐	断接卡高度（m）	地面保护措施
接地体	接地线规格（mm）	水平地极规格（mm）	垂直地极规格（mm）	是否共用地网	接 地 电 阻（Ω）				

	电源			信号		
电源	供电系统及进线方式		信号	信号线敷设方式	
	电缆屏蔽及接地（Ω）			电缆屏蔽及接地（Ω）	
	电气接地电阻（Ω）			工作接地电阻（Ω）	
	SPD型号、I_n、U_p及安装位置			SPD型号、I_n、U_p及安装位置	

	罐管泵			
罐管泵	金属罐型式及数量		法兰盘、管道跨接	
	金属罐材料、壁厚 mm		管道接地（Ω）	
	浮顶连接线（mm²）、数量		卸油（气）接地（Ω）	
	金属罐接地线（mm²）		油气泵接地（Ω）	
	金属罐接地间距（m）		铁轨、鹤管、栈桥接地（Ω）	
	金属罐接地电阻（Ω）		呼吸阀、通风管接地（Ω）	
	加油机、磅秤接地（Ω）			

防雷装置平面示意图：(长度单位:m)	备注：

被检单位签字：   检测人员：   记录员：   校核人：

信息系统防雷装置检测原始记录

_____雷信记〔   〕   号

受检单位：   地址：

检测日期：   年 月 日 天气： 土壤状况： 电磁干扰： 被测件是否恢复原状：

检测仪器状况 测前： 测后：   接地电阻测试仪检定有效期至：   年 月 日

检测仪器型号及编号：

信息系统名称								机房位置			
机房 用途		建筑物防 雷类别			机房雷电 防护等级		机房安全 等级		机房 LPZ 分区		
电源	进线 情况		进线屏蔽 及接地			室内屏蔽			供电接 地型式		
	零地电压		V SPD 安装工艺			SPD 间距		m	退耦措施		
	级数	SPD 型号	数量	安装位置	放电电流	U_p(kV)	指示灯	接地线	长度	接地 电阻 (Ω)	
	一级				kA			mm²	m		
	二级				kA			mm²	m		
	三级				kA			mm²	m		
	四级				kA			mm²	m		
信号	进线方式			进线屏蔽接地			与电源线距离				m
	机房内屏蔽			屏蔽层接地		Ω	与其他干扰源距离				m
	对外线路 类型数量	SPD 型号	安装 位置	I_n (kA)	U_p (V)	插损 (dB)	驻波比	接地线 mm²	接地 电阻(Ω)		
地网性质、形状及共地情况					接地干线接地方式、位置						
接地干线材型、数量及敷设					建筑物或机房屏蔽方式						
环形接地线或汇接 排材型及敷设方式		mm²	机房屏蔽材料		mm	机房屏蔽网格		m			
			设备接地线材型		mm²	设备屏蔽方式					
等电位连接方式			直流工作地		Ω	防雷地		Ω			
安全保护(PE)地		Ω	防静电接地		Ω	其他金属接地		Ω			
机柜接地		Ω	金属门窗接地		Ω	活动地板表面 金属暴露情况					
防静电设施			表面电阻		Ω	静电电位		V			
备注											
检测人员			记录员			校核人					

被检单位签字：

移动通信基站防雷装置检测原始记录

_____雷通记〔   〕   号

基站名称：   基站地址：   地理环境：

检测日期：   年 月 日 天气状况：   土壤湿度：   电磁干扰：   被测件是否恢复原状：

检测仪器状况测前：   测后：   接地电阻测试仪检定有效期至：   年   月   日

检测仪器型号：

天线塔高度	m	天线塔接地方式及数量		天线塔接地线材型、规格	mm	天馈线屏蔽层接地	
高压进线方式		高压电力线埋地长度	m	高压电力线SPD安装		高压电杆接地电阻	Ω
变压器SPD安装		低压进线及屏蔽情况		供电接地型式		零地电压	V

电源SPD	型号及数量	安装位置	标称放电电流(kA)	U_p(kV)	状态指示	接地线材型（mm²）	长度(m)	接地电阻（Ω）
一级低压								
二级低压								
三级低压								
SPD间距			退耦措施					

信号线类型	SPD型号	安装位置	标称放电电流(kA)	U_p(V)	插损(dB)	驻波比	接地线材型(mm²)	长度(m)	接地电阻（Ω）
天馈线									
信号									

信号线种类		信号线进线方式		信号线屏蔽层接地		与低压电线距离	m
地网形状及等电位连接		接地引入线材型、长度	m	接地引入线数量		接地引入线引出位置	
环形接地汇集线截面积	mm²	机房星形总汇接排截面积	mm²	两级汇接排连接线材型	mm²	设备机架接地线材型	mm²
机房接地电阻	Ω	天线塔接地电阻	Ω	金属门窗接地	Ω	变压器接地电阻	Ω
走线架接地	Ω	机柜接地	Ω	金属管接地	Ω	其他接地	Ω

备注	
检测人员		记录员		校核人	

被检单位签字：

广告牌防雷装置检测原始记录

_____ 雷告记〔　　〕　　　　号

受检广告拥有单位：　　　　　　　　　　　地址：

检测日期：　　年　月　日　　　　　天气状况：　　　　土壤状况：　　　　电磁干扰：

检测仪器状况　测前：　　测后：　　　被测件是否恢复原状：

检测仪器型号及编号：

接地电阻测试仪检定有效期至：　　年　月　日

建筑物名称			建筑物单位				防雷类别		
广告牌地址			位置			广告牌类型			
材型规格	高度（m）	长度（m）	块数	防雷措施	接地方式	接地点数	焊接工艺	固定连接情况	连接用材规格（mm）

接地电阻（Ω）								是否用电		
电源	电源线材料	进线方式	SPD型号	安装位置	安装数量	接地线截面（mm²）	接地电阻（Ω）	放电电流（kA）	U_p电压（kV）	状态指示

广告牌位置示意图	长度单位:m
备注	

被检单位签字：　　　　　　检测人员：　　　　　记录员：　　　　　校核人：

接 地 装 置 检 测 原 始 记 录

_____雷地记〔   〕   号

受检测单位：   地址：

接地装置名称：

检测日期：   年   月   日 天气状况：   土壤状况：   电磁干扰：

检测仪器状况测前：   测后：   被测件是否恢复原状：

检测仪器型号及编号：

接地装置 用途			接地装置 性质			接地装置 形状	
接地装置 最大网格		m	与其他接地体 连接点数量			与其他接地 体距离	m
水平 接地体	材型	规格(mm)		埋深(m)		焊接	防锈
垂直 接地体	材型	规格(mm)	长度(m)		间距(m)	焊接	防锈
接地干线	材型、规格	长度(m)		引出位置		敷设方式	地面保护措施
防跨步 电压措施							
接地电阻 (Ω)							
土壤电阻率 (Ω·m)			接地装置的 降阻措施				

接地装置平面图：(长度单位：m)

备注：

被检单位签字：   检测人员：   记录员：   校核人：

电涌保护器(SPD)检测原始记录

_____雷 SPD 记[　　　]　　　号

受检单位：　　　　　　　　　　　　　　　　地址：

建(构)筑物名称：　　　　　　　　　　　　　　　　　建(构)筑物防雷类别：　　　类

检测日期：　　年　　月　　日　天气状况：　　　　温度：　　　　湿度：　　　　电磁干扰：

检测仪器状况测前：　　　测后：　　　　被测件是否恢复原状：

检测仪器型号及编号：

防雷元件测试仪检定有效期至：　　　年　　月　　日

项　目	第一级	第二级	第三级	第四级	备注
安装位置					
SPD 型号					
安装数量					
最大持续运行电压 U_c 检查值(V)					
标称放电电流 I_n 检查值(kA)					
冲击放电电流 I_{imp} 检查值(kA)					
电压保护水平 U_p 检查值(V)					
插入损耗(dB)					
驻波比					
漏电流 I_{ie} 测试值(mA)					
直流参考电压 U_{1mA} 测试值(V)					
绝缘电阻值(MΩ)					
过流保护装置					
劣化指示灯状态					
接地线长度(m)					
接地线材料及截面积(mm²)					
两级的距离(m)					
退耦措施					
接地电阻(Ω)					

备注：

被检单位签字：　　　　　　检测人员：　　　　　　记录员：　　　　　　校核人：

屏 蔽 效 率 检 测 原 始 记 录

_____雷屏蔽记〔   〕   号

受检测单位：　　　　　　　　　　　　　　　　　　地址：

建筑物名称

检测日期：　　年　月　日　　天气状况：　　　　　土壤状况：　　　　　电磁干扰：

检测仪器状况测前：　　测后：　　　　　　　　　　被测件是否恢复原状：

检测仪器型号及编号：

检测仪器有效期至：　　年　月　日

屏蔽方式		防雷类别		雷电流强度 i		kA
到雷击点距离 Sa		m	磁场强度 H_0 值	$H_0=i/(2\pi Sa)=$	(A/m)	
磁场强度 H_1 值	测试点位置			A 点：		B 点：
	到屋顶距离 d_r(m)					
	到墙距离 d_w(m)					
	屏蔽网格 w(m)					
	$H_1=0.01\times i_0\times w/(d_w\times\sqrt{d_r})$(A/m)					
	安全距离 $d_{w/1}=w$(m)　（当 $SF<10$）					
磁场强度 H_2 值	测试点位置			C 点：		D 点：
	屏蔽材料					
	屏蔽网格 w(m)					
	材料半径 r(m)					
	屏蔽系数 SF					
	$H_2=H_1/10^{SF/20}$(A/m)					
	安全距离 $d_{w/2}=w\times SF/10$(m)　（当 $SF\geqslant10$）					

磁场强度实测	测试点位置	A	B	C	D	E	F
	磁场强度 H(A/m)						
	屏蔽效率 S_H(dB)						

测试位置平面图：(长度单位:m)　　　　　　　　　　备注：

被检单位签字：　　　　　检测人员：　　　　　记录员：　　　　　校核人：

报建号

新建建（构）筑物防雷装置
施工质量检查手册

雷检记[　　]　　号

建设项目：_____

施工单位：_____

检测单位：_____

建设单位：_____

设计单位：_____

监理单位：_____

填写说明

1. 封面填写建设单位、建设项目、设计单位、施工单位、监理单位、检测单位。

2. 时间、天气：填写检测的日期、天气状况（晴天、多云、阴天、雨天、雾等）。

3. 分段、分项工程内容：按照施工程序从开始到竣工做记录。分段分项工程内容按接地（桩、承台、筏板、地梁与桩、柱连接、人工接地体）、引下线、均压环、接闪网格、接闪带、接闪杆、等电位连接、电气系统、电子系统等内容填写。应采用经审核的设计图纸进行检测检查。

4. 验收意见：根据现场的实际情况以及检测数据，确定是否符合规范或设计要求。包括：焊接质量、接地电阻、用材规格等。发现隐患，应及时通知施工单位整改，以免造成人力、物力的浪费。

5. 隐蔽工程部分须经市（县）防雷检测机构检测员签名方为有效。本手册由防雷检测机构保存。

基本信息

项目地址				
防雷类别	使用性质	地理环境	裙楼或转换层高度（m）	
建筑物高度（m）	建筑面积（m²）	地上层数	地下层数	
接地电阻设计值（Ω）		设计的供电系统接地型式		
电气系统防 LEMP 设计方案	SPD 级数安装位置参数	线路敷设及屏蔽措施		
电子系统防 LEMP 设计方案	线路种类SPD 安装位置参数	线路敷设及屏蔽措施		

一、桩

a. 检测记录：

项目	内容	检测			检测意见：
		质量情况			
		合格	不合格		
01	桩深（m）				检测员：
					年　月　日
02	桩主筋直径（mm）				整改结果：
03	每桩利用筋数				施工方：
04	桩利用系数				检测员：
05	桩类型				年　月　日

b. 验收意见：

内容 时间、天气	分段、分项 工程内容	施工方 代表	建设单位 或监理代表	防雷检测 机构检测员	备注
年　月　日	桩				
天气					
验收意见					

二、承台或筏板

a. 检测记录：

项目	内容	检测	质量情况 合格	质量情况 不合格	检测意见
06	承台或筏板类型				检测意见：
07	承台或筏板主筋直径（mm）、主筋焊接				
08	承台或筏板与桩主筋连接				检测员：
09	承台或筏板与引下线柱主筋连接				年　月　日
10	承台或筏板与基础梁主筋连接				整改结果：
11	水平接地体埋设深度（m）				施工方：
12	接地体网格尺寸（m×m）、防跨步电压措施				检测员： 年　月　日

b. 验收意见：

内容 时间、天气	分段、分项工程内容	施工方代表	建设单位或监理代表	防雷检测机构检测员	备注
天气 年　月　日	承台或筏板				

三、地梁

a. 检测记录:

项目	内容	检测		检测意见
		质量情况 合格	不合格	
13	地梁类型			
14	地梁主筋与桩主筋连接			
15	地梁主筋与引下线柱主筋连接			
16	地梁主筋直径(mm),利用数、连接			
17	接地体形状、网格尺寸(m×m)			
18	水平接地体埋设深度(m)			
19	预留电气接地材型(mm)			
20	土壤电阻率(Ω·m)			
21	接地电阻(Ω)			

检测员:　　　　　年　月　日

整改结果:

施工方:　　　　　检测员:　　　　　年　月　日

b. 验收意见:

内容 时间、天气	分段、分项工程内容	验收意见			备注
年　月　日	地梁	施工方代表	建设单位或监理代表	防雷检测机构检测员	
天气					

四、人工接地体

a. 检测记录：

项目	内容	检测	质量情况		检测意见：
			合格	不合格	
22	垂直接地体材型（mm）				
23	垂直接地体长度（m）、间距（m）				检测员：
24	水平接地体材型（mm）、埋深（m）				
25	水平接地体焊接、防腐				年　月　日
26	水平接地体与垂直接地体焊接、防腐				
27	人工接地体与引下线或自然接地体焊接、防腐				整改结果：
28	接地体形状、网格尺寸（m×m）、防跨步电压措施				施工方：
29	土壤电阻率（Ω·m）				检测员：
30	接地电阻（Ω）				年　月　日

b. 验收意见：

内容 时间、天气	分段、分项工程内容	施工方代表	建设单位或监理代表	防雷检测机构检测员	备注
	人工接地体				
验收意见					
天气					
年　月　日					

c. 基础接地图例：

长度单位（m）

		引下线敷设方式		是否共用地网		土壤状况	

五、引下线

a. 检测记录：

内容　　　楼层	项目31 引下线根数、间距(m)	项目32 引下线敷设方式、材型(mm)	项目33 引下线焊接	项目34 电气预留接地	检测员	施工方代表	日期	合格	不合格

(质量情况：合格／不合格)

	断接卡或测试卡高度(m)	引下线防接触电压措施
项目35		
项目36		

检测意见：

检测员：　　　　　年　月　日

整改结果：

施工方：

检测员：　　　　　年　月　日

b. 验收意见：

内容　　时间、天气	分段、分项工程内容	验收意见			备注
年　月　日		施工方代表	建设单位或监理代表	防雷检测机构检测员	
天气	引下线				

六、均压环（防侧击雷）

a. 检测记录：

内容 楼层	项目38 均压环直径（mm）、数量	项目39 均压环与柱筋连接	项目42 窗一环连接材料（mm）及连接方式	项目43 卫生间局部等电位连接材料（mm）	项目44 卫生间局部等电位接地电阻（Ω）	检测员	施工方代表	日期	质量情况 合格	质量情况 不合格	检测意见：

项目37 均压环起始位置，间距

项目40 突出外墙物名称及其安装接闪器材型、规格及敷设方式

项目41 外墙金属物名称、材型规格、与均压环连接及连接情况

检测员：

整改结果：

施工方：　　　　检测员：

年 月 日　　　　年 月 日

b. 验收意见：

内容	分段、分项工程内容	均压环（防侧击雷）		
时间,天气	年 月 日			
	天气			
	验收意见			
		建设单位或监理代表	施工方代表	防雷检测机构检测员
	备注			

c. 均压环与引下线连接图例：

长度单位（m）

雷电业务与防雷服务技术规程

d. 建筑物外墙金属物 _____ 电阻，单位：（Ω）

外墙金属物名称				
方向 楼层	东面	南面	西面	北面

外墙金属物名称				
方向 楼层	东面	南面	西面	北面

该_____楼所检_____的_____电阻符合规范要求。

检测人员：

检测日期：

七、接闪带网格

a. 检测记录：

项目	内容	检测	质量情况		检测意见：
			合格	不合格	
45	材料、规格（mm）				
46	敷设方式				检测员：
47	最大网格尺寸（m×m）				
48	网格焊接和防腐				整改结果：
49	与引下线连接				施工方：
50	预留接地端子材型规格（mm）及接地电阻（Ω）				检测员： 　　　　年　月　日

b. 验收意见：

时间、天气	分段、分项工程内容	验收意见	施工方代表	建设单位或监理代表	防雷检测机构检测员	备注
年　月　日 天气	接闪带网络					

　　　　年　月　日

八、接闪带

a. 检测记录：

项目	内容	检测	质量情况 合格	质量情况 不合格	检测意见
51	接闪带与引下线的连接材料(mm)、焊接长度				
52	敷设方式(明、暗)				检测员：
53	到外墙面距离(cm)				年　月　日
54	支持卡最大间距(m)、高度(cm)				整改结果
55	接闪带材料、规格(mm)				施工方：
56	焊接和防腐				检测员：
57	转弯角、伸缩缝方式				年　月　日
58	接地电阻(Ω)				
59	检测时电磁环境				

b. 验收意见：

时间,天气＼内容　年　月　日	分段.分项工程内容	验收意见	施工方代表	建设单位或监理代表	防雷检测机构检测员	备注
天气	接闪带					

九、接闪杆

a. 检测记录：

项目	内容	检测	质量情况 合格	质量情况 不合格
60	材料、规格（mm）			
61	杆长（m）			
62	接闪杆与接闪带连接形式、焊接和防腐			
63	独立接闪杆到被保护物最近距离（m）、被保护物高度、最远距离（m）、长×宽（m）			
64	非金属物高于接闪带高度（m）及安装接闪器情况			

检测意见：

检测员

整改结果：

施工方：

检测员

年　月　日

b. 验收意见：

内容 时间、天气	分段、分项工程内容	验收意见	施工方代表	建设单位或监理代表	防雷检测机构检测员	备注
天气	接闪杆					

年　月　日

c. 天面防雷图例：

长度单位(m)

引下线敷设方式		是否共用地网		土壤状况

十、等电位连接

a. 检测记录：

项目	内容	检测		检测意见
		质量情况		
		合格	不合格	
65	天面金属物高度、长×宽(m)及接地电阻(Ω)			检测意见：
66	天面冷却塔、广告牌及其他金属物体与接闪带连接情况及接地电阻(Ω)			检测员： 年　月　日
67	室内、外竖直金属管道、电梯连接情况及接地电阻(Ω)			
68	室内大型金属物体电阻(Ω)			整改结果：
69	地下金属管道接地电阻(Ω)			施工方：
70	燃气管道与其他金属物的距离(cm)，绝缘段SPD、上端连接情况			检测员： 年　月　日
71	总等电位连接情况、连接端子材型规格(mm)及接地电阻(Ω)			
72	局部等电位连接情况、连接端子材型规格(mm)及接地电阻(Ω)			

b. 验收意见：

内容 时间、天气	分段、分项 工程内容	施工方 代表	建设单位 或监理代表	防雷检测 机构检测员	备注
天气 年　月　日	等电位连接				
验收意见					

十一、电气系统

a. 检测记录：

项目	内容	检测	质量情况 合格	质量情况 不合格	检测意见
73	低压线路敷设方式、供电系统接地形式				
74	低压线路屏蔽情况及接地电阻（Ω）				
75	低压配电箱（PE线）接地电阻（Ω）				
76	低压线路保护级数、距离（m）				
77	SPD安装位置及连接地电阻（Ω）				
78	I级试验SPD型号、冲击放电电流 I_{imp}（kA）、电压保护水平 U_p（kV）、接地线截面（mm²）及长度（m）				
79	II级试验SPD型号、标称放电电流 I_n（kA）、标称电压保护水平 U_p（kV）、接地线截面（mm²）及长度（m）				

检测意见：

检测员：　　　　　年　月　日

整改结果：

施工方：

检测员：　　　　　年　月　日

b. 验收意见：

内容 时间、天气	分段、分项工程内容	施工方代表	建设单位或监理代表	防雷检测机构检测员	备注
天气　　年　月　日	电气系统				

验收意见

十二、电子系统

a. 检测记录：

项目	内容	检测			
			质量情况		检测意见：
			合格	不合格	
80	电话线敷设方式、屏蔽、接地（Ω）、SPD				检测员： 年　月　日
81	电视信号线敷设方式、屏蔽、接地（Ω）、SPD				
82	宽带网敷设方式、屏蔽、接地（Ω）、SPD			整改结果：
83	消防系统敷设方式、屏蔽、接地（Ω）、SPD				施工方：
84	监控系统敷设方式、屏蔽、接地（Ω）、SPD				检测员： 年　月　日
85	电子系统接地电阻（Ω）				

b. 验收意见：

内容	分段、分项工程内容	施工方代表	建设单位或监理代表	防雷检测机构检测员	备注
时间、天气	电子系统				
年　月　日					
天气					
验收意见					

附录：

检测仪器名称	型号及编号	检定有效期至	备注
接地电阻测试仪		年　月　日	
等电位连接测试仪		年　月　日	
万用表		年　月　日	
		年　月　日	
		年　月　日	
		年　月　日	

备注：

建筑物防雷装置的作用和意义

建筑物防雷装置包括对直击雷、侧击雷和雷击电磁脉冲的防护三大部分。直击雷是指雷电击中建筑物的天面部分；侧击雷是指雷电击中建筑物的天面以下、地面以上的部分。直击雷、侧击雷防护设施主要是保护建筑物本身不受损害，以及减弱雷击时巨大的雷电流沿建筑物泄人大地时，对建筑物内部空间产生的各种影响。雷击电磁脉冲则是当雷云发生云内闪、云际闪、云地闪时产生的雷击电磁场。在进入建筑物的各类金属管、线和建筑物内的金属物上产生的静电感应、电磁感应、电涌侵人。雷击电磁脉冲的防护设施对这种雷击电磁效应起限制作用，从而保护建筑物内各类电器设备的安全。

建筑物防雷装置如果缺少这三大部分的某一部分，就叫作建筑物防雷能力先天不足，必将留下永久性的雷击隐患。对建筑物内人员生命财产（尤其是通信、计算机、程控电话、电视、音响等使用 MOS 器件的现代化设备）安全构成严重的威胁。

因此，国家规定《建筑物防雷设计规范》是强制性技术标准，任何有关单位都应认真执行。广西壮族自治区人大常委会通过的《广西壮族自治区气象条例》《广西壮族自治区气象灾害防御条例》和自治区人民政府颁布的《广西壮族自治区防御雷电灾害管理办法》，把新建建筑物防雷装置纳人法制化管理，各单位都必须遵章守法，做好防雷减灾的基础建设工作。

接地电阻测试原始记录

_____雷检记〔   〕   号

检测仪器型号及编号：

接地电阻测试仪检定有效期至：　　　　　　　　　年　月　日

检测仪器状况测前：　　　　　　测后：　　　　　电磁干扰：　　　　　被测件是否恢复原状：

单位工程名称			建设单位	
分项工程名称			施工单位	
工程地址			检测日期	年 月 日
天气状况		土壤状况	引下方式	

接地类型	规定限值（Ω）	测试日期	测试次数	测验结果（Ω）

测试布置简图 （注明测试点位置）	

施工单位意见	代表： 　年　月　日	建设单位意见	代表： 　年　月　日	防雷中心意见	代表： 　年　月　日

共　页第　页

绝 缘 电 阻 测 试 原 始 记 录

_____雷绝缘记[   ]号

检测仪器状况测前：　　　　　　　　测后：　　　　　　被测件是否恢复原状：

单位工程名称			建设单位		
分项工程名称			施工单位		
工程地址			检测日期		年　月　日
工作电压		V	仪表型号及编号		
测试电压		V	检定有效期至		年　月　日
天气状况		电磁干扰	温度	℃	湿度 ％

绝缘电阻值						
单元(层次)						
设备名称						
回路编号						
相别						
A——B（MΩ）						
B——C（MΩ）						
C——A（MΩ）						
A——O（MΩ）						
B——O（MΩ）						
C——O（MΩ）						
A——地（MΩ）						
B——地（MΩ）						
C——地（MΩ）						
结　果						

建设单位意见	代表： 年　月　日	施工单位意见	代表： 年　月　日	防雷中心意见	代表： 年　月　日

附录五　检测报告格式

建(构)筑物防雷装置
检测报告

_____雷检字〔　　〕　号

受 检 单 位_____

地　　　　址_____

联系人及电话_____

签 收 人_____

检 测 日 期_____至_____

下次检测时间_____

检 测 单 位_____（章）

检测单位地址_____

电话_____邮编_____

建(构)筑物防雷装置检测报告

受检单位			
检测依据	DB45/T 446—2007，GB/T 21431—2008，GB 50057—2010，GB 50601—2010		
检测仪器型号	仪器编号	检定有效期	
		年　　月　　日	
		年　　月　　日	
		年　　月　　日	
		年　　月　　日	
		年　　月　　日	

受检防雷装置总体概况：

检测人员	

编写人：	校核人：	授权签字人：

说明	1. 本单位于　　　年通过广西壮族自治区质量技术监督局计量认证复评审。 2. 本次检测使用的仪器均经过计量检定或校准合格。 3. 此报告未盖本单位章无效,未盖骑缝章无效,不得部分复制此报告。

建(构)筑物防雷装置检测报告

受检单位： 建(构)筑物名称：

检测日期： 年 月 日 天气状况： 电磁干扰： 建(构)筑物防雷类别： 类

序号	检测项目	标准	单位	实测	备注
1	接闪杆长(高)度	—	m		
2	接闪杆材型及规格	≥φ12	mm		
3	接闪带(线、网)材型及规格	≥φ8	mm		
4	接闪带最大网格	≤	m×m		
5	高层建筑物接闪带到外墙面距离	≥外墙面	cm		
6	焊接长度	≥6d 或 2b	—		
7	防锈及腐蚀情况	—	—		
8	独立接闪杆与被保护物距离	≥3.0	m		
9	引下线根数	≥	根		
10	引下线材型及规格	≥φ8	mm		
11	引下线平均间距	≤	m		
12	引下线敷设方式		—		
13	明敷引下线防接触电压措施	有	—		
14	接地线材型及规格	≥φ10	mm		
15	独立接闪杆屋顶平面保护范围	≥	m		
16	被保护物在独立接闪杆保护范围内	是	—		
17	突出屋面金属物是否接地	是	—		
18	突出屋面非金属物安装接闪器	是	—		
19	防侧击雷措施	有	—		
20	电源 SPD 型号、安装数量及位置	—			
21	电源 SPD，I_{imp} 或 I_n 及状态指示	≥	kA		
22	电源 SPD，U_p、接地线截面及长度	≤	kV		
23	电源接地电阻	≤	Ω		
24	防雷接地电阻	≤	Ω		
25		≤	Ω		
26					
27					

检测意见：

检测结果

防直击雷：

电气防雷：

防侧击雷：

检测单位(章)

油气站
防雷装置检测报告

_____雷油检字〔　　　〕　　　　　号

受　检　单　位_____

地　　　　　址_____

联系人及电话_____

签　收　人_____

检　测　日　期_____至_____

下次检测时间_____

检　测　单　位_____（章）

检测单位地址_____

电话_____邮编_____

油气站防雷装置检测报告

受检单位	
检测依据	DB45/T 446－2007，GB/T 21431－2008，GB 50057－2010，GB50156－2012，GB 50074－2014，GB 15599－2009，GB 50160－2008，HG/T 20675－1990，GB 50601－2010，GB 50650－2011，QX/T 110－2009

检测仪器型号	仪器编号	检定有效期
		年　　月　　日
		年　　月　　日
		年　　月　　日
		年　　月　　日
		年　　月　　日

受检防雷装置总体概况：

检测人员	

编写人：	校核人：	授权签字人：

说明	1. 本单位于　　　年通过广西壮族自治区质量技术监督局计量认证复评审。 2. 本次检测使用的仪器均经过计量检定合格或校准。 3. 此报告未盖本单位章无效，未盖骑缝章无效，不得部分复制此报告。

金属罐区防雷装置检测报告

受检单位：　　　　　　　　　　　　　　　　　　　　建(构)筑物名称：

检测日期：　　　年　　月　　日　天气状况：　　　电磁干扰：　　　建(构)筑物防雷类别：

序号	检测项目	标准	单位	实测	备注
1	油(气)罐壁厚度	≥4	mm		
2	油(气)罐安装方式	—	—		
3	独立接闪杆高度	—	m		
4	独立接闪杆与被保护物距离	≥3	m		
5	接闪杆材型及规格	≥φ12	mm		
6	接闪线(网)材型及规格	≥φ8	mm		
7	罐顶平面在独立杆保护范围内	是	—		
8	引下线根数	≥	根		
9	引下线材型及规格	≥φ8	mm		
10	接地线材型及规格	≥φ10	mm		
11	油(气)罐接地线材型及规格	≥φ10	mm		
12	油(气)罐接地点弧形间距	≤30	m		
13	浮顶连接线截面积及数量	≥50	mm²		
14	管道法兰盘跨接措施	—	—		
15	管道法兰盘过渡电阻	≤0.03	Ω		
16	独立接闪杆接地电阻	≤10	Ω		
17	油(气)罐接地电阻	≤10	Ω		
18	管道防闪电感应接地电阻	≤30	Ω		
19	呼吸阀、通风管接地电阻	≤10	Ω		
20	卸油(气)防静电接地电阻	≤100	Ω		
21	铁轨、鹤管、栈桥接地电阻	≤10	Ω		
22					
22					

检测意见：

检测结果

防直击雷：

防闪电感应：

检测单位(章)

油气站生产区防雷装置检测报告

受检单位：　　　　　　　　　　　　　　　　　　　　建（构）筑物名称：

检测日期：　　年　月　日　天气状况：　　电磁干扰：　　建（构）筑物防雷类别：　　　　类

序号	检测项目	标准	单位	实测	备注
1	接闪杆高度	—	m		
2	独立接闪杆与被保护物距离	≥3	m		
3	接闪杆材型及规格	≥φ12	mm		
4	接闪带（线、网）材型及规格	≥φ8	mm		
5	接闪带最大网格	≤	m×m		
6	引下线根数	≥	根		
7	引下线材型规格及敷设方式	≥φ8	mm		
8	引下线平均间距	≤	m		
9	接地线材型及规格	≥φ10	mm		
10	独立杆屋顶平面保护范围（半径）	≥	m		
11	被保护物在独立杆保护范围内	是	—		
12	突出屋面金属物是否接地	是	—		
13	电源电缆敷设及屏蔽方式	—	—		
14	电源 SPD，I_n、U_p 及安装位置	—	—		
15	信号电缆敷设及屏蔽方式	—	—		
16	信号 SPD，I_n 及安装位置	—	—		
17	电气接地电阻	≤4	Ω		
18	弱电工作接地电阻	≤4	Ω		
19	油（气）泵接地电阻	≤10	Ω		
20	防雷接地电阻	≤10	Ω		
21	加油（气）机、磅秤接地电阻	≤10	Ω		
22					
23					
24					

检测意见：

检测结果

防直击雷：

防雷击电磁脉冲：

防闪电感应：

检测单位（章）

信息系统防雷装置
检测报告

_____雷信检字 [　] 　号

受 检 单 位_____

地　　　　址_____

联系人及电话_____

签 　收 　人_____

检 测 日 期_____至_____

下次检测时间_____

检 测 单 位_____（章）

检测单位地址_____

电话_____邮编_____

信息系统防雷装置检测报告

机房名称					
机房位置			建筑物类别		类
天气状况			电磁干扰		
LPZ 分区		机房雷电防护等级	级	机房安全分类	级

检测仪器名称	型号及编号	检定有效期至	备注
接地电阻测试仪		年　月　日	
万用表		年　月　日	
		年　月　日	
		年　月　日	

检测依据	1.DB45/T 446—2007《防雷装置检测技术规范》 2.GB/T 21341—2008《建筑物防雷装置检测技术规范》 3.GB 50057—2010《建筑物防雷设计规范》 4.GB 50343—2012《建筑物电子信息系统防雷技术规范》 5.GB 50174—2008《电子信息系统机房设计规范》 6.GB/T 9361—2011《计算站场地安全要求》 7.GB/T 2887—2011《电子计算机场地通用规范》 8.GB 50311—2007《综合布线系统工程设计规范》 9.GA 173—2002《计算机信息系统防雷保安器》
检测结果	建筑物防雷
	信息系统防雷
检测意见	
检测人员	

编写人		校核人		授权签字人	

说明	1. 本单位于　　年通过广西壮族自治区质量技术监督局计量认证复评审。 2. 本次检测使用的仪器均经过计量检定合格或校准。 3. 此报告未盖本单位章无效,未盖骑缝章无效,不得部分复制此报告。

信息系统防雷装置检测报告

一、接地

项　目		标准	实　测	
共用接地电阻		≤4.0Ω		
独立接地电阻	安全保护(PE)接地	≤4.0Ω		
	防雷接地	≤10.0Ω		
	直流工作接地	≤4.0Ω		
地网性质、形状及共地网情况			接地干线接地方式及位置	
接地干线材型及敷设情况			接地干线数量	
机房内环形接地线或汇接排材型、敷设方式			设备接地线材型	

二、屏蔽和等电位连接

项　目	标准	实测
建筑物或机房屏蔽方式	—	
建筑物或机房屏蔽材料、网格	mm^2 m×m	
建筑物或机房屏蔽效率	—	
设备屏蔽方式	—	
金属门窗接地	≤4.0Ω	
设备、机柜接地	≤4.0Ω	
其他金属接地	≤4.0Ω	
机房内等电位连接方式	星形或网形	

三、静电防护

项　　　目	标准	实测
静电电位	$\leqslant 1000$ V	
防静电设施	—	
防静电材料表面电阻	$2.5 \times 10^4 \sim 10^9$ Ω	
活动地板表面严禁金属暴露部分情况	无暴露	
静电接地电阻	$\leqslant 4.0$ Ω	

四、电源防雷

1. 电源布线

项　　　目	标准	实测
供电接地型式	TN－S/TN－C－S	
零地电压(V)	$\leqslant 2.0$	
电源进线情况及屏蔽措施		
机房内电源线屏蔽措施	—	

2. 电源电涌保护器

项目	型号/数量	安装位置	I_n 或 I_{imp}（kA）	U_p（kV）	接地线材型及长度	接地电阻（Ω）
一级						
二级						
三级						
四级						
SPD 之间的距离			退耦措施			

信息系统防雷装置检测报告

五、信号防雷

1. 信号布线

项　目	标准	实测
信号线种类及数量	—	
信号线进线情况及屏蔽措施	—	
机房内信号线屏蔽措施	—	
信号线与电源线距离及屏蔽措施	分开	
信号线与其他干扰源距离及屏蔽措施	分开	

2. 信号、天馈电涌保护器

类型	型号/数量	I_n (kA)	U_p (kV)	插损 ≤0.5dB	驻波比 ≤1.2	接地线材型(mm²)	接地电阻 (Ω)
网络							
天馈							
ADSL							
光纤							

六、备注

备　注

移动通信基站防雷装置
检测报告

_____ 雷通检字 [　　] 　　 号

受 检 单 位_____

地　　　址_____

联系人及电话_____

签 收 人_____

检 测 日 期_____至_____

下次检测时间_____

检 测 单 位_____（章）

检测单位地址_____

电话_____邮编_____

移动通信基站防雷装置检测报告

基站名称							
地理环境		天气状况		土壤状况		电磁干扰	

检测仪器名称	型号及编号	检定有效期至	备注
接地电阻测试仪		年　月　日	
万用表		年　月　日	
防雷元件测试仪		年　月　日	

检测依据	1. DB45/T 446－2007《防雷装置检测技术规范》 2. GB/T 21341－2008《建筑物防雷装置检测技术规范》 3. GB 50057－2010《建筑物防雷设计规范》 4. GB 50343－2012《建筑物电子信息系统防雷技术规范》 5. GB 50689－2011《通信局(站)防雷与接地工程设计规范》 6. YD/T 1429－2006《通信局(站)在用防雷系统的技术要求和检测方法》 7. YD 2007－93《公用移动电话工程设计规范》 8. YD/T 5003－2005《电信专用房屋设计规范》

检测结果	天线塔	
	接地系统	
	高压供电系统	
	低压供电系统	
	天馈线	
	信号线	
	等电位连接	

检测意见	

检测人员：

编写人：	校核人：	授权签字人：

说明	1. 本单位于　　　年通过广西壮族自治区质量技术监督局计量认证复评审。 2. 本次检测使用的仪器均经过计量检定合格。 3. 此报告未盖本单位章无效,未盖骑缝章无效,不得部分复制此报告。

移动通信基站防雷装置检测报告

一、天线塔

项　　　目	标准	实测
天线塔高度	—	
天线受接闪杆保护	是	
天线塔接地方式	—	
天线塔接地点数量	≥2	
天线塔接地线材型	≥−40×4 mm 或≥φ12 mm	
天线塔接地电阻	≤10.0 Ω	

二、接地系统

项　　　目	标准	实测
地网形状及等电位连接	—	
接地引入线材料及截面积	≥−40×4 mm 或≥95 mm²	
接地引入线长度	≤30.0 m	
环形接地汇集线材料及截面积	≥90 mm²（铜）≥160 mm²（铁）	
星形总汇接排材料及截面积	≥400×100×5 mm	
机房总汇接排到楼层汇接排的连接线材料及截面积	≥70 mm²	
设备机架接地线材料及截面积	≥16 mm²	
机房接地电阻	≤10.0 Ω	

三、高压供电系统防雷电波入侵和电涌保护器

项　　　目	标准	实测
高压电力进线方式	—	
高压电力线埋地长度	≥50 m	
高压电力线电涌保护器	埋地转换处	
变压器电涌保护器	高、低压两侧	
变压器接地电阻	≤10.0 Ω	

移动通信基站防雷装置检测报告

基站名称：　　　　　　　　　　　　　　　　　　　　　　　　　　共 5 页　第 4 页

四、低压供电系统防雷电波入侵和电涌保护器

1. 供配电状况和防雷电波入侵

项　　目	标准	实测
供电接地型式	TN－S/TN－C－S	
低压电缆进线情况及屏蔽措施	埋地长度≥15 m 屏蔽	
零地电压(V)	≤2.0	
电源线与信号线敷设位置及屏蔽措施	分开、屏蔽	
机房电源 SPD 安装级数	≥2	

2. 电源电涌保护器

项目	SPD 型号及数量	安装位置	I_n 或 I_{imp}（kA）	U_p（kV）	接地线截面积及长度	接地电阻（Ω）
第一级						
第二级						
第三级						
直流电源						
SPD 的距离		退耦措施				

五、天馈线

1. 天馈线进线防雷电波入侵

项　　目	标准	实测
天馈线屏蔽情况	屏蔽	
天馈线屏蔽层接地	上、下两端及入户处	
天馈线是否安装天馈 SPD	是	

2. 天馈电涌保护器

项目	SPD 型号	I_n ≥5.0 kA	插损 ≤0.5 dB	驻波比 ≤1.2	接地线截面积及长度	接地电阻（Ω）
天馈						

六、信号线

1. 信号线防雷电波入侵

项　　目	标准	实测
信号线种类	—	
信号线进线情况	埋地	
信号线屏蔽及接地情况	屏蔽、接地	
信号线是否安装信号 SPD	是	
信号线空余线对	短接并接地	
光纤屏蔽层及加强芯接地情况	接地	

2. 信号电涌保护器

类型	SPD 型号	I_n ≥3.0 kA	U_p (kV)	插损 ≤0.5 dB	接地线截面积及长度	接地电阻 (Ω)
ADSL						
DDN						

七、屏蔽和等电位连接

项　　目	标准	实测
金属门窗接地	≤10.0 Ω	
机柜接地	≤10.0 Ω	
走线架接地	≤10.0 Ω	
金属通风管接地	≤10.0 Ω	
吊架接地	≤10.0 Ω	

八、备注

无线市话防雷装置
检测报告

_____雷话检字[　　]　号

受 检 单 位_____

地　　　　址_____

联系人及电话_____

签 收 人_____

检 测 日 期_____至_____

下次检测时间_____

检 测 单 位_____（章）

检测单位地址_____

电话_____邮编_____

无线市话防雷装置检测报告

受检单位	
检测依据	DB 45/T446—2007，GB/T 21431—2008，YD/T 1429—2006，GB50057—2010，GB 50689—2011，YD/T 2324—2011

检测仪器型号	仪器编号	检定有效期
		年　　月　　日
		年　　月　　日
		年　　月　　日
		年　　月　　日
		年　　月　　日

受检防雷装置总体概况：

检测人员	

编写人：	校核人：	授权签字人：

说明	1. 本单位于　　年通过广西壮族自治区质量技术监督局计量认证复评审。
	2. 本次检测使用的仪器均经过计量检定合格或校准。
	3. 此报告未盖本单位章无效,未盖骑缝章无效,不得部分复制此报告。

无线市话防雷装置检测报告

受检单位：　　　　　　　　　　　　　基站名称：

检测日期：　　年　月　日　天气状况：　电磁干扰：　　　　　　建(构)筑物防雷类别：　　　类

序号	检测项目	标准	单位	实测	备注
1	天线安装接闪器	有			
2	接闪杆材料	≥φ16	mm		
3	接闪器高于天线的高度	≥1.0	m		
4	天线在接闪器保护范围内	是			
5	天线接地线材型规格	≥φ8 ≥35	mm mm²		
6	天馈线屏蔽层接地	是			
7	天馈线 SPD 安装	有			
8	电源屏蔽及接地	是			
9	电源线 SPD 安装	有			
10	信号线屏蔽及接地	是			
11	信号线 SPD 安装	有			
12	汇接排截面积	≥40×4	mm		
13	天线接地电阻	≤10	Ω		
14	设备箱接地电阻	≤10	Ω		
15	其他				
16					
17					

检测意见：

检测结果

检测单位(章)

共　　页　第　　页

广告牌防雷装置
检测报告

_____雷告字〔   〕   号

受 检 单 位_____

地　　　址_____

联系人及电话_____

签　收　人_____

检 测 日 期_____至_____

下次检测时间_____

检 测 单 位_____（章）

检测单位地址_____

电话_____邮编_____

共　页　第　页

广告牌防雷装置检测报告

受检单位	
检测依据	DB 45/T446－2007，GB/T 21431－2008，GB 50057－2010，JGJ/T 139－2001，CJJ 149－2010

检测仪器型号	仪器编号	检定有效期
		年　　月　　日
		年　　月　　日
		年　　月　　日
		年　　月　　日
		年　　月　　日

受检防雷装置总体概况：

检测人员	

编写人：	校核人：	授权签字人：

说明	1. 本单位于　　　年通过广西壮族自治区质量技术监督局计量认证复评审。
	2. 本次检测使用的仪器均经过计量检定合格或校准。
	3. 此报告未盖本单位章无效，未盖骑缝章无效，不得部分复制此报告。

广告牌防雷装置检测报告

受检广告拥有单位：　　　　　　　　　　　　　地址：

建筑物名称：　　　　　　　　　　　　　　　　广告牌地址：

广告牌类型：　　　　　　　　　　　　　　　　广告牌位置：　　　　防雷类别：

检测日期：　　年　月　日　　　天气状况：　　　　　土壤湿度：　　　　电磁干扰：

序号	检测项目	参考标准	实测	备注
1	广告牌材型规格	—		
2	长度×高度	m × m		
3	广告牌数量	—		
4	接地点数量	—		
5	防直击雷措施	有		
6	接地方式	—		
7	接地连接用材规格	$\geq \phi 8$ 或 $\geq -12 \times 4$		
8	连接情况	紧固牢靠		
9	焊接工艺	$\geq 6d$ 或 $\geq 2b$		
10	用电方式	—		
11	电源 SPD 型号、安装位置及数量	—		
12	电源 SPD，I_{imp} 或 I_n 及状态指示	$\geq$　　　kA		
13	电源 SPD，U_p、接地线截面及长度	$\leq$　　　kV		
14	防雷接地电阻	$\leq$　　　Ω		
15				
16				

检测意见：

检测结果

防直击雷：

电源防雷：

检测单位：(章)

电涌保护器(SPD)
检测报告

_____雷 SPD 检字〔　　〕　号

受 检 单 位＿＿＿＿＿＿＿＿＿＿＿＿＿＿＿＿＿＿＿＿＿

地　　　　址＿＿＿＿＿＿＿＿＿＿＿＿＿＿＿＿＿＿＿＿＿

联系人及电话＿＿＿＿＿＿＿＿＿＿＿＿＿＿＿＿＿＿＿＿＿

签　收　人＿＿＿＿＿＿＿＿＿＿＿＿＿＿＿＿＿＿＿＿＿

检 测 日 期＿＿＿＿＿＿＿＿＿至＿＿＿＿＿＿＿＿＿＿

下次检测时间＿＿＿＿＿＿＿＿＿＿＿＿＿＿＿＿＿＿＿＿＿

检 测 单 位＿＿＿＿＿＿＿＿＿＿＿＿＿＿＿＿＿＿＿（章）

检测单位地址＿＿＿＿＿＿＿＿＿＿＿＿＿＿＿＿＿＿＿＿＿

电话＿＿＿＿＿＿＿＿＿＿邮编＿＿＿＿＿＿＿＿＿＿＿

电涌保护器(SPD)检测报告

受检单位	
检测依据	DB45/T 446－2007，GB/T 21431－2008，GB 50057－2010，GB 50343－2012，GA 173－2002，GB/T 18802.1－2011，GB/T 18802.21－2004，GB 50689－2011，QX/T 108－2009

检测仪器型号	仪器编号	检定有效期
		年　　月　　日
		年　　月　　日
		年　　月　　日
		年　　月　　日
		年　　月　　日

受检防雷装置总体概况：

检测人员	
编写人：	校核人：　　　　　　　　　授权签字人：

说明	1. 本单位于　　　年通过广西壮族自治区质量技术监督局计量认证复评审。
	2. 本次检测使用的仪器均经过计量检定合格或校准。
	3. 此报告未盖本单位章无效，未盖骑缝章无效，不得部分复制此报告。

电涌保护器(SPD)检测报告

受检单位：　　　　　　　　　　　　　建(构)筑物名称：

检测日期：　　年　月　日　天气状况：　　　电磁干扰：　　　建(构)筑物防雷类别：　　类

序号	检测项目	单位	实测				备注
			第一级	第二级	第三级	第四级	
1	安装位置	—					
2	SPD 型号	—					
3	安装数量	—					
4	最大持续运行电压 U_c 检查值	V					
5	标称放电电流 I_n 检查值	kA					
6	冲击放电电流 I_{imp} 检查值	kA					
7	电压保护水平 U_p 检查值	kV					
8	插入损耗	dB					
9	驻波比						
10	漏电流 I_{ie} 测试值	mA					
11	直流参考电压 U_{1mA} 测试值	V					
12	绝缘电阻值	MΩ					
13	过流保护装置						
14	劣化指示灯状态	—					
15	接地线长度	m					
16	接地线材料及截面积	mm²					
17	两级的距离	m					
18	退耦措施	—					
19	接地电阻	Ω					
20							
21							
22							

检测意见：

检测结果

SPD 外观：

SPD 参数：

检测单位：(章)

防雷接地装置
检测报告

_____雷地检字[　　]　　号

受 检 单 位_____

地　　　　址_____

联系人及电话_____

签 收 人_____

检 测 日 期_____至_____

下次检测时间_____

检 测 单 位_____（章）

检测单位地址_____

电话_____邮编_____

广西壮族自治区气象监制

防雷接地装置检测报告

受检单位			
检测依据	DB45/T 446－2007，GB/T 21431－2008，GB/T 17949.1－2000 DL/T 475－2006，GB 50057－2010，GB 50601－2010，GB 50689－2011，GB 50065－2011		
检测仪器型号	仪器编号		检定有效期
			年　　　月　　　日
			年　　　月　　　日
			年　　　月　　　日
			年　　　月　　　日
			年　　　月　　　日

受检防雷装置总体概况：

检测人员	

编写人：	校核人：	授权签字人：

说明	1. 本单位于　　　年通过广西壮族自治区质量技术监督局计量认证复评审。 2. 本次检测使用的仪器均经过计量检定合格或校准。 3. 此报告未盖本单位章无效，未盖骑缝章无效，不得部分复制此报告。

防雷接地装置检测报告

受检单位：　　　　　　　　　　　　接地装置名称：

检测日期：　　年　月　日　天气状况：　　　　电磁干扰：　　　　建(构)筑物防雷类别：　　类

序号	检测项目	标准	单位	实测	备注
1	接地装置性质	—	—		
2	接地装置用途	—	—		
3	接地装置形状	—	—		
4	接地装置面积、尺寸		m		
5	接地装置网格	≤	m×m		
6	接地装置与其他接地体连接				
7	接地装置与其他接地体距离	≥	m		
8	水平接地体材型及规格	≥φ10	mm		
9	水平接地体埋设深度	≥0.7	m		
10	垂直接地体材型及规格	≥φ10	mm		
11	垂直接地体长度	—	m		
12	垂直接地体间距	≥2L	m		
13	接地装置的焊接长度	≥6d 或 2b	mm		
14	接地装置的防腐措施	有	—		
15	接地线材型及规格	≥φ10	mm		
16	防跨步电压措施	有	—		
17	土壤电阻率	—	Ω·m		
18	接地装置的降阻措施	—	—		
19	接地装置接地电阻	≤	Ω		
20					
21					
22					

检测意见：	检测结果
	检测单位：(章)

屏蔽效率
检测报告

_____雷屏蔽检字［　　］　　号

受 检 单 位_____

地　　　　址_____

联系人及电话_____

签 　收 　人_____

检 测 日 期_____至_____

下次检测时间_____

检 测 单 位_____（章）

检测单位地址_____

电话_____邮编_____

屏蔽效率检测报告

受检单位	
检测依据	DB45/T 446—2007，GB/T 21431—2008，GB 50057—2010，GB 50601—2010，GB 50343—2012，GB/T 12190—2006

检测仪器型号	仪器编号	检定有效期
		年　　　月　　　日
		年　　　月　　　日
		年　　　月　　　日
		年　　　月　　　日
		年　　　月　　　日

受检防雷装置总体概况：

检测人员	

编写人：	校核人：	授权签字人：

说明	1. 本单位于　　　年通过广西壮族自治区质量技术监督局计量认证复评审。 2. 本次检测使用的仪器均经过计量检定合格或校准。 3. 此报告未盖本单位章无效，未盖骑缝章无效，不得部分复制此报告。

屏蔽效率检测报告

受检单位：　　　　　　　　　　　　建(构)筑物名称：

检测日期：　　年　　月　　日　　　天气状况：　　　　　电磁干扰：　　　　　建(构)筑物防雷类别：　　类

检测项目		实测			备注
建筑物的格栅形屏蔽	屏蔽方式				
	磁场强度 H_0 值	到雷击点距离 Sa(m)		雷电流强度 i(kA)	
		$H_0 = i/(2\pi Sa)$ (A/m)			
	磁场强度 H_1 值	测试点位置	A 点：	B 点：	
		到屋顶距离 d_r(m)			
		到墙距离 d_w(m)			
		屏蔽网格 w(m)			
		$H_1 = 0.01 \times i_0 \times w/(d_w \times \sqrt{d_r})$ (A/m)			
		安全距离 $d_{w/1} = w$(m)			
	磁场强度 H_2 值	测试点位置	C 点：	D 点：	
		屏蔽材料			
		屏蔽网格 w(m)			
		材料半径 r(m)			
		屏蔽系数 SF			
		$H_2 = H_1/10^{SF/20}$ (A/m)			
		安全距离 $d_{w/2} = w \times SF/10$(m)			

磁场强度实测	测试位置	A	B	C	D	E	F	
	磁场强度 H(A/m)							
	屏蔽效率 S_H(dB)							

检测意见：

检测结果

磁场强度：

屏蔽效率：

检测单位：(章)

建(构)筑物
防雷装置验收检测报告

_____雷验检字[　　]　号

建(构)筑物名称_____

所 在 地 址_____

建 设 单 位_____

签 收 人 及 电 话_____

设 计 单 位_____

施 工 单 位_____

检 测 日 期_____

检 测 单 位_____(章)

检 测 单 位 地 址_____

电话_____邮编_____

建(构)筑物名称						防雷类别			类
建(构)筑物高(m)			地上层数		地下层数		建筑面积(m²)		
检测仪器型号及编号						有效期至		年　月　日	
检测仪器型号及编号						有效期至		年　月　日	
天气状况			土壤状况			电磁干扰			
检测依据		DB45/T 446－2007，GB/T 21431－2008，GB 50057－2010，GB 50601－2010， GB 50303－2011，GB 50343－2012，GB 50054－2011，GB 50156－2012							

	序号	检测项目	标准	单位	实测	结果	备注
接闪器	1	接闪杆长度	—	m			
	2	接闪杆材型及规格	≥φ12	mm			
	3	接闪带材型及规格	≥φ8	mm			
	4	接闪带最大网格尺寸	≤	m×m			
	5	接闪网敷设方式	明敷/暗敷	—			
	6	焊接长度及质量	≥6d 或 2b	mm			
	7	防腐措施	有				
	8	接闪带转弯角	无急弯	—			
	9	天面伸缩缝处接闪带补偿	有补偿				
	10	支撑架高度	≥15	cm			
	11	支撑架最大间距	≤1.0	m			
	12	独立接闪杆距被保护物距离	≥3.0	m			
	13	突出屋面金属物是否接地	是	—			
	14	突出屋面非金属物安装接闪器	是	—			
	15	独立杆在屋顶平面保护范围	≥	m			
	16	被保护物在独立杆保护范围内	是	—			
引下线	17	引下线根数	≥	根			
	18	引下线材型及规格	≥φ8	mm			
	19	引下线平均间距	≤	m			
	20	引下线敷设方式	明敷/暗敷	—			
	21	焊接长度及质量	≥6d 或 2b	mm			
	22	防腐措施	有	—			
	23	断接卡、测试点高度	0.3～1.8	m			
	24	外敷引下线近地面保护措施	有	—			
	25	防接触电压措施	有	—			
防侧击雷	26	接闪器到外墙面的距离	≥外墙面	cm			
	27	突出外墙物体接闪器安装	有				
	28	接闪器材型、规格及敷设方式	≥φ8	mm			
	29	均压环起始位置	—	—			

序号		检测项目	标准	单位	实测	结果	备注
防侧击雷	30	均压环间距及用材	≤2 层	mm			
	31	外墙金属物与均压环连接	是	—			
	32	竖向金属物与均压环连接	—	—			
	33	卫生间局部等电位连接	有	Ω			
接地装置	34	接地线材型及规格	≥φ10	mm			
	35	水平接地体材型及规格	≥φ10	mm			
	36	垂直接地体材型及规格	厚度≥4	mm			
	37	接地体埋设深度	≥1.0	m			
	38	是否共用地网	—	—			
	39	防跨步电压措施	有	—			
	40	共用地网接地电阻	≤	Ω			
	41	设备预留接地端子材型规格	≥50	mm²			
	42	焊接长度及质量	≥6d 或 2b	mm			
	43	防腐措施	有	—			
防闪电感应	44	总等电位接地端子材型规格	≥50	mm²			
	45	总等电位接地电阻	≤	Ω			
	46	进出金属管接地材料及电阻	≤	Ω			
	47	竖向金属管道或电梯接地	≤	Ω			
	48	室内大型金属物接地材料及电阻	≤	Ω			
	49	电源配电接地型式	TN−S/TN−C−S	—			
	50	电源电缆进线情况	架空/埋地	—			
	51	电源电缆屏蔽及接地情况	屏蔽、接地	—			
	52	电源 SPD 型号及 I_{imp}、I_n	I_{imp}≥12.5	kA			
	53	电源 SPD，U_p 及安装位置	U_p≤2.5	kV			
	54	电气接地电阻	≤	Ω			
	55	电话线电缆进线情况	架空/埋地	—			
	56	电话线电缆屏蔽及接地	屏蔽、接地	—			
	57	电话分线箱接地电阻	≤4	Ω			
	58	电话信号 SPD 安装及型号	—	—			
	59	有线电视电缆进线情况	架空/埋地	—			
	60	有线电视电缆屏蔽及接地	屏蔽、接地	—			
	61	有线电视前端箱接地电阻	≤	Ω			
	62	有线电视信号 SPD	—	—			
	63	宽带网电缆进线情况	架空/埋地	—			
	64	宽带网电缆屏蔽及接地	屏蔽、接地	—			
	65	宽带网接地电阻	≤	Ω			

	序号	检测项目	标准	单位	实测	结果	备注
防闪电感应	66	宽带网信号 SPD	—	—			
	67	消防控制报警电缆屏蔽	屏蔽、接地	—			
	68	消防控制报警接地电阻	≤	Ω			
	69	消防控制报警电源 SPD	—	—			
	70	监控系统电缆屏蔽	屏蔽、接地	—			
	71	监控系统接地电阻	≤	Ω			
	72	监控系统电源 SPD	—	—			
	73	金属线槽(管)接地电阻	≤	Ω			
	74	综合布线间距	—	m			
其他	75						
	76						

检测结果	防直击雷： 防侧击雷： 总等电位连接： 局部等电位连接： 电气防雷： 电话防雷： 电视防雷： 宽带网防雷： 监控系统防雷： 消防控制报警系统防雷：	检测意见	

检测人员	

编写人：	校核人：	授权签字人：

说明：1. 本单位于　　　年通过广西壮族自治区质量技术监督局计量认证复评审。

2. 本次检测使用的仪器均经过计量检定合格。

3. 未经本单位书面许可，不得部分复制此报告。

附录六　原始记录和检测报告填写说明

一、原始记录填写说明

1. 建筑物

电磁干扰:是否有影响测量数据的电磁干扰,填写"有"或"无"。

地理环境:建筑物所处地理位置,市内填写"一般",其他可填河(湖、海)边、山坡下、金属矿、山顶、孤立等。

使用性质:填写办公、住宅、教室、礼堂、普通厂房、炸药库、1.3 级烟花、1.1 级爆竹、商场、车站、医院、集体宿舍等。

接闪杆规格:短接闪杆的直径;独立接闪杆填写杆尖接闪部分的直径,备注填写杆身材料,如:铁塔、钢管、水泥杆。

接闪杆高度:短接闪杆的长度,独立接闪杆、独立接闪线支撑杆或接闪线最低点的高度(在备注说明)。在无法直接测量接闪线的最低点时,可考虑架空接闪线中点的弧垂。一般 35 mm² 钢绞线在等高支柱距离小于 120 m 时,弧垂取 2 m;当等高支柱距离为 120～150 m 时,弧垂取 3 m。

保护范围:计算得到的独立接闪杆在保护平面高度的保护范围,保留一位小数,后面小数一律舍去。

独立杆距:独立接闪杆到被保护物的最近距离,填写实测或计算的数据,保留一位小数,后面小数一律进位。

非金属物保护措施:非金属物高于接闪带 0.5 m 时的保护措施。

接闪带规格:如果是金属板时,填写单层或双层钢板厚 0.5 mm,单层小于 4.0 mm 还应填写:有(无)阻火吊顶或有(无)易燃物质。

接闪带网格:接闪带最大的网格尺寸或金属板。

引下线规格:暗敷引下线填写连接线的规格,独立接闪杆填写铁塔、钢管本身或明敷引下线直径。

引下线敷设:明敷、暗敷、柱筋。

引下线平均间距:填写按建筑物周长(含内庭)计算的平均间距。

外敷防接触电压保护措施:PVC 绝缘套管、沥青地面、碎石地面、护栏、警告牌等。

接地体类型:基础、人工环形、人工独立。

人工地网防跨步电压措施:网格状接地体、沥青地面、碎石地面、护栏、警告牌等。

到外墙面的距离:填写接闪带到外墙面的距离,与外墙面平为 0,伸出外墙面的为正数,外墙面内为负数。

电源线材料:塑料电线、铠装电缆、护套电缆、穿金属管。

信号线种类:电话线、网络线、电视线、光纤。

SPD 放电电流:I_{imp} 或 I_n,单位为 kA。

平面示意图:画出防雷装置的平面位置示意图,应包含建筑物的长宽(含凹进部分)、不同
　　　　　　高度的标高、接闪带的最大网格尺寸、防雷装置的平面位置、独立接闪杆到建
　　　　　　筑物的最近和最远点距离,引下线应编号。

涉及计算的应在原始记录中列出计算公式。

2. 油气站

金属罐型式:立罐、卧罐、埋地、内浮顶、外浮顶。

金属罐材料:钢罐、铝罐、水泥罐。

法兰盘、管道跨接:x 颗螺栓,无跨接,铜片、铜线或编织带跨接(注:x—螺栓数量)。

3. 信息系统

地网性质、形状及共地情况:人工、基础;网格、环形、线形;共地、独立。

接地干线接地方式、位置:接地网,中心或边缘;接均压环;接柱筋,外柱或内柱。

接地干线材型、数量及敷设:敷设方式填写绝缘、不绝缘。

等电位连接方式:星型(或 S 型)、网型(或 M 型)、混合型。

建筑物或机房屏蔽方式:建筑物大格栅、加密屏蔽。

机房屏蔽材料:建筑物大格栅填写结构钢筋直径,加密屏蔽的填写金属板、金属网。

设备屏蔽方式:金属机壳、金属箱。

配电接地型式:TN−S,TN−C,TN−C−S,TT,IT。

4. 移动通信基站

天馈线屏蔽层接地:填写天馈线屏蔽层接地点位置。

高压电力线 SPD:填写高压线入户前三杆及埋地转换处安装高压 SPD 情况。

变压器 SPD 安装:填写变压器高、低压侧安装 SPD 情况。

接地引入线材型、长度:填写从地网到总等电位接地端子或环形接地汇集线的连接线材型
　　　　　　和长度。

5. 广告牌

建筑物名称(单位):填写广告牌所在建筑物的名称及拥有该建筑物的单位。

广告牌地址:填写广告牌或其所在建筑物的地址。

位置:楼顶、外墙、地面。

广告牌类型:高杆、金属板、角钢框架、灯箱。

防雷措施:独立接闪杆、自身等。

6. 接地装置

接地装置用途:信息系统、电厂、变电站等。

接地装置性质:自然接地、基础接地、人工接地等。

接地装置形状:环形、网格形、线形、放射形。

备注:大地网时可填写检测方法、地桩方向、位置、距离、测试电流和频率。

7. SPD

SPD 性能参数:填写铭牌标注值或测量值并在备注说明。

8. 屏蔽效率

屏蔽方式:建筑物大格栅形、屏蔽网、屏蔽板、屏蔽箱。

到雷击点距离 S_a:按 GB 50057—2010 第六章公式计算。

雷电流强度:按防雷类别填写。

测试点位置:在建筑物或机房内任意选择,通常为设备可能安装处。

磁场强度 H_0、H_1、H_2 值:按理论公式计算得出。

磁场强度实测:仪器实际测量值。

9. 施工监督竣工验收

(1)桩

桩深:填写桩的最浅深度和最大深度,例如:$L=8000\sim12000$。

桩主筋直径:被利用的最小的桩筋直径。如 $\phi25$,$2\Phi35$。"2"表示数量,"Φ"表示螺纹钢,"ϕ"表示圆钢,"—"表示扁钢,"$\angle$"表示角钢。

桩利用系数:被用作接地体的桩数/建筑物总桩数(多桩承台的作一个桩计算,下同。)

桩类型:灌注桩(人工挖孔桩)、预制桩、搅拌桩。

验收意见:填写"所检项目符合规范"。(下同)

备注:如果项目是竣工才报建的,填写①隐蔽工程查阅相关隐蔽施工记录;②本项目完工后才报我中心。(下同)

(2)承台或筏板

类型:承台或筏板。

水平接地体埋设深度:填写测量值,以正负零为标准。

接地体网格尺寸、防跨步电压措施:填写大于 10 根的柱筋引下线、网格接地体、护栏等。

(3)地梁

地梁主筋直径、利用数、连接:填写地梁主筋作为接地体的数量与材料规格及连接材料数量、规格、焊接质量,如:$2\Phi22$ 或 $2\phi10$,单面施焊$>12d$。

接地体网格尺寸及形状:按现场施工网格如实填写如:15.0×9.0 网状接地体。

预留电气接地材型:按实测填写:如-40×4 或 $\phi10$。

(4)人工接地体

垂直接地体长度、间距:按实测填写,如 $L=2.5\sim5.0$。

水平接地体与垂直接地体焊接、防腐:根据不同材料及焊接要求填写,如(扁钢与角钢)搭接焊或 7 字搭接焊、沥青或防锈漆。

接地体形状、网格尺寸、防跨步电压措施:填写 15.0×9.0 网格状接地体、沥青地面、碎石地面、护栏、警告牌等。

(5)引下线

引下线敷设方式、材型(mm):填写如明敷,$\phi10$,暗敷,-40×4,柱筋,$2\Phi22$

引下线焊接:电渣压力焊、双面施焊$>6d$、螺丝扣接等。

引下线防接触电压措施:填写柱筋自然引下线、护栏、绝缘隔离等。

(6)均压环(防侧击雷)

均压环起始位置、间距:第十五层起的每层或隔层。

突出外墙物名称及其安装接闪器材型、规格及敷设方式:填写如飘窗顶,镀锌圆钢 $\phi10$,明敷或圈梁主筋 2Φ10、暗敷。

外墙金属物名称、材型规格、与均压环连接及连接情况：填写如金属窗口、栏杆、幕墙、广告牌等；铝合金厚 1.0 mm、钢管 φ10 厚 2.5 mm、角钢∠50×50×5 mm，从第十五层起。

窗—环连接材料及连接方式：填写 φ10 或−25×4，焊接、铆接、螺栓。

d. 建筑物外墙金属物_____电阻，单位：(Ω)，空格处填写：接地或过渡。

(7)接闪带网格

敷设方式：填写明敷或暗敷。注意：暗敷接闪带网格应引上与明敷接闪带连接。

(8)接闪带

敷设方式：填写明敷或暗敷。注意：高层建筑不宜安装暗敷接闪带。

到外墙面距离(cm)：填写接闪带到外墙面的距离，与外墙面平为 0，伸出外墙面的为正数，外墙面内为负数。注意：建筑物高度超过滚球半径时，接闪带应设在外墙外表面或屋檐边垂直面上(外)，即≥外墙面。

转弯角、伸缩缝方式：填写无急弯、有补偿。

检测时电磁环境：填写无电磁干扰或有电磁干扰已排除。

(9)接闪杆

非金属物高于接闪带高度(m)及安装接闪器情况：填写如 0.5，烟囱已经安装接闪器。

(10)等电位连接

天面冷却塔、广告牌及其他金属物体与接闪带连接情况及接地电阻：填写现有的天面金属物接地电阻分别为金属栏杆：1.0 Ω；消防管：1.0 Ω；燃气管道：1.0 Ω。

室内、外竖直金属管道、电梯连接情况及接地电阻：填写上、下两端及中间与防雷装置和均压环连接情况及接地电阻。

燃气管道与其他金属物的距离、绝缘段 SPD、上端连接情况：填写如与金属水管距离 0.5 m绝缘段两端跨接 SPD(型号……，I_n kA，U_p kV)上端与预留接地端子连接。

局部等电位连接情况、连接端子材型规格及接地电阻：填写除卫生间外的其他局部等电位连接端子。

(11)电气系统

低压线路保护级数、距离：填写 1 级、2 级，>10.0m。

安装位置及接地电阻：填写低压进线柜、0.9Ω，或总配电箱、0.9Ω，楼层分接箱、0.9Ω。

Ⅰ级试验 SPD 型号、冲击放电电流 I_{imp}(kA)、电压保护水平 U_p、接地线截面及长度：填写Ⅰ级试验 SPD，型号、I_{imp}(kA)、U_p(kV)、接地线截面(mm^2)，长度 0.5 m。注意：如果还没有安装，填写"尚未施工"。

(12)电子系统

各项内容：照实填写，如果还没有安装，填写"尚未施工"。

二、检测报告填写说明

1. 建筑物

检测依据：可根据检测对象，增加相关的规范。

受检防雷装置总体概况：对受检防雷装置的总体概况作汇总。如果还有空白处，要填写"以下空白"。

独立接闪杆与被保护物距离："标准"栏根据间隔距离公式计算，小于等于 3 m（一类建筑）或 2 m（二类建筑）时填写 3 m（或 2 m），大于 3 m（或 2 m）时，按实际计算结果填写（保留 1 位小数，所有小数进位）。

引下线根数："标准"栏用建筑物周长（含内空）除以 12 或 18 或 25，取整数，所有小数进位。

引下线平均间距："实测"栏用建筑物周长除以实测的引下线根数。

独立接闪杆屋顶平面保护范围："标准"栏填写被保护物体屋顶平面的最远点到独立接闪杆的距离（通过三角形公式计算），保留 1 位小数，所有小数进位；"实测"栏填写按滚球法或折线法计算的独立接闪杆在被保护物体屋顶平面的保护范围，保留 1 位小数，所有小数舍去。

电源 SPD，I_{imp} 或 I_n 及状态指示：一定要标明是 I_{imp} 还是 I_n。

检测意见：填写其他检测情况、存在隐患、整改建议（符合旧规范且过去年检已给合格，但不符合新规范）或整改要求（不符合新、旧规范）。如果还有空白处，要填写"以下空白"。

检测结果：填写所检项目符合规范、不符合规范或"—"。

2. 油气站

油（气）罐安装方式：填写 5 个立罐、2 个卧罐等。

管道法兰盘跨接措施："实测"栏填写铜片、铜线、编织线或螺栓的数量。

3. 信息系统

机房雷电防护等级：填写按 GB 50343 确定雷电防护等级。

机房安全分类：填写按 GB/T 9361 确定的安全分类。

独立接地电阻：有独立接地时填写。

接地干线接地方式及位置：填写地网、柱筋，地网边缘、地网中心。

建筑物或机房屏蔽效率：填写计算的大格栅型屏蔽效率或实测的屏蔽效率或"—"。

防静电设施：填写防静电地板、防静电地毯、防静电涂料等。

电源电涌保护器"I_n 或 I_{imp}"：一定要标明是 I_{imp} 还是 I_n。

退耦措施：当 SPD 之间的距离小于 5 m（限压型）或 10 m（开关型）时填写退耦线圈、电感。

光纤：光纤不需要安装 SPD，但如果有金属铠装层或加强芯时需要填写它们的接地电阻。

4. 移动通信基站

天线塔接地方式：填写地网、接闪带、柱筋。

5. SPD

过流保护装置：填写内置、保险丝、空气开关、漏电保护器。

6. 接地装置

检测意见：大地网时可填写检测方法、地桩方向、位置、距离、测试电流和频率。

7. 验收检测报告

接闪带材型及规格：如果是金属板时，填写单层或双层钢板厚 0.5 mm，单层小于 4.0 mm 还应填写：有(无)阻火吊顶或有(无)易燃物质。

引下线材型及规格：例如"实测"栏填写 2Φ22 柱筋；"结果"栏填写符合规范、不符合规范、"—"；"备注"栏填写如引出 φ10。

防腐措施：填写混凝土或防锈漆。

水平接地体材型及规格：填写地梁或承台或筏板主筋材料，或者人工水平接地体材料，例如地梁 2Φ22 或—40×4。

垂直接地体材型及规格：填写桩主筋材料和最浅的柱深度，或者人工垂直接地体材料，例如：桩 2Φ22 L=8000 或∠50×50×5 L=2500。

设备预留接地端子材型规格：填写除卫生间外的接地端子材型规格。

竖向金属管道或电梯接地：填写竖向金属管道或电梯接地材料及接地电阻，例如电梯—40×4mm,1.2Ω。

电气接地电阻：填写配电箱及 SPD 的接地电阻，例如：配电箱 1.2，SPD 1.1。

检测意见：按实际检测情况填写，例如：

1. 现有的天面金属物接地电阻分别为(Ω)金属栏杆：1.0；消防管：1.0；燃气管道：1.0。

2. 电气系统尚未施工，应在低压电源线路引入的总配电箱、配电柜处安装符合规范标准及设计要求的电涌保护器。

3. 电子系统尚未施工，在安装使用时应同步按规范标准要求安装防雷装置。

4. 以下空白。

三、常用绘图符号和单位符号

1. 常用绘图符号见附表 6-1。

附表 6-1 常用绘图符号

符号	描述	用途
△	小三角形	接闪杆、独立接闪杆(独立接闪杆需标注高度和材料，如 18 m，铁塔、钢管、水泥杆)
——	实线	明敷接闪带
— —	虚线	暗敷接闪带
……	圆点虚线	无接闪带
×	叉	接闪带断的位置
✔	圆点加斜箭头	引下线

符号	描述	用途
▽	倒三角形加横线	标高
(图形)	两弧形加横线	卫星天线
Y	折角加竖线	一般天线
(方框加斜线)	方框中间加斜线	金属棚
φ	小写希腊字母	圆钢直径,例如 φ10 mm
Φ	大写希腊字母	螺纹钢直径,例如 2Φ22mm 表示 2 根直径 22mm 的螺纹钢
∠	折线	角钢,例如∠50×50×5 mm
—	短横线	扁钢,例如—40×4 mm
(细圆柱)	细圆柱	烟筒
(大圆柱)	大圆柱	金属罐(卧罐或立罐)
自定义	自定义	屋顶其他金属物,自定符号,并标注金属物的名称

2. 常用单位符号见附表 6-2。

附表 6-2　常用单位符号

名称	单位符号
钢材直径、厚度	mm
截面积	mm²
罐壁厚度	mm
建筑物长、宽、高	m
放电电流	kA
电压保护水平	kV 或 V
接地电阻	Ω
过渡电阻	mΩ 或 Ω
绝缘电阻	MΩ
土壤电阻率	Ω·m
剩磁	mT

附录七　雷电灾害调查技术报告格式

雷灾调查原始记录

受灾单位		受灾时间			
地址		报灾时间			
联系人		电话			
经济损失		伤亡人数		伤亡牲畜	
地理环境		经度		纬度	
雷 灾 情 况					
防 雷 装 置 现 状					
现 场 测 试 情 况					
调查人员		调查时间		受灾单位签字	

×雷灾字［××××］第（×××）号

雷电灾害调查技术报告

事件名称：

委托单位：

调查单位：

声明

1.报告无调查单位盖章无效,多页时未盖骑缝章无效。

2.不得部分复制本报告,复制本报告未重新加盖调查单位章无效。

3.本报告无调查组长、签发人签字无效。

4.本报告涂改无效。

5.本报告仅对所委托的调查事件有效。

单 位 地 址:

联 系 电 话:

传 真 电 话:

邮 政 编 码:

灾害事件名称				
灾害发生地点				
灾害发生时间				
受灾单位(人)				
联系人		联系电话		
受灾单位地址			邮政编码	
委托单位名称				
联系人		联系电话		
委托单位地址			邮政编码	

一、报案及受理基本情况

二、灾害调查经过
(一)灾害基本情况

(二)现场调查

续表

（三）事故发生地点的地理环境

三、灾害损失情况

四、调查资料分析
（一）气象资料

（二）闪电监测定位资料

五、调查结论

（一）灾害原因分析

（二）结论

六、建议

签发人		调查组长		编写人	
调查人员	姓名	职务/职称			签名
调查单位				签发日期	年 月 日

附录八　法律法规规章

一、《防雷减灾管理办法》中国气象局第 24 号令

中国气象局第 24 号令

现公布《中国气象局关于修改〈防雷减灾管理办法〉的决定》，自 2013 年 6 月 1 日起施行。

局长　郑国光

二〇一三年五月三十一日

中国气象局关于修改《防雷减灾管理办法》的决定

中国气象局决定对《防雷减灾管理办法》作如下修改：

一、将第十二条第三款修改为："防雷工程专业设计或者施工资质分为甲、乙、丙三级，由省、自治区、直辖市气象主管机构认定。"

二、将第二十条修改为："防雷装置检测机构的资质由省、自治区、直辖市气象主管机构负责认定。"

三、本决定自 2013 年 6 月 1 日起施行，《防雷减灾管理办法》根据本决定作相应的修订，重新公布。

防雷减灾管理办法

第一章　总则

第一条　为了加强雷电灾害防御工作，规范雷电灾害管理，提高雷电灾害防御能力和水平，保护国家利益和人民生命财产安全，维护公共安全，促进经济建设和社会发展，依据《中华人民共和国气象法》《中华人民共和国行政许可法》《气象灾害防御条例》等法律、法规的有关规定，制定本办法。

第二条　在中华人民共和国领域和中华人民共和国管辖的其他海域内从事雷电灾害防御活动的组织和个人，应当遵守本办法。

本办法所称雷电灾害防御（以下简称防雷减灾），是指防御和减轻雷电灾害的活动，包括雷电和雷电灾害的研究、监测、预警、风险评估、防护以及雷电灾害的调查、鉴定等。

第三条　防雷减灾工作，实行安全第一、预防为主、防治结合的原则。

第四条　国务院气象主管机构负责组织管理和指导全国防雷减灾工作。

地方各级气象主管机构在上级气象主管机构和本级人民政府的领导下，负责组织管理本行政区域内的防雷减灾工作。

国务院其他有关部门和地方各级人民政府其他有关部门应当按照职责做好本部门和本单位的防雷减灾工作,并接受同级气象主管机构的监督管理。

第五条　国家鼓励和支持防雷减灾的科学技术研究和开发,推广应用防雷科技研究成果,加强防雷标准化工作,提高防雷技术水平,开展防雷减灾科普宣传,增强全民防雷减灾意识。

第六条　外国组织和个人在中华人民共和国领域和中华人民共和国管辖的其他海域从事防雷减灾活动,应当经国务院气象主管机构会同有关部门批准,并在当地省级气象主管机构备案,接受当地省级气象主管机构的监督管理。

第二章　监测与预警

第七条　国务院气象主管机构应当组织有关部门按照合理布局、信息共享、有效利用的原则,规划全国雷电监测网,避免重复建设。

地方各级气象主管机构应当组织本行政区域内的雷电监测网建设,以防御雷电灾害。

第八条　各级气象主管机构应当加强雷电灾害预警系统的建设工作,提高雷电灾害预警和防雷减灾服务能力。

第九条　各级气象主管机构所属气象台站应当根据雷电灾害防御的需要,按照职责开展雷电监测,并及时向气象主管机构和有关灾害防御、救助部门提供雷电监测信息。

有条件的气象主管机构所属气象台站可以开展雷电预报,并及时向社会发布。

第十条　各级气象主管机构应当组织有关部门加强对雷电和雷电灾害的发生机理等基础理论和防御技术等应用理论的研究,并加强对防雷减灾技术和雷电监测、预警系统的研究和开发。

第三章　防雷工程

第十一条　各类建(构)筑物、场所和设施安装的雷电防护装置(以下简称防雷装置),应当符合国家有关防雷标准和国务院气象主管机构规定的使用要求,并由具有相应资质的单位承担设计、施工和检测。

本办法所称防雷装置,是指接闪器、引下线、接地装置、电涌保护器及其连接导体等构成的,用以防御雷电灾害的设施或者系统。

第十二条　对从事防雷工程专业设计和施工的单位实行资质认定。

本办法所称防雷工程,是指通过勘察设计和安装防雷装置形成的雷电灾害防御工程实体。

防雷工程专业设计或者施工资质分为甲、乙、丙三级,由省、自治区、直辖市气象主管机构认定。

第十三条　防雷工程专业设计或者施工单位,应当按照有关规定取得相应的资质证书后,方可在其资质等级许可的范围内从事防雷工程专业设计或者施工。具体办法由国务院气象主管机构另行制定。

第十四条　防雷工程专业设计或者施工单位,应当按照相应的资质等级从事防雷工程专业设计或者施工。禁止无资质或者超出资质许可范围承担防雷工程专业设计或者施工。

第十五条　防雷装置的设计实行审核制度。

县级以上地方气象主管机构负责本行政区域内的防雷装置的设计审核。符合要求的,由负责审核的气象主管机构出具核准文件;不符合要求的,负责审核的气象主管机构提出整改要求,退回申请单位修改后重新申请设计审核。未经审核或者未取得核准文件的设计方案,不得交付施工。

第十六条　防雷工程的施工单位应当按照审核同意的设计方案进行施工,并接受当地气象主管机构监督管理。

在施工中变更和修改设计方案的,应当按照原申请程序重新申请审核。

第十七条　防雷装置实行竣工验收制度。

县级以上地方气象主管机构负责本行政区域内的防雷装置的竣工验收。

负责验收的气象主管机构接到申请后,应当根据具有相应资质的防雷装置检测机构出具的检测报告进行核实。符合要求的,由气象主管机构出具验收文件。不符合要求的,负责验收的气象主管机构提出整改要求,申请单位整改后重新申请竣工验收。未取得验收合格文件的防雷装置,不得投入使用。

第十八条　出具检测报告的防雷装置检测机构,应当对隐蔽工程进行逐项检测,并对检测结果负责。检测报告作为竣工验收的技术依据。

第四章　防雷检测

第十九条　投入使用后的防雷装置实行定期检测制度。防雷装置应当每年检测一次,对爆炸和火灾危险环境场所的防雷装置应当每半年检测一次。

第二十条　防雷装置检测机构的资质由省、自治区、直辖市气象主管机构负责认定。

第二十一条　防雷装置检测机构对防雷装置检测后,应当出具检测报告。不合格的,提出整改意见。被检测单位拒不整改或者整改不合格的,防雷装置检测机构应当报告当地气象主管机构,由当地气象主管机构依法作出处理。

防雷装置检测机构应当执行国家有关标准和规范,出具的防雷装置检测报告必须真实可靠。

第二十二条　防雷装置所有人或受托人应当指定专人负责,做好防雷装置的日常维护工作。发现防雷装置存在隐患时,应当及时采取措施进行处理。

第二十三条　已安装防雷装置的单位或者个人应当主动委托有相应资质的防雷装置检测机构进行定期检测,并接受当地气象主管机构和当地人民政府安全生产管理部门的管理和监督检查。

第五章　雷电灾害调查、鉴定

第二十四条　各级气象主管机构负责组织雷电灾害调查、鉴定工作。

其他有关部门和单位应当配合当地气象主管机构做好雷电灾害调查、鉴定工作。

第二十五条　遭受雷电灾害的组织和个人,应当及时向当地气象主管机构报告,并协助当地气象主管机构对雷电灾害进行调查与鉴定。

第二十六条　地方各级气象主管机构应当及时向当地人民政府和上级气象主管机构上报本行政区域内的重大雷电灾情和年度雷电灾害情况。

第二十七条　大型建设工程、重点工程、爆炸和火灾危险环境、人员密集场所等项目应当进行雷电灾害风险评估,以确保公共安全。

各级地方气象主管机构按照有关规定组织进行本行政区域内的雷电灾害风险评估工作。

第六章　防雷产品

第二十八条　防雷产品应当符合国务院气象主管机构规定的使用要求。

第二十九条　防雷产品应当由国务院气象主管机构授权的检测机构测试,测试合格并符合相关要求后方可投入使用。

申请国务院气象主管机构授权的防雷产品检测机构,应当按照国家有关规定通过计量认证、获得资格认可。

第三十条　防雷产品的使用,应当到省、自治区、直辖市气象主管机构备案,并接受省、自治区、直辖市气象主管机构的监督检查。

第七章　罚则

第三十一条　申请单位隐瞒有关情况、提供虚假材料申请资质认定、设计审核或者竣工验收的,有关气象主管机构不予受理或者不予行政许可,并给予警告。申请单位在一年内不得再次申请资质认定。

第三十二条　被许可单位以欺骗、贿赂等不正当手段取得资质、通过设计审核或者竣工验收的,有关气象主管机构按照权限给予警告,可以处1万元以上3万元以下罚款;已取得资质、通过设计审核或者竣工验收的,撤销其许可证书;被许可单位三年内不得再次申请资质认定;构成犯罪的,依法追究刑事责任。

第三十三条　违反本办法规定,有下列行为之一的,由县级以上气象主管机构按照权限责令改正,给予警告,可以处5万元以上10万元以下罚款;给他人造成损失的,依法承担赔偿责任;构成犯罪的,依法追究刑事责任:

(一)涂改、伪造、倒卖、出租、出借、挂靠资质证书、资格证书或者许可文件的;

(二)向负责监督检查的机构隐瞒有关情况、提供虚假材料或者拒绝提供反映其活动情况的真实材料的。

第三十四条　违反本办法规定,有下列行为之一的,由县级以上气象主管机构按照权限责令改正,给予警告,可以处5万元以上10万元以下罚款;给他人造成损失的,依法承担赔偿责任:

(一)不具备防雷装置检测、防雷工程专业设计或者施工资质,擅自从事相关活动的;

(二)超出防雷装置检测、防雷工程专业设计或者施工资质等级从事相关活动的;

(三)防雷装置设计未经当地气象主管机构审核或者审核未通过,擅自施工的;

(四)防雷装置未经当地气象主管机构验收或者未取得验收文件,擅自投入使用的。

第三十五条　违反本办法规定,有下列行为之一的,由县级以上气象主管机构按照权限责令改正,给予警告,可以处1万元以上3万元以下罚款;给他人造成损失的,依法承担赔偿责任;构成犯罪的,依法追究刑事责任:

(一)应当安装防雷装置而拒不安装的;

(二)使用不符合使用要求的防雷装置或者产品的;

(三)已有防雷装置,拒绝进行检测或者经检测不合格又拒不整改的;

(四)对重大雷电灾害事故隐瞒不报的。

第三十六条　违反本办法规定,导致雷击造成火灾、爆炸、人员伤亡以及国家财产重大损失的,由主管部门给予直接责任人行政处分;构成犯罪的,依法追究刑事责任。

第三十七条 防雷工作人员由于玩忽职守,导致重大雷电灾害事故的,由所在单位依法给予行政处分;致使国家利益和人民生命财产遭到重大损失,构成犯罪的,依法追究刑事责任。

第八章 附则

第三十八条 从事防雷专业技术的人员应当取得资格证书。

省级气象学会负责本行政区域内防雷专业技术人员的资格认定工作。防雷专业技术人员应当通过省级气象学会组织的考试,并取得相应的资格证书。

省级气象主管机构应当对本级气象学会开展防雷专业技术人员的资格认定工作进行监督管理。

第三十九条 本办法自 2011 年 9 月 1 日起施行。2005 年 2 月 1 日中国气象局公布的《防雷减灾管理办法》同时废止。

二、《防雷装置设计审核和竣工验收规定》(中国气象局令第 21 号)

中国气象局令

第 21 号

《防雷装置设计审核和竣工验收规定》已经 2011 年 7 月 11 日中国气象局局务会议审议通过,现予公布,自 2011 年 9 月 1 日起施行。2005 年 4 月 1 日中国气象局公布的《防雷装置设计审核和竣工验收规定》同时废止。

局 长 郑国光

二〇一一年七月二十二日

防雷装置设计审核和竣工验收规定

第一章 总则

第一条 为了规范雷电防护装置(以下简称防雷装置)设计审核和竣工验收工作,维护国家利益,保护人民生命财产和公共安全,依据《中华人民共和国气象法》《中华人民共和国行政许可法》《气象灾害防御条例》等有关规定,制定本规定。

第二条 县级以上地方气象主管机构负责本行政区域内防雷装置的设计审核和竣工验收工作。未设气象主管机构的县(市),由上一级气象主管机构负责防雷装置的设计审核和竣工验收工作。

第三条 防雷装置的设计审核和竣工验收工作应当遵循公开、公平、公正以及便民、高效和信赖保护的原则。

第四条 下列建(构)筑物、场所和设施的防雷装置应当经过设计审核和竣工验收:

(一)《建筑物防雷设计规范》规定的第一、二、三类防雷建筑物;

(二)油库、气库、加油加气站、液化天然气、油(气)管道站场、阀室等爆炸和火灾危险环境及设施；

（三）邮电通信、交通运输、广播电视、医疗卫生、金融证券、文化教育、不可移动文物、体育、旅游、游乐场所等社会公共服务场所和设施以及各类电子信息系统；

（四）按照有关规定应当安装防雷装置的其他场所和设施。

第五条　防雷装置设计未经审核同意的，不得交付施工。防雷装置竣工未经验收合格的，不得投入使用。

新建、改建、扩建工程的防雷装置必须与主体工程同时设计、同时施工、同时投入使用。

第六条　防雷装置设计审核和竣工验收的程序、文书等应当依法予以公示。

第二章　防雷装置设计审核

第七条　防雷装置设计实行审核制度。建设单位应当向气象主管机构提出申请，填写《防雷装置设计审核申报表》（附表1、附表2）。

建设单位申请新建、改建、扩建建（构）筑物设计文件审查时，应当同时申请防雷装置设计审核。

第八条　申请防雷装置初步设计审核应当提交以下材料：

（一）《防雷装置设计审核申请书》（附表3）；

（二）总规划平面图；

（三）设计单位和人员的资质证和资格证书的复印件；

（四）防雷装置初步设计说明书、初步设计图纸及相关资料；

需要进行雷电灾害风险评估的项目，应当提交雷电灾害风险评估报告。

第九条　申请防雷装置施工图设计审核应当提交以下材料：

（一）《防雷装置设计审核申请书》（附表3）；

（二）设计单位和人员的资质证和资格证书的复印件；

（三）防雷装置施工图设计说明书、施工图设计图纸及相关资料；

（四）设计中所采用的防雷产品相关资料；

（五）经当地气象主管机构认可的防雷专业技术机构出具的防雷装置设计技术评价报告。

防雷装置未经过初步设计的，应当提交总规划平面图；经过初步设计的，应当提交《防雷装置初步设计核准意见书》（附表4）。

第十条　防雷装置设计审核申请符合以下条件的，应当受理。

（一）设计单位和人员取得国家规定的资质、资格；

（二）申请单位提交的申请材料齐全且符合法定形式；

（三）需要进行雷电灾害风险评估的项目，提交了雷电灾害风险评估报告。

第十一条　防雷装置设计审核申请材料不齐全或者不符合法定形式的，气象主管机构应当在收到申请材料之日起五个工作日内一次告知申请单位需要补正的全部内容，并出具《防雷装置设计审核资料补正通知》（附表5、附表6）。逾期不告知的，收到申请材料之日起即视为受理。

第十二条　气象主管机构应当在收到全部申请材料之日起五个工作日内，按照《中华人民共和国行政许可法》第三十二条的规定，根据本规定的受理条件做出受理或者不予受理的书面决定，并对决定受理的申请出具《防雷装置设计审核受理回执》（附表7）。对不予受理的，应当书面说明理由。

第十三条　防雷装置设计审核内容：

（一）申请材料的合法性；

（二）防雷装置设计文件是否符合国家有关标准和国务院气象主管机构规定的使用要求。

第十四条　气象主管机构应当在受理之日起二十个工作日内完成审核工作。

防雷装置设计文件经审核符合要求的，气象主管机构应当办结有关审核手续，颁发《防雷装置设计核准意见书》（附表8）。施工单位应当按照经核准的设计图纸进行施工。在施工中需要变更和修改防雷设计的，应当按照原程序重新申请设计审核。

防雷装置设计经审核不符合要求的，气象主管机构出具《防雷装置设计修改意见书》（附表9）。申请单位进行设计修改后，按照原程序重新申请设计审核。

第三章　防雷装置竣工验收

第十五条　防雷装置实行竣工验收制度。建设单位应当向气象主管机构提出申请，填写《防雷装置竣工验收申请书》（附表10）。

新建、改建、扩建建（构）筑物竣工验收时，建设单位应当通知当地气象主管机构同时验收防雷装置。

第十六条　防雷装置竣工验收应当提交以下材料：

（一）《防雷装置竣工验收申请书》（附表10）；

（二）《防雷装置设计核准意见书》；

（三）施工单位的资质证和施工人员的资格证书的复印件；

（四）取得防雷装置检测资质的单位出具的《防雷装置检测报告》；

（五）防雷装置竣工图纸等技术资料；

（六）防雷产品出厂合格证、安装记录和符合国务院气象主管机构规定的使用要求的证明文件。

第十七条　防雷装置竣工验收申请符合以下条件的，应当受理。

（一）防雷装置设计取得当地气象主管机构核发的《防雷装置设计核准意见书》；

（二）施工单位和人员取得国家规定的资质和资格；

（三）申请单位提交的申请材料齐全且符合法定形式。

第十八条　防雷装置竣工验收申请材料不齐全或者不符合法定形式的，气象主管机构应当在收到申请材料之日起五个工作日内一次告知申请单位需要补正的全部内容，并出具《防雷装置竣工验收资料补正通知》（附表11）。逾期不告知的，收到申请材料之日起即视为受理。

第十九条　气象主管机构应当在收到全部申请材料之日起五个工作日内，按照《中华人民共和国行政许可法》第三十二条的规定，根据本规定的受理条件作出受理或者不予受理的书面决定，并对决定受理的申请出具《防雷装置竣工验收受理回执》（附表12）。对不予受理的，应当书面说明理由。

第二十条　防雷装置竣工验收内容：

（一）申请材料的合法性；

（二）安装的防雷装置是否符合国家有关标准和国务院气象主管机构规定的使用要求；

（三）安装的防雷装置是否按照核准的施工图施工完成。

第二十一条　气象主管机构应当在受理之日起十个工作日内作出竣工验收结论。

防雷装置经验收符合要求的,气象主管机构应当办结有关验收手续,出具《防雷装置验收意见书》(附表 13)。

防雷装置验收不符合要求的,气象主管机构应当出具《防雷装置整改意见书》(附表 14)。整改完成后,按照原程序重新申请验收。

第四章　监督管理

第二十二条　申请单位不得以欺骗、贿赂等手段提出申请或者通过许可;不得涂改、伪造防雷装置设计审核和竣工验收有关材料或者文件。

第二十三条　县级以上地方气象主管机构应当加强对防雷装置设计审核和竣工验收的监督与检查,建立健全监督制度,履行监督责任。公众有权查阅监督检查记录。

第二十四条　上级气象主管机构应当加强对下级气象主管机构防雷装置设计审核和竣工验收工作的监督检查,及时纠正违规行为。

第二十五条　县级以上地方气象主管机构进行防雷装置设计审核和竣工验收的监督检查时,不得妨碍正常的生产经营活动,不得索取或者收受任何财物和谋取其他利益。

第二十六条　单位和个人发现违法从事防雷装置设计审核和竣工验收活动时,有权向县级以上地方气象主管机构举报,县级以上地方气象主管机构应当及时核实、处理。

第二十七条　县级以上地方气象主管机构履行监督检查职责时,有权采取下列措施:

(一)要求被检查的单位或者个人提供有关建筑物建设规划许可、防雷装置设计图纸等文件和资料,进行查询或者复制;

(二)要求被检查的单位或者个人就有关建筑物防雷装置的设计、安装、检测、验收和投入使用的情况作出说明;

(三)进入有关建筑物进行检查。

第二十八条　县级以上地方气象主管机构进行防雷装置设计审核和竣工验收监督检查时,有关单位和个人应当予以支持和配合,并提供工作方便,不得拒绝与阻碍依法执行公务。

第二十九条　从事防雷装置设计审核和竣工验收的监督检查人员应当经过培训,经考核合格后,方可从事监督检查工作。

第五章　罚则

第三十条　申请单位隐瞒有关情况、提供虚假材料申请设计审核或者竣工验收许可的,有关气象主管机构不予受理或者不予行政许可,并给予警告。

第三十一条　申请单位以欺骗、贿赂等不正当手段通过设计审核或者竣工验收的,有关气象主管机构按照权限给予警告,撤销其许可证书,可以处 1 万元以上 3 万元以下罚款;构成犯罪的,依法追究刑事责任。

第三十二条　违反本规定,有下列行为之一的,由县级以上气象主管机构按照权限责令改正,给予警告,可以处 5 万元以上 10 万元以下罚款;给他人造成损失的,依法承担赔偿责任;构成犯罪的,依法追究刑事责任:

(一)涂改、伪造防雷装置设计审核和竣工验收有关材料或者文件的;

(二)向监督检查机构隐瞒有关情况、提供虚假材料或者拒绝提供反映其活动情况的真实材料的；

（三）防雷装置设计未经有关气象主管机构核准，擅自施工的；

（四）防雷装置竣工未经有关气象主管机构验收合格，擅自投入使用的。

第三十三条　县级以上地方气象主管机构在监督检查工作中发现违法行为构成犯罪的，应当移送有关机关，依法追究刑事责任；尚构不成犯罪的，应当依法给予行政处罚。

第三十四条　国家工作人员在防雷装置设计审核和竣工验收工作中由于玩忽职守，导致重大雷电灾害事故的，由所在单位依法给予行政处分；构成犯罪的，依法追究刑事责任。

第三十五条　违反本规定，导致雷击造成火灾、爆炸、人员伤亡以及国家或者他人财产重大损失的，由主管部门给予直接责任人行政处分；构成犯罪的，依法追究刑事责任。

第六章　附则

第三十六条　各省、自治区、直辖市气象主管机构可以根据本规定制定实施细则，并报国务院气象主管机构备案。

第三十七条　本规定自 2011 年 9 月 1 日起施行。2005 年 4 月 1 日中国气象局公布的《防雷装置设计审核和竣工验收规定》同时废止。

附：

《中华人民共和国行政许可法》有关条文

第三十二条　行政机关对申请人提出的行政许可申请，应当根据下列情况分别作出处理：

（一）申请事项依法不需要取得行政许可的，应当即时告知申请人不受理；

（二）申请事项依法不属于本行政机关职权范围的，应当即时作出不予受理的决定，并告知申请人向有关行政机关申请；

（三）申请材料存在可以当场更正的错误的，应当允许申请人当场更正；

（四）申请材料不齐全或者不符合法定形式的，应当当场或者在五日内一次告知申请人需要补正的全部内容，逾期不告知的，自收到申请材料之日起即为受理；

（五）申请事项属于本行政机关职权范围，申请材料齐全、符合法定形式，或者申请人按照本行政机关的要求提交全部补正申请材料的，应当受理行政许可申请。

行政机关受理或者不予受理行政许可申请，应当出具加盖本行政机关专用印章和注明日期的书面凭证。

附表：1.《防雷装置设计审核申报表》（初步设计）

2.《防雷装置设计审核申报表》（施工图设计）

3.《防雷装置设计审核申请书》（初步设计\施工图设计）

4.《防雷装置初步设计核准意见书》

5.《防雷装置设计审核资料补正通知》（初步设计）

6.《防雷装置设计审核资料补正通知》（施工图设计）

7.《防雷装置设计审核受理回执》（初步设计\施工图设计）

8.《防雷装置设计核准意见书》

9.《防雷装置设计修改意见书》

10.《防雷装置竣工验收申请书》

11.《防雷装置竣工验收资料补正通知》

12.《防雷装置竣工验收受理回执》

13.《防雷装置验收意见书》

14.《防雷装置整改意见书》

三、《防雷工程专业资质管理办法》中国气象局第 25 号令

中国气象局第 25 号令

现公布《中国气象局关于修改〈防雷工程专业资质管理办法〉的决定》，自 2013 年 6 月 1 日起施行。

局长　郑国光

二〇一三年五月三十一日

中国气象局关于修改《防雷工程专业资质管理办法》的决定

中国气象局决定对《防雷工程专业资质管理办法》作如下修改：

一、将第三条第二款修改为："国务院气象主管机构负责全国防雷工程专业资质的监督管理工作。省、自治区、直辖市气象主管机构负责本行政区域内防雷工程专业资质的管理和认定工作。"

二、将第十二条修改为："申请防雷工程专业资质的单位，应当向企业注册所在地的设区的市级气象主管机构提出申请。

防雷工程专业资质的受理时间为每年的三月和十一月。"

三、将第十六条第一款修改为："设区的市级气象主管机构负责组织对本行政区域内申请防雷工程专业资质的单位进行初审。主要审查申请单位提供的材料是否真实、完整，是否符合相应的资质条件。"

四、将第十七条修改为："防雷工程专业资质由省、自治区、直辖市气象主管机构委托防雷工程专业资质评审委员会组织评审，评审结果报省、自治区、直辖市气象主管机构。省、自治区、直辖市气象主管机构应当在收到评审结果后二十个工作日内作出认定，认定通过后报国务院气象主管机构备案，并颁发《防雷工程专业设计资质证》或者《防雷工程专业施工资质证》。

未通过认定的，在认定决定作出后十个工作日内由认定机构出具书面凭证，退回原申请单位，并说明理由。"

五、将第十八条修改为："防雷工程专业资质评审委员会的人员组成由省、自治区、直辖市气象主管机构确定，并报国务院气象主管机构备案。

防雷工程专业资质评审委员会在评审前，可以根据工作需要指派两名以上工作人员到申请单位进行现场核查；评审时以投票方式进行表决，并提出评审意见。"

六、本决定自 2013 年 6 月 1 日起施行，《防雷工程专业资质管理办法》根据本决定作相应的修订，重新公布。

防雷工程专业资质管理办法

第一章　总则

第一条　为了加强防雷工程专业资质管理,规范防雷工程专业设计和施工行为,维护国家利益,保护人民生命财产和公共安全,依据《中华人民共和国气象法》《中华人民共和国行政许可法》《气象灾害防御条例》等有关规定,制定本办法。

第二条　在中华人民共和国境内从事防雷工程专业设计或者施工的单位,应当按照本办法的规定申请防雷工程专业设计或者施工资质。经认定合格,取得《防雷工程专业设计资质证》或者《防雷工程专业施工资质证》后,方可在资质等级许可的范围内从事防雷工程专业设计或者施工。

第三条　防雷工程专业资质分为设计资质和施工资质两类,资质等级分为甲、乙、丙三级。

国务院气象主管机构负责全国防雷工程专业资质的监督管理工作。省、自治区、直辖市气象主管机构负责本行政区域内防雷工程专业资质的管理和认定工作。

第四条　甲级资质单位可以从事《建筑物防雷设计规范》规定的第一类、第二类、第三类防雷建筑物,以及各类场所和设施的防雷工程的设计或者施工。

乙级资质单位可以从事《建筑物防雷设计规范》规定的第二类、第三类防雷建筑物,以及各类场所和设施的防雷工程的设计或者施工。

丙级资质单位可以从事《建筑物防雷设计规范》规定的第三类防雷建筑物的防雷工程的设计或者施工。

不可移动文物防雷工程的设计或者施工应当由乙级以上资质单位承担。

第五条　《防雷工程专业设计资质证》和《防雷工程专业施工资质证》分正本和副本,由国务院气象主管机构统一印制。

第六条　防雷工程专业资质的认定应当遵循公开、公平、公正以及便民、高效和信赖保护的原则。

第七条　防雷产品生产、经销、研制单位不得申请防雷工程专业设计资质。

第二章　资质申请条件

第八条　申请防雷工程专业设计或者施工资质的单位必须具备以下基本条件:

(一)企业法人资格;

(二)有固定的办公场所和防雷工程专业设计或者施工的设备和设施;

(三)从事防雷工程专业的技术人员必须取得《防雷工程资格证书》;

(四)有防雷工程专业设计或者施工规范、标准等资料并具有档案保管条件;

(五)建立质量保证体系,具备安全生产基本条件和完善的规章制度。

第九条　申请甲级资质的单位除了符合本办法第八条的基本条件外,还应当同时符合以下条件:

(一)注册资本人民币一百五十万元以上;

(二)具有与承担业务相适应的防雷工程专业技术人员和辅助专业技术人员。取得《防雷工程资格证书》的专业技术人员中,三名以上具有防雷相关专业高级技术职称,六名以上具有防雷相关专业中级技术职称;

（三）近三年完成防雷工程总额不少于八百万元，所完成的综合防雷工程不少于二十个，每个工程额不低于三十万元，其中至少有一个工程额不低于一百五十万元；

（四）所承担的防雷工程，必须经过当地气象主管机构的设计审核和竣工验收；

（五）取得乙级资质三年以上，每年年检合格。

第十条　申请乙级资质的单位除了符合本办法第八条的基本条件外，还应当同时符合以下条件：

（一）注册资本人民币八十万元以上；

（二）具有与承担业务相适应的防雷工程专业技术人员和辅助专业技术人员。取得《防雷工程资格证书》的专业技术人员中，两名以上具有防雷相关专业高级技术职称，四名以上具有防雷相关专业中级技术职称；

（三）近三年内完成防雷工程总额不少于四百万元，所完成的综合防雷工程不少于二十个，每个工程额不低于十五万元，其中至少有两个工程额不低于五十万元。

（四）所承担的防雷工程，必须经过当地气象主管机构的设计审核和竣工验收；

（五）取得丙级资质一年以上，每年年检合格。

第十一条　申请丙级资质的单位除了符合第八条的基本条件外，还应当同时符合以下条件：

（一）注册资本人民币五十万元以上；

（二）具有与承担业务相适应的防雷工程专业技术人员和辅助专业技术人员。取得《防雷工程资格证书》的专业技术人员中，一名以上具有防雷相关专业高级技术职称，三名以上具有防雷相关专业中级技术职称。

第三章　资质申请与受理

第十二条　申请防雷工程专业资质的单位，应当向企业注册所在地的设区的市级气象主管机构提出申请。

防雷工程专业资质的受理时间为每年的三月和十一月。

第十三条　满足本办法第八条和第十一条相应条件的，可以申请防雷工程专业设计或者施工的丙级资质。申请单位应当提交以下书面材料：

（一）申请书；

（二）《防雷工程专业设计资质申请表》（附表 1）或者《防雷工程专业施工资质申请表》（附表 2）；

（三）《企业法人营业执照》《税务登记证》（国税和地税）《法人组织代码证》正、副本的原件及复印件；

（四）《专业技术人员简表》（附表 3），取得《防雷工程资格证书》的专业技术人员的高级、中级技术职称证书、身份证明、劳动合同、社会保险关系和《防雷工程资格证书》的原件及复印件；

（五）企业质量管理手册和防雷工程质量管理手册；

（六）企业固定办公场所产权证明或租赁合同的原件及复印件；

（七）仪器、设备及相关设施清单。

第十四条　符合本办法第八条和第九条、第十条相应条件的，可以申请防雷工程专业设计或者施工的甲级或者乙级资质。申请单位除了提交本办法第十三条所规定的书面材料外，还应当提交以下书面材料：

（一）现有资质证书正、副本复印件；

（二）《已完成防雷工程项目表》（附表4）；

（三）三个以上防雷工程的用户使用证明；

（四）两个已完成的防雷工程全套技术资料；

（五）由气象主管机构发放的已完成防雷工程的设计审核、竣工验收等相关资料。

第十五条　气象主管机构应当在收到全部申请材料之日起五个工作日内，根据《中华人民共和国行政许可法》第三十二条的规定决定是否受理。

第四章　资质审查与评审

第十六条　设区的市级气象主管机构负责组织对本行政区域内申请防雷工程专业资质的单位进行初审。主要审查申请单位提供的材料是否真实、完整，是否符合相应的资质条件。

初审合格的，在《防雷工程专业设计资质申请表》或者《防雷工程专业施工资质申请表》的"初审意见"栏内签署初审单位意见和加盖印章，并于受理之日起二十个工作日内将申请表及其他申报材料一同报上一级气象主管机构。初审不合格的，由初审单位出具书面凭证，退回申请单位，并说明理由。

第十七条　防雷工程专业资质由省、自治区、直辖市气象主管机构委托防雷工程专业资质评审委员会组织评审，评审结果报省、自治区、直辖市气象主管机构。省、自治区、直辖市气象主管机构应当在收到评审结果后二十个工作日内作出认定，认定通过后报国务院气象主管机构备案，并颁发《防雷工程专业设计资质证》或者《防雷工程专业施工资质证》。

未通过认定的，在认定决定作出后十个工作日内由认定机构出具书面凭证，退回原申请单位，并说明理由。

第十八条　防雷工程专业资质评审委员会的人员组成由省、自治区、直辖市气象主管机构确定，并报国务院气象主管机构备案。

防雷工程专业资质评审委员会在评审前，可以根据工作需要指派两名以上工作人员到申请单位进行现场核查；评审时以投票方式进行表决，并提出评审意见。

第五章　监督管理

第十九条　省、自治区、直辖市气象主管机构对防雷工程专业设计和施工资质实行年检制度。年检不符合要求的，限期整改。整改后仍不符合要求的，年检为不合格。年检不合格的，降低等级或者注销资质。

在规定的年检时间内没有参加年检的，其资质证书自动失效，且一年内不得重新申请资质。

第二十条　防雷工程专业设计和施工资质的有效期为三年。在有效期满三个月前，申请单位应当向原认定机构提出延续申请。原认定机构根据年检记录及资质申请条件，在有效期满前一个月内作出准予延续、降低等级或者注销的决定。逾期未提出延续申请的，资质证书自动失效，且一年内不得重新申请资质。

第二十一条　取得资质的单位在资质证书有效期内名称、地址、注册资本、法定代表人等发生变更的，应当在工商行政管理部门批准后三十个工作日内，向原认定机构办理资质证变更手续。

取得资质的单位发生合并、重组、分立以及工商注册地跨省、自治区、直辖市变更的,应当按照本办法规定的程序及时向所在地的省、自治区、直辖市气象主管机构申请核定资质。

企业合并的,合并后存续或者新设立的企业可以承继合并前各方中较高等级的资质;企业分立、重组的,分立、重组后的企业资质等级根据实际达到的资质条件重新核定;企业跨省、自治区、直辖市变更工商注册地的,经原认定机构同意后,由新注册所在地的省、自治区、直辖市气象主管机构核定资质。

第二十二条 取得资质的单位,应当按照资质等级承担相应防雷工程专业设计或者施工。禁止无资质证或者超出资质等级承接防雷工程专业设计和施工,禁止将防雷工程转包或者违法分包。

取得《防雷工程资格证》的专业技术人员,不得同时在两个以上防雷工程专业资质单位兼职执业。

第二十三条 取得资质的单位,需要承接本省、自治区、直辖市行政区域外防雷工程的,应当到工程所在地的省、自治区、直辖市气象主管机构备案,并接受当地气象主管机构的监督管理。

第二十四条 任何单位不得以欺骗、弄虚作假等手段取得资质,不得伪造、涂改、出租、出借、挂靠、转让《防雷工程专业设计资质证》或者《防雷工程专业施工资质证》。

第二十五条 国务院气象主管机构负责对省、自治区、直辖市气象主管机构的资质认定工作进行监督检查。

省、自治区、直辖市气象主管机构负责对从事防雷工程专业设计和施工的单位进行监督检查,并定期将监督检查情况和处理结果予以记录、归档,向社会公告。

第六章　罚则

第二十六条 申请单位隐瞒有关情况、提供虚假材料申请资质认定的,有关气象主管机构不予受理或者不予行政许可,并给予警告。申请单位在一年内不得再次申请资质认定。

第二十七条 被许可单位以欺骗、贿赂等不正当手段取得资质的,有关气象主管机构按照权限给予警告,撤销其资质证书,可以处1万元以上3万元以下罚款;被许可单位在三年内不得再次申请资质认定;构成犯罪的,依法追究刑事责任。

第二十八条 违反本办法规定,有下列行为之一的,由县级以上气象主管机构按照权限责令改正,给予警告,可以处5万元以上10万元以下罚款;有违法所得的,没收违法所得;给他人造成损失的,依法承担赔偿责任;构成犯罪的,依法追究刑事责任:

(一)伪造、涂改、出租、出借、挂靠、转让防雷工程专业设计或者施工资质证书的;

(二)向负责监督检查的机构隐瞒有关情况、提供虚假材料或者拒绝提供反映其活动情况的真实材料的;

(三)未取得资质证书或者资质证书已失效,承接防雷工程的;

(四)超出资质等级或者未经备案承接本省、自治区、直辖市行政区域外防雷工程的;

(五)防雷工程资质单位承接工程后转包或者违法分包的;

(六)其他违法行为。

第二十九条 国家工作人员在防雷工程专业设计和施工资质的认定和管理工作中玩忽职

守、滥用职权、徇私舞弊的，依法给予行政处分；构成犯罪的，依法追究刑事责任。

第七章　附则

第三十条　各省、自治区、直辖市气象主管机构可以根据本办法制定实施细则，并报国务院气象主管机构备案。

第三十一条　本办法自 2011 年 9 月 1 日起施行。2005 年 4 月 1 日中国气象局公布的《防雷工程专业资质管理办法》同时废止。

附：

《中华人民共和国行政许可法》有关条文

第三十二条　行政机关对申请人提出的行政许可申请，应当根据下列情况分别作出处理：

（一）申请事项依法不需要取得行政许可的，应当即时告知申请人不受理；

（二）申请事项依法不属于本行政机关职权范围的，应当即时作出不予受理的决定，并告知申请人向有关行政机关申请；

（三）申请材料存在可以当场更正的错误的，应当允许申请人当场更正；

（四）申请材料不齐全或者不符合法定形式的，应当当场或者在五日内一次告知申请人需要补正的全部内容，逾期不告知的，自收到申请材料之日起即为受理；

（五）申请事项属于本行政机关职权范围，申请材料齐全、符合法定形式，或者申请人按照本行政机关的要求提交全部补正申请材料的，应当受理行政许可申请。

行政机关受理或者不予受理行政许可申请，应当出具加盖本行政机关专用印章和注明日期的书面凭证。

四、《广西壮族自治区防御雷电灾害管理办法》

广西壮族自治区防御雷电灾害管理办法

（2001 年 1 月 9 日广西壮族自治区人民政府第 26 次常务会议通过，2001 年 1 月 22 日广西壮族自治区人民政府令第 1 号发布，自 2001 年 3 月 1 日起施行，根据 2004 年 6 月 29 日广西壮族自治区人民政府令第 7 号第一次修正，根据 2010 年 10 月 12 日广西壮族自治区十一届人民政府第 69 次常务会议通过的《广西壮族自治区人民政府关于修改部分自治区人民政府规章的决定》第二次修正。）

第一条　为了防御和减轻雷电灾害（以下简称防雷减灾），保护国家财产和人民生命财产安全，保障经济建设顺利进行，根据《中华人民共和国气象法》，结合自治区实际，制定本办法。

第二条　凡在自治区行政区域内从事防雷减灾活动的单位和个人，必须遵守本办法。

第三条　防雷减灾工作实行预防为主、防治结合的方针，坚持统一规划、统一部署、统一管理的原则。

第四条　县级以上气象行政主管部门负责本行政区域内的防雷减灾工作。

未设气象行政主管部门的县、市辖区，其防雷减灾工作由上一级气象行政主管部门负责。

经气象行政主管部门授权,电力企业在授权范围内负责电力高压线路、发电厂、变电站等高电压电力设施的防雷减灾工作,并接受自治区气象行政主管部门的指导和监督。

建设、公安消防、质量技术监督等有关行政主管部门应当按照各自职责,协助气象行政主管部门做好防雷减灾工作。

第五条　县级以上人民政府应当组织气象等有关部门对本行政区域内发生雷电灾害的次数、强度和造成的损失等情况开展普查,建立雷电灾害数据库,并按照国家有关规定进行雷电灾害风险评估,划定雷电灾害风险区域,采取有效措施,做好防雷减灾工作,提高防雷减灾的能力。

第六条　各级气象行政主管部门应当会同有关部门组织对防雷减灾技术、防雷产品以及雷电监测、预警系统的研究、开发和推广应用,开展防雷减灾科普宣传,增强全社会防雷减灾意识。

第七条　下列场所或者设施必须安装雷电灾害防护装置(以下简称防雷装置):

(一)建筑物防雷设计规范规定的一、二、三类防雷建(构)筑物;

(二)石油、化工、易燃易爆物资的生产或者贮存场所;

(三)电力生产设施和输配电系统;

(四)通信设施、广播电视系统、计算机信息系统;

(五)法律、法规、规章和防雷技术规范规定必须安装防雷装置的其他场所和设施。

第八条　从事建(构)筑物防雷装置设计、施工的单位,应当持有建设行政主管部门颁发的建设工程设计、施工资质证书。

前款规定以外的专门从事防雷装置设计、施工业务的单位必须具备法律、法规和自治区以上气象行政主管部门规定的专业技术条件,并接受气象行政主管部门的监督。

专门从事防雷装置设计、施工业务的单位应当到工商行政管理机关办理注册登记手续后,方可开展防雷装置设计、施工业务。

第九条　专门从事防雷装置设计、施工业务的专业技术人员必须具备法律、法规和自治区以上气象行政主管部门规定的专业技术条件,并接受气象行政主管部门的监督。

第十条　防雷装置设计单位应当根据当地雷电活动规律和地理位置、地质、土壤、环境等外界条件,结合雷电防护对象的防护范围和目的,严格按照国家和自治区规定的防雷技术规范和技术标准进行设计。

第十一条　新建、改建、扩建本办法第七条第(一)项规定的建(构)筑物,建设单位将施工图设计文件报送建设行政主管部门或者其他有关部门审查批准时,其防雷装置的设计应当征求气象行政主管部门的意见。

本办法第七条第(二)、(三)、(四)、(五)项规定的场所或者设施,以及雷电易发区内的矿区、旅游景点或者投入使用后又单独安装防雷装置的建(构)筑物、设施,建设单位应当将其防雷装置设计文件直接报送气象行政主管部门审核。

防雷装置设计文件需要变更的,建设单位应当按原审核程序报批。

防雷装置设计文件未经审核或者审核不合格的,建设单位不得施工。

第十二条　本办法第十一条规定以外的其他防雷装置设计文件,建设单位自愿报请气象行政主管部门审核的,气象行政主管部门应当出具审核意见。

第十三条　气象行政主管部门应当自收到防雷装置设计文件审核申请之日起 10 个工作

日内出具审核结论。

防雷装置设计文件不符合国家和自治区规定的防雷技术规范和技术标准的,应当按照审核结论进行修改并重新报送审核。

第十四条　防雷装置施工单位应当按照经审核合格的防雷装置设计文件进行施工,并接受气象行政主管部门的监督和技术指导。

气象行政主管部门应当根据建设项目施工进度,对防雷装置安装情况进行检查,并将检查结果书面告知施工单位。

第十五条　本办法第七条规定必须安装防雷装置的场所或者设施,以及雷电易发区内的矿区、旅游景点或者投入使用后又单独安装防雷装置的建(构)筑物、设施,其防雷装置竣工后必须经气象行政主管部门验收;防雷装置未经验收或者经验收不合格的,不得投入使用。

第十六条　从事防雷装置检测业务的,必须具备法律、法规和自治区以上气象行政主管部门规定的专业技术条件,并取得自治区质量技术监督部门颁发的计量认证合格证书。

防雷装置检测机构应当按照核定的检测项目、范围和防雷技术规范、技术标准开展检测工作。

第十七条　防雷装置使用单位应当建立相应的安全检查制度,并按照国家防雷技术规范要求做好日常维护和安全检测工作。

气象行政主管部门应当加强对防雷装置安全检测工作的监督检查;防雷装置存在安全隐患的,应当责令其立即整改。

第十八条　防雷装置检测机构出具的检测数据必须公正、准确,并按照约定承担相应的民事责任。

第十九条　防雷产品应当符合国家和自治区规定的质量要求,并经质量检验机构检验合格。

进口的防雷产品应当符合国家强制性标准要求。

禁止生产、销售、安装、使用不合格或者国家明令淘汰的防雷产品。

第二十条　遭受雷电灾害的单位和个人应当及时向气象行政主管部门报告灾情,并积极协助气象行政主管部门对雷电灾害进行调查和鉴定。

气象行政主管部门应当自接到雷电灾情报告之日起 15 个工作日内作出雷电灾害鉴定书。

第二十一条　违反本办法第七条规定,应当安装防雷装置而未安装的,由气象行政主管部门给予警告,责令改正。

第二十二条　违反本办法,有下列行为之一的,由气象行政主管部门给予警告,责令限期改正;逾期不改正的,处以 1000 元以上 1 万元以下的罚款:

(一)专门从事防雷装置设计、施工业务的专业技术人员不具备法律、法规和自治区以上气象行政主管部门规定的专业技术条件,擅自从事防雷装置设计、施工业务的;

(二)防雷装置设计文件未经审核或者审核不合格,擅自施工的;

(三)变更防雷装置设计文件未按原审核程序报批的;

(四)防雷装置未经验收或者验收不合格,擅自投入使用的;

(五)防雷装置使用单位对防雷装置不进行安全检测或者对存在的安全隐患不整改的;

(六)防雷装置检测机构未按照核定的检测项目、范围和防雷技术规范、技术标准进行检测的。

第二十三条 违反本办法规定,导致雷击爆炸、人员伤亡和财产严重损失等雷击事故的,对直接负责的主管人员和其他直接负责人员依法给予行政处分或者纪律处分;构成犯罪的,依法追究刑事责任。造成他人伤亡和财产损失的,应当依法承担赔偿责任。

第二十四条 违反本办法规定的其他行为,依照有关法律、法规、规章的规定处理。

第二十五条 气象行政主管部门在防雷减灾工作中滥用职权、玩忽职守、徇私舞弊的,依法给予行政处分;构成犯罪的,依法追究刑事责任。

第二十六条 本办法中下列用语的含义是:

(一)雷电灾害,是指因直击雷、雷电感应、雷电感应的静电、雷电波侵入等造成人员伤亡、财产损失。

(二)防雷装置,是指具有防御直击雷、雷电感应和雷电波侵入性能并安装在建(构)筑物等场所和设施的接闪器、引下线、接地装置、抗静电装置、电涌保护器以及其他连接导体等防雷产品和设施的总称。

第二十七条 本办法自 2001 年 3 月 1 日起施行。

五、《广西壮族自治区实施〈气象灾害防御条例〉办法》

广西壮族自治区人民政府令

第 82 号

《广西壮族自治区实施〈气象灾害防御条例〉办法》已经 2012 年 12 月 21 日自治区第十一届人民政府第 114 次常务会议审议通过,现予发布,自 2013 年 3 月 1 日起施行。

自治区主席　马飚

2013 年 1 月 8 日

广西壮族自治区实施《气象灾害防御条例》办法

第一章　总则

第一条 根据国务院《气象灾害防御条例》,结合本自治区实际,制定本办法。

第二条 在本自治区行政区域内以及本自治区管辖海域内从事气象灾害预防、监测、预报、预警和应急处置活动的单位和个人,应当遵守本办法。

第三条 县级以上人民政府应当加强对气象灾害防御工作的组织、领导和协调,建立健全气象灾害防御组织体系和应急指挥机制,将气象灾害防御纳入本级国民经济和社会发展规划,完善气象灾害预防和应急设施,并将气象灾害防御所需经费纳入本级财政预算。

第四条 县级以上气象主管机构负责本行政区域内气象灾害监测、预报、预警、风险评估和人工影响天气等工作;指导开展气象灾害防御活动;协助有关部门做好气象因素引发的衍生、次生灾害的监测、预报、预警和减灾等工作。

县级以上人民政府有关部门应当按照职责分工,做好气象灾害防御工作。

第五条 县级以上人民政府应当完善气象灾害防御工作制度和措施,明确有关部门在防御气象灾害工作中的具体职责,并将气象灾害防御工作纳入目标考核体系。

第六条 县级以上人民政府及其有关部门和乡镇人民政府,应当通过广播、电视、报纸、互联网、墙报、电子显示屏等多种形式,向社会宣传普及气象灾害防御知识,提高公众的防灾减灾意识和能力。

学校应当将气象灾害防御知识纳入有关课程和课外教育内容,培养和提高学生的气象灾害防范意识和避灾、避险、自救互救能力。

新闻单位、企业事业单位、村民委员会、居民委员会应当协助开展气象灾害防范和避灾、避险、自救互救知识的宣传教育。

气象主管机构应当会同有关部门对学校、企业事业单位、村民委员会、居民委员会等开展气象灾害防御教育进行指导和监督。

第二章 预防

第七条 县级以上人民政府应当组织气象主管机构和有关部门对气象灾害的种类、次数、强度和损失等情况开展气象灾害普查,建立气象灾害数据库,分类进行气象灾害风险评估,并根据气象灾害分布情况和气象灾害风险评估结果,划定气象灾害风险区域。

气象灾害风险评估应当包括气象灾害危险性分析、易损性分析、直接和间接损失分析、防御措施等主要内容。

第八条 县级以上人民政府应当组织气象主管机构和有关部门,根据气象灾害防御需要,按照国家气象灾害风险评估规定,对气象灾害高危区域涉及公共安全的项目或者场所进行气象灾害风险评估,划定气象灾害风险等级,制定风险管理措施。

第九条 县级以上人民政府应当组织气象主管机构和有关部门,编制本行政区域的气象灾害防御规划及其实施办法。

编制城乡规划、区域、流域建设开发利用规划和土地利用总体规划,应当与气象灾害防御规划相衔接。

第十条 县级以上人民政府应当组织气象主管机构和有关部门,编制气象灾害应急预案。

各级人民政府应当根据本地气象灾害特点,组织开展气象灾害应急演练。学校、企业事业单位、村民委员会、居民委员会应当协助本地人民政府做好气象灾害应急演练工作。

第十一条 县级以上人民政府及其有关部门应当加强海塘、堤防、避风港、防护林、避风锚地、防洪排涝设施、避灾安置场所等气象灾害防御设施建设和维护,提高气象灾害防御能力。

第十二条 县级以上人民政府应当将农村气象灾害防御设施建设纳入农村公共服务体系。雷电多发易发区的村屯、学校等人员密集场所应当建设雷电防护装置。

第十三条 气象主管机构应当会同农业、林业等部门建立农业气象灾害早期预警与防范联动机制,制定农业气象灾害预警标准和灾情调查规范,开展重大农业气象灾害监测预警,划定农业气象灾害风险区域,减轻气象灾害的影响。

第十四条 各类建(构)筑物、场所和设施的防雷装置设计、审核和竣工验收资料应当纳入建设项目档案。

第十五条 县级以上人民政府应当加强对人工影响天气工作的领导和协调,配备人工影响天气必需的人员和设备、设施,完善指挥和作业体系。

县级以上人民政府应当根据高温、干旱、冰雹、森林火险、环境污染等情况,组织气象主管机构适时开展增雨、消雹等人工影响天气作业。

第十六条　有关部门和单位应当根据本地台风、暴雨（雪）、寒潮、大风、低温、高温、干旱、雷电、冰雹、霜冻、大雾等灾害性天气监测预报情况，加强对气象灾害易发区域的机场、道路、航道、电力、通信、病险水库、危旧房屋、易倒物、应急物资储备等设施和场所的巡查、维护和除险加固。

第三章　监测、预报和预警

第十七条　县级以上人民政府应当根据气象灾害防御需要，整合完善跨地区、跨部门的气象灾害监测网络和气象灾害监测信息共享平台，建设应急移动气象灾害监测设施，配备应急监测队伍，完善气象灾害监测体系。

第十八条　县级以上人民政府应当组织气象主管机构在人口密集区、农产品主产区、地质灾害易发多发区、重要江河流域、森林、渔场等气象灾害监测重点区域以及气象站稀疏区增加设置气象灾害监测站点。

第十九条　有关部门和单位根据防灾减灾需要设置气象监测设施的，应当征求气象主管机构意见。设置的气象监测设施应当遵守国家制定的气象技术标准、规范和规程。

第二十条　气象主管机构应当根据气象灾害防御的需要组织开展跨地区、跨部门的气象灾害联合监测。

有关部门和单位应当按照各自职责开展气象灾害及衍生、次生灾害的监测工作，并及时、准确向气象主管机构提供雨情、水情、风情、旱情等与气象灾害有关的监测信息，实现气象灾害监测信息共享。

第二十一条　县级以上人民政府应当根据气象灾害预警信息快捷发布需要，组织有关部门在学校、医院、社区、集市、机场、码头、车站、旅游景点等人员密集场所和气象灾害易发多发的高速公路、河流、水库、渔场、矿区、林区、农产品主产区等区域设置和完善气象灾害预警信息接收和播发设施。

第二十二条　县级以上人民政府应当加强农村、山区、海上等信息传递薄弱地区的气象灾害预警信息接收和播发设施建设。

乡镇人民政府（街道办事处）、村民委员会、居民委员会应当分别确定气象信息员，协助有关部门开展气象灾害防御知识宣传、应急联络、预警信息的接收与传递、灾害报告和灾情调查收集报告等工作，并给予必要的工作补贴。

第二十三条　县级以上人民政府应当组织气象主管机构和有关部门建立、完善气象灾害预警信息以及气象因素引发的海啸、洪水、泥石流、山体滑坡、道路交通安全等次生、衍生灾害信息制作和统一发布制度，为公众生活、防汛抗旱、森林火险、工农业生产、突发环境污染事件的应急处置、灾害防治、应急救援等提供及时保障服务。

气象主管机构所属气象台站应当加强灾害性天气监测预报工作，按照职责统一发布灾害性天气预报、预警信息，并根据天气变化情况及时补充、订正。

第二十四条　广播、电视、报纸、互联网、电信等媒体在收到气象主管机构所属气象台站提供的气象灾害预警信息后，应当及时向社会播发（含增播、插播）或者刊登，并标明提供气象灾害预警信息的气象台站名称及时间。不得拒绝、延误或者传播虚假、过时的气象灾害预警信息；不得更改、删减气象灾害预警信息内容。

电信运营企业应当按照县级以上人民政府和气象主管机构的要求，实时向气象灾害预警区域内的手机用户发布气象灾害预警信息。

第二十五条　县级以上人民政府有关部门和机场、码头、车站、集市、旅游景点、公路、铁路、河流、水库、渔场、林场、自然保护区的管理机构以及学校、医院、矿区、企业事业等单位,收到气象主管机构所属气象台站提供的气象灾害预警信息后,应当因地制宜地利用有线广播、喇叭等工具及时向受影响的公众播报。

乡镇人民政府(街道办事处)和村民委员会、居民委员会的气象信息员收到气象主管机构所属气象台站提供的气象灾害预警信息后,应当及时向本乡镇、街道社区、村(屯)的人员传播。

第四章　应急处置

第二十六条　县级以上人民政府应当根据气象灾害预警信息和气象灾害应急预案启动标准,及时启动相应级别的应急预案,并根据灾害性天气的性质、强度、危害程度和影响范围,将气象灾害可能造成人员伤亡或者重大财产损失的区域临时确定为气象灾害危险区,及时向社会公告并采取应急处置措施。

第二十七条　气象灾害发生地的民政、卫生、国土资源、交通运输、水利、教育、住房和城乡建设、农业、林业、公安、海洋、渔业、海事、铁路、通信、电力等有关部门和单位应当根据本级人民政府的决定、命令,开展应急动员和灾情巡查,做好应急救援队伍、装备、物资等准备工作;情况紧急时,组织受到灾害威胁的人员转移、疏散,开展自救互救。

第二十八条　学校、社区、村民委员会、居民委员会、企业事业单位以及个人应当按照当地人民政府的决定、命令,进行宣传动员,协助维护社会秩序;受到灾害威胁时,应当及时组织人员转移、疏散,进行自救互救。

第二十九条　气象灾害发生后,气象主管机构应当组织有关气象台站对灾害性天气进行跟踪监测和评估,及时向本级人民政府报告灾害性天气实况、发展趋势和评估结果,并适时调整预警级别或者解除预警。

第三十条　县级以上人民政府应当根据气象主管机构提供的灾害性天气发生、发展趋势信息以及灾情发展情况,按照有关规定适时调整气象灾害应急级别或者作出解除气象灾害应急措施的决定。

第三十一条　气象灾害应急处置工作结束后,灾害发生地县级以上人民政府应当组织有关部门、单位对气象灾害造成的损失进行调查,总结分析气象灾害应急处置工作的经验和教训,完善气象灾害防御规划和应急预案,制定恢复重建计划,并向上一级人民政府报告。

第五章　法律责任

第三十二条　违反本办法规定的行为,法律、法规已有处罚规定的,从其规定。

第三十三条　违反本办法规定,气象主管机构和有关部门有下列行为之一的,由其上级机关或者行政监察机关责令改正;情节严重的,对直接负责的主管人员和其他直接责任人员依法给予行政处分:

(一)不及时提供气象灾害及其衍生、次生灾害监测信息;

(二)未按照规定采取气象灾害预防措施和应急处置措施;

(三)瞒报、谎报或者因玩忽职守错报气象灾害预警信号;

(四)其他玩忽职守、滥用职权、徇私舞弊的行为。

第三十四条 违反本办法规定,广播、电视、报纸、互联网、电信等媒体未按照要求播发或者刊登灾害性天气警报和气象灾害预警信息的,由县级以上气象主管机构责令改正,给予警告,可以处 1 万元以上 5 万元以下的罚款。对直接负责的主管人员和其他直接责任人员依法给予处分。

第六章　附则

第三十五条 本办法自 2013 年 3 月 1 日起施行。